"十二五"普通高等教育本科国家级规划教材
普通高等教育"十一五"国家级规划教材

电工电子应用技术

（电工学Ⅲ）（第三版）

史仪凯　主编

科学出版社
北　京

内 容 简 介

　　本套电工学教材是依据教育部高等学校电子电气基础课程教学指导委员会 2011 年新修订的"电工学课程教学基本要求"，在第二版的基础上精选、改写、补充、修订而成。全套教材分为《电工技术（电工学Ⅰ）》、《电子技术（电工学Ⅱ）》和《电工电子应用技术（电工学Ⅲ）》三册。配合文字教材相继出版有电子教案、网络课程、作业集和学习指导等立体化配套教材。本套书可作为高等学校工科非电类专业本科生和专科生"电工学"课程的教材，也可供科技人员阅读。

　　本书第一版 2005 年获国家级教学成果二等奖，是 2007 年国家级精品课程主干教材；第二版是普通高等教育"十一五"国家级规划教材，2009 年被评为普通高等教育国家级精品教材，2012 年被评为"十二五"普通高等教育本科国家级规划教材。

图书在版编目(CIP)数据

　　电工电子应用技术．电工学．3/史仪凯主编.—3 版.—北京:科学出版社，2015.12

　　("十二五"普通高等教育本科国家级规划教材・普通高等教育"十一五"国家级规划教材)

　　ISBN　978-7-03-044577-3

　　Ⅰ.①电…　Ⅱ.①史…　Ⅲ.①电工技术-高等学校-教材②电子技术-高等学校-教材　Ⅳ.①TM②TN

　　中国版本图书馆 CIP 数据核字(2015)第 124250 号

责任编辑：余　江　张丽花/责任校对：胡小洁
责任印制：霍　兵/封面设计：迷底书装

科 学 出 版 社 出版
北京东黄城根北街16号
邮政编码：100717
http://www.sciencep.com
大厂书文印刷有限公司 印刷
科学出版社发行　各地新华书店经销

*

2005 年 1 月第　一　版　　开本：720×1000　1/16
2008 年 9 月第　二　版　　印张：18 1/2
2015 年 12 月第　三　版　　字数：373 000
2015 年 12 月第五次印刷

定价：46.00 元
(如有印装质量问题，我社负责调换)

主 编 简 介

史仪凯 西北工业大学机电学院教授、博士生导师、国家级教学名师。现任西北工业大学国家级"电工学精品课程"和国家级"电工学课程教学团队"负责人。兼任中国高等学校电工学研究会副理事长。

长期从事电工学、机械电子工程、电气工程教学和科研工作。主讲本科生和研究生课程 10 余门。先后主持国家自然科学基金、省部级基金课题 10 余项,国家和省部级教学研究课题 10 余项。已培养博士、硕士研究生 90多人。主编(著、译)出版教材和著作 20 余部。在国内外学术刊物和国际会议发表论文 300 余篇,其中被 SCI、EI、ISTP 收录 100 余篇,申请授权和受理国家发明专利 20 余项。先后获国家级教学成果二等奖 1 项、省部级教学成果和科技奖 10 余项、宝钢优秀教师奖 1 项。

联系地址:西安市友谊西路 127 号 西北工业大学 403 信箱

邮编:710072

电话:029-88494893

传真:029-88494893

E-mail:ykshi@nwpu.edu.cn

第三版前言

本套教材是依据教育部高等学校教学指导委员会新修订的"电工学课程教学基本要求",课程的特点、作用和任务,以及编者多年从事电工学课程教学和教改的经验体会,在第二版的基础上不断总结提高和修订完善而成。为使电工学(多学时)教材更加符合学生的认知规律和教学要求,将电工学(多学时)分《电工技术》(电工学Ⅰ)、《电子技术》(电工学Ⅱ)和《电工电子应用技术》(电工学Ⅲ)三册编写。

本套教材自 2005 年第一版出版以来,为适应科学技术快速发展和教学改革的需要,对结构体系和内容不断总结提高和完善修订,2006 年被遴选为普通高等教育"十一五"国家级规划教材。2012 年又被遴选为"十二五"普通高等教育本科国家级规划教材。

本次修订的指导原则是:强化基础性,精选课程的基础内容,叙述上既要简明扼要,又要符合学生认识规律,使学生通过基础内容的学习掌握基本理论、知识和技能,不断提高自学能力和创新意识,为后续课程的学习和今后从事工程技术工作打好电工电子技术的理论基础;突出应用性,电工电子技术是一门实践性和应用性很强的技术基础课,教材不仅涉及知识面广,而且有着广阔的工程背景,化解难教、难学的被动教学局面,关键在于突出"应用",使学生"学懂"和"会用",教材内容的安排力求与工程实践紧密结合,通过教学使学生掌握所学知识的具体应用,提高学生分析和解决问题的能力;体现先进性,随着电工电子技术的快速发展,新知识、新技术和新器件不断涌现,教材内容必须不断更新,力求在结构体系上与教学要求相吻合,内容阐述上要体现一个"新"字,以新理论、新方法和新内容激励学生的学习兴趣,提高学生的科学思维和创新能力。

本套教材(第三版)主要作了以下修订:

(1) 优化了部分章节的结构体系,如除了将涉及电工技术和电子技术的"继电接触器控制"、"可编程序控制器及其应用"、"电气电测技术"等内容,从《电工技术》教材中调整至《电工电子应用技术》教材中介绍外,并将整流、滤波和稳压电路安排在二极管应用中介绍;将"集成串联型稳压电路"与"开关型稳压电源"内容一并安排在"集成运算放大器的应用"中介绍;将"电压源与电流源及其等效变换"和"受控源"内容安排在"电路的基本概念与基本定律"介绍等。

(2) 改写了"半导体三极管与基本放大电路"、"集成运算放大器的应用"、"门电路与组合逻辑电路"、"触发器与时序逻辑电路"、"交流电动机"、"直流电动机"、"电气自动控制技术"和"可编程序控制器原理与应用"等部分章节内容,如"双稳态触发器"一节中在介绍基本 RS 触发器的逻辑功能后,其他触发器不再介绍具体翻转情况,直接给出逻辑功能、状态表、逻辑符号和时序图。

(3) 新增了反映电工技术和电子技术发展的新技术、新理论、新产品,如 R 铁心变压器、超声波电动机、液晶显示器及驱动电路、电动机的变频调速、非电量检测中的信号处理电路、开关型稳压电源电路等信息、通信、控制方面的相关内容。

(4) 删去了部分章节中的内容,如"集成运算放大器的应用"中的"信号测量电路"和"精密整流电路";"电气自动控制技术"中的"继电器控制电路的逻辑函数式"等内容,以及教材中的"模拟试题"和"试题解答"。

(5) 修改、补充了部分章节的例题、"练习与思考"和"习题"。

(6) 书中带标号"＊"的章节属于加深、拓宽内容,教师可根据专业特点和学时取舍。

在普通高等教育"十一五"国家级规划教材"电工学立体化教材(第二版)"项目的支持下,完成与本套教材配套的立体化教材有:

(1)《电工学(Ⅰ、Ⅱ、Ⅲ)(第二版)学习指导》,史仪凯主编;

(2)《电工技术网络课程》,史仪凯、袁小庆主编;

(3)《电子技术网络课程》,史仪凯、袁小庆主编;

(4)《电工电子应用技术网络课程》,李志宇、赵敏玲主编;

(5)《电工电子技术》,史仪凯主编;

(6)《电工电子技术学习指导》,袁小庆主编;

(7)《电工技术(第二版)》电子教案,史仪凯主编;

(8)《电子技术(第二版)》电子教案,向平主编;

(9)《电工电子应用技术(第二版)》电子教案,赵妮主编;

(10)《电工电子技术》电子教案,袁小庆主编;

(11) 与电工学四部文字教材配套的作业集。

本书由西北工业大学史仪凯主编和统稿,卢健康任副主编。其中史仪凯编写第 1 章、第 9 章和改写部分章节;袁小庆编写第 2 章、附录和部分习题解答;王文东编写第 3 章;向平编写第 4 章;田梦君编写第 5 章;卢健康编写第 6 章;王引卫编写第 7 章;刘雁编写第 8 章;赵妮编写第 10 章。本书 2009 年被评为普通高等教育国家级精品教材。

本书由西安交通大学马西奎教授和西北工业大学张家喜教授审阅,提出了宝贵意见和修改建议；本书前两版还得到了许多教师和读者的关怀，他们提出了许多建设性意见；尤其是得到了教育部、科学出版社、西北工业大学的支持和关心。在此作者一并致以诚挚的谢意。

由于编者水平所限，书中难免有疏漏和不妥之处，恳请使用本书的教师、同学和广大读者提出宝贵的批评意见。

史仪凯

2015 年 5 月于西北工业大学

目　　录

第1章 交流电动机

实现机械能与电能相互转换的旋转机械称为电机。将机械能转换为电能的电机称为发电机,将电能转换为机械能的电机称为电动机。

电机可分为直流电机和交流电机两大类,交流电机又分为异步电机和同步电机两种。

现代各种生产机械都广泛应用电动机来驱动。电动机按使用电源种类的不同,通常可分为交流电动机和直流电动机,交流电动机又分为异步电动机和同步电动机。电动机根据使用场合的不同可分为动力用电动机和控制用电动机。

本章主要讨论三相异步电动机的基本结构、工作原理、技术性能和使用方法,最后简单介绍单相异步电动机和同步电动机等。

1.1 三相异步电动机的结构与工作原理

在异步电动机中,通常将功率(容量)较大的做成三相异步电动机,其有利于三相电源的负载平衡,而功率较小者做成单相异步电动机。三相异步电动机与其他类型的电动机相比较,具有结构简单、运行可靠、价格低廉、维护方便和运行效率高等优点。其缺点是功率因数较低,调速性能差(尤其是大范围内调速)。在要求调速范围较宽、平滑无级的生产机械中,大多使用直流电动机或者其他类型的电动机。近年来,随着电力电子技术的迅猛发展,较好地解决了异步电动机的调速问题,使三相异步电动机在各个生产领域都得到了最广泛的应用。例如各种机床、起重机、鼓风机、水泵以及各种动力机械等普遍使用三相异步电动机,各种家用电器、医疗器械和许多小型机械则使用单相异步电动机。三相异步电动机的容量从几十瓦到几百千瓦,约占全国电动机总容量的 85% 左右。

1.1.1 三相异步电动机的结构

三相异步电动机由定子和转子两个基本部分组成,中小型异步电动机定子和转子之间一般有约 0.1~0.2mm 厚度的空气隙,如图 1.1.1 所示。

1. 定子部分

三相异步电动机的定子部分是电动机固定不动的部分。由机座(外壳)、定子铁心、定子绕组和端盖等组成。

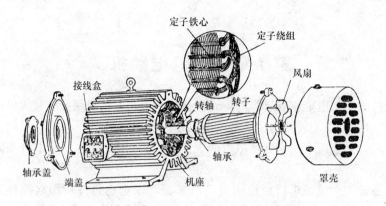

图 1.1.1 三相鼠笼式异步电动机的结构

　　机座通常由铸铁制成，内装有 0.35～0.5mm 圆环状硅钢片叠成的筒形（定子）铁心。机座的主要作用是固定和支撑定子铁心，要求有足够的机械强度和刚度，能够承受运输和运行过程中的各种作用力。

　　定子铁心是电动机磁路的一部分，为了减小涡流和磁滞损耗，由涂有绝缘漆的硅钢片叠成。定子内圆表面有若干个凹槽，以便使三相绕组放置在槽中，如图 1.1.2 所示。定子铁心是用压力机压入机座内的。

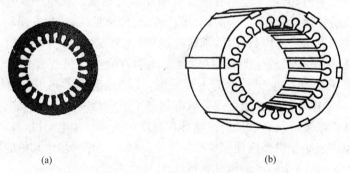

(a) (b)

图 1.1.2 定子铁心

(a) 圆环状硅钢片；(b) 筒形定子铁心

　　定子绕组是定子的电路部分。异步电动机的定子绕组由带绝缘的导线——漆包铜线、铝线或纱包线等制成，安装在线槽内。定子绕组与槽壁之间还嵌有青壳线等绝缘材料。在制造定子绕组时，一般都先用模具把导线绕成线圈，再逐个地嵌入铁心槽中，然后按一定规则将所有线圈连接成三组对称分布于定子铁心中的绕组（称为定子三相对称绕组）。

　　定子三相绕组共有六个端子，三个首端分别标记为 U_1、V_1、W_1，三个对应的尾

端分别标记为 U_2、V_2、W_2，并将它们分别引到电动机的接线盒的接线柱上。根据需要可将三相绕组连接成星（Y）形和三角（△）形，如图 1.1.3 所示。两种不同的连接，可使电动机在两种不同电压下工作。

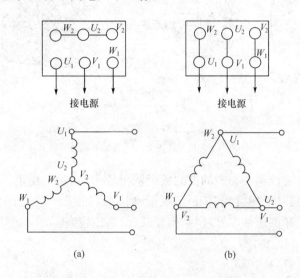

图 1.1.3　定子绕组的两种接法

（a）星形接法；（b）三角形接法

2. 转子部分

转子是电动机的转动部分，它由转子铁心、转子绕组、转轴和风扇等组成。

转子铁心是电动机磁路的一部分，也由 0.35～0.5mm 硅钢片叠压而成。转子铁心的外圆周上有槽，槽内放置转子绕组，转子固定在转轴上，如图 1.1.4 所示。

转子绕组的作用是产生感应电动势、流过电流和产生电磁转矩。按转子绕组结构型式的不同，异步电动机可分为鼠笼式和绕线式两种。图 1.1.5 所示是鼠笼式转子的结构，它在转子铁心的槽内放置铜条，其两端用端环连接，如果抽掉转子铁心，转子绕组形似鼠笼，所以称为鼠笼式转子绕组，如图 1.1.5(a) 所示。

图 1.1.4　转子铁心冲片

此外，也可将铝液浇注在铁心槽内，铸成一个鼠笼，如图 1.1.5(b) 所示。这种转子既经济又便于生产，中小型电动机几乎都采用铸铝转子。

绕线式转子的绕组和定子绕组相似，是将由绝缘导线做成的绕组元件放置在转子铁心槽内，然后连接成对称的三相绕组。转子三相绕组通常连接成星形，星形

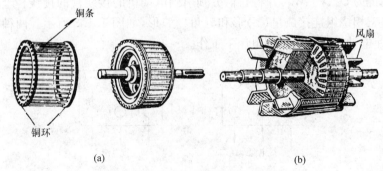

图 1.1.5　鼠笼式转子

(a) 铜条构成的鼠笼式转子；(b) 铸铝的鼠笼式转子

绕组的三根端线连接到装在转轴上的三个铜滑环上，通过一组电刷（碳刷）与外界静止的启动变阻器（三相可变电阻）形成滑动接触，如图 1.1.6 所示。绕线式三相异步电动机启动和调速性能好，但结构复杂、价格比较高。

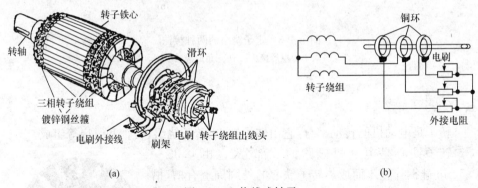

图 1.1.6　绕线式转子

(a) 转子结构图；(b) 转子示意图

鼠笼式异步电动机和绕线式异步电动机只是转子构造不同，它们的工作原理是完全一样的。

1.1.2　三相异步电动机的工作原理

1. 转动原理

图 1.1.7 是异步电动机的转动原理图。设旋转磁极是一对 N、S 磁极的永久磁铁，外壳是圆筒形，可以人工转动。中间是一鼠笼式转子。当旋转磁极以 n_1 转速旋转时，在转子的铜条中就产生感应电动势。这个感应电动势的实际方向可用

右手定则确定[①],图中磁力线用虚线表示。在上方的一组铜条中,感应电动势的方向是离开纸面(用⊙表示),而下方的另一组铜条中,感应电动势的方向是进入纸面(用⊗表示)。由于端环使转子的各铜条均联通,于是上下方铜条中的感应电动势相互顺向相加产生电流,并认为电流的方向与电动势的方向相同[②]。这个电流使铜条在磁场中受到力 F 的作用(F 的方向用左手定则确定),从而使转子以转速 n 转动,而且 n 与 n_1 是同一方向,但 $n < n_1$。

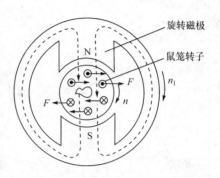

图 1.1.7 异步电动机的转动原理

在实际的三相异步电动机中,上述旋转磁极不是永久磁铁,而是三相电流通入三相绕组中产生的三相旋转磁场。

2. 旋转磁场

三相异步电动机每相定子绕组的结构如图 1.1.8(a)所示。图 1.1.8(b)是三相绕组的安置图。为了简单起见,设定子有六个槽,放有三相绕组 U_1、U_2,V_1、V_2 和 W_1、W_2。每相绕组均为集中绕组(一相绕组的两个有效边各放在一个槽中),并且只有一匝。从三相绕组的分布情况看,每相绕组的首端在空间互差 120°,因此构成三相对称绕组,如图 1.1.8(b)所示。

设三相绕组接成星形,如图 1.1.9(a)所示。其中通入对称三相电流,如图 1.1.9(b)所示。即

$$i_A = I_m \sin \omega t$$
$$i_B = I_m \sin(\omega t - 120°)$$
$$i_C = I_m \sin(\omega t + 120°)$$

下面分析三相电流在三相绕组中如何形成合成磁场。

当 $\omega t = 0°$ 时,如图 1.1.9(b)所示。A 相电流为零,C 相电流为正值,由 C 相绕组的首端 W_1 流入,尾端 W_2 流出。B 相电流为负值,由 B 相绕组的尾端 V_2 流入,首端 V_1 流出。三相电流的合成磁场如图 1.1.9(c)所示。合成磁场为两极,定子内圆的上边为 N 极,下边为 S 极,故为两极电动机。

---

① 这时可设想磁极不动,而转子铜条是逆时针旋转而切割磁力线。图中磁力线用虚线表示。
② 实际上每根铜条中的电动势与电流并非完全相同。为叙述简单起见,忽略铜条的感抗部分,仅有电阻。

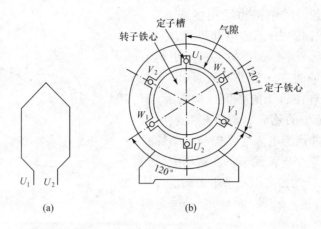

图 1.1.8　三相定子绕组安置图

（a）一相绕组；（b）三相绕组安装在定子槽中

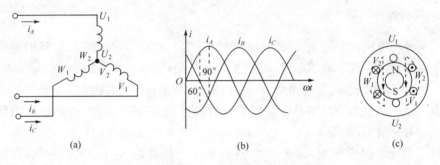

图 1.1.9　三相电流及其合成磁场

（a）三相绕组的连接；（b）三相电流的形成；（c）$\omega t = 0°$ 时的合成磁场

以 $\omega t = 0°$ 为计时起点，依次分析 $\omega t = 90°, 180°, 270°, 360°, \cdots$ 各相应时刻的三相电流在三相绕组中形成的合成磁场，其结果如图 1.1.10 所示。由图可知，三相对称绕组流过三相对称电流时形成的合成磁场是一个旋转磁场，其旋转方向与三相电流出现最大值的顺序一致，即沿着定子三相绕组 A、B、C 的方向旋转。显然，如果将三相电源线中的任意两根对调，例如将 B 相电源线接至 C 绕组上，而 C 相电源线接至 B 绕组上，则三相绕组的电流相序就会改变，因而旋转磁场的转向相反，电动机也就反转了。

由此可以得出结论：旋转磁场的旋转方向与三相电流的相序一致。

3. 旋转磁场转速

由图 1.1.10 可知，在两极的情况下，当电流经过一个周期时，旋转磁场在空间

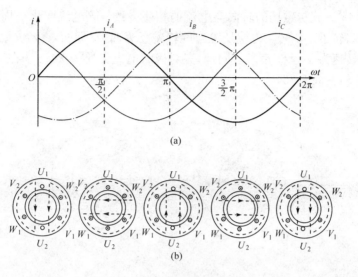

图 1.1.10 三相旋转磁场的产生

也转过一周(360°)。因此,如果三相电流的频率为 f_1,则旋转磁场的转速为

$$n_1=60f_1 \quad (\text{r/min})$$

以上是旋转磁场为两极的情况。如果三相绕组的安置如图 1.1.11(b)所示,每相绕组由两个线圈串联而成。以 A 相绕组为例,它是由线圈 U_1、U_2 和线圈 U_1'、U_2' 串联而成。B、C 两相绕组亦类似。为了方便起见,图 1.1.11(a)中只画出一相(A 相)绕组的连线。三相绕组的三个首端(或三个尾端)在空间互差 60°,构成三相对称绕组。三相绕组的连接如图 1.1.11(c)所示。

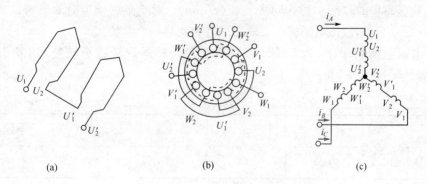

(a) (b) (c)

图 1.1.11 四级电动机绕组的安置与连接

(a) 一相绕组;(b) 四极三相绕组的安置;(c) 星形连接

如果在上述三相绕组中通入如图 1.1.9(b)所示的三相对称电流,可得四极的旋转磁场如图 1.1.12 所示。可见,当电流的角度变化到 $\omega t=90°$ 时,旋转磁场在空

间只转过 45°。旋转磁场的转向与电流的相序一致。若电流变化一周,则旋转磁场在空间只转了 1/2 转。也就是说当旋转磁场为四极(即两对极,$p=2$)时,则旋转磁场的转速为 $n_1=60f_1/2$。同理,三对极时电流交变一次,磁场在空间仅转了 1/3 转,即 $n_1=60f_1/3$。

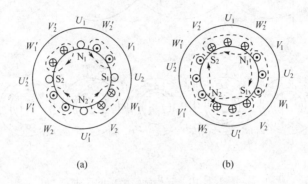

图 1.1.12　四极(两对极)旋转磁场

(a)$\omega t=0°$;　(b)$\omega t=90°$

由此可推理:当旋转磁场为 p 对极时,电流变化一周,旋转磁场在空间将旋转 $1/p$ 转。因此,旋转磁场转速为

$$n_1=\frac{60f_1}{p} \tag{1.1.1}$$

式中,f_1 为定子电流频率(Hz);p 为极对数。

旋转磁场的转速 n_1 称为同步转速(r/min)。对于某一异步电动机来说,通常 f_1,p 是一定值,故该电动机的旋转磁场转速就是一个常数。

我国电网频率 f_1 为 50Hz,常用异步电动机的旋转磁场转速,如表 1.1.1 所示。

表 1.1.1

p	1	2	3	4	5
n_1/(r/min)	3000	1500	1000	750	600

由上述可知:

(1) 三相旋转磁场产生的条件是:

① 对称三相绕组(空间互差 120°);

② 对称三相电流(相位互差 120°)。

（2）三相旋转磁场的方向与三相电流的相序一致，即由 A 相→B 相→C 相。

（3）极对数越多，旋转磁场的转速越低。

4. 转差率 s

异步电动机转子旋转磁场的转速与定子旋转磁场的转速是同步的[①]，但转子转速总是异于旋转磁场的同步转速，这也是异步电动机的由来。

转子转速 n 相对于旋转磁场同步转速 n_1 相差的程度称为转差率 s，即

$$s = \frac{n_1 - n}{n_1} \tag{1.1.2}$$

或

$$n = (1 - s)n_1 \tag{1.1.3}$$

转差率 s 是分析异步电动机运行情况的一个重要参数。转子转速越接近磁场转速，转差率越小。由于三相异步电动机的额定转速与同步转速相近，所以转差率很小。通常异步电动机在额定负载时转差率约为 $1\% \sim 9\%$。当 $n = 0$ 时（电动机起始瞬间），$s = 1$，此时转差率最大。

练习与思考

1.1.1　为什么 $n < n_1$？会不会出现 $n = n_1$ 的情况？

1.1.2　若将三相异步电动机的三根电源线任意两根对调，是否会改变旋转磁场的转向？

1.2　三相异步电动机的电路分析

为了进一步说明异步电动机的工作原理及为后面讨论电动机转矩方便起见，还需要简单叙述一下异步电动机的定子电路和转子电路。

三相异步电动机的定子绕组与转子绕组的关系与变压器的原绕组和副绕组关系类似。主要不同点是定子和转子间有气隙，转子可以转动，转子绕组一般也可短路运行。图 1.2.1 为三相异步电动机一相的电路图。

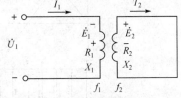

图 1.2.1　三相异步电动机一相的电路图

1.2.1　定子电路

定子绕组和变压器原绕组情况相似，加在定子每相绕组上的电压用相量形式

---

① 实际上，电机运行时，其旋转磁场是定子三相电流与转子电流同时作用的结果。

表示,可以写成

$$\dot{U}_1 = R_1 \dot{I}_1 + jX_1 \dot{I}_1 + (-\dot{E}_1) \tag{1.2.1}$$

式中,R_1 和 X_1 分别为定子一相绕组的电阻和由定子绕组漏磁通产生的漏磁感抗。

如果忽略电阻、漏磁感抗引起的压降(与电动势 E_1 比较),即外加相电压 U_1 与定子绕组中的感应电动势 E_1 近似相等。因此

$$\dot{U}_1 \approx -\dot{E}_1 \tag{1.2.2}$$

或

$$U_1 \approx E_1 = 4.44 f_1 C_{W1} N_1 \Phi$$
$$\approx 4.44 f_1 N_1 \Phi \tag{1.2.3}$$

式中,C_{W1} 为与定子绕组结构有关的绕组系数,$C_{W1} \approx 1$;N_1 为定子绕组匝数;f_1 为电源频率;Φ 为旋转磁场的每极磁通,其值等于每相绕组磁通的最大值 Φ_m。

由式(1.2.3)可见,Φ_m 与相电压 U_1 成正比。即当电源电压恒定不变时,旋转磁场的磁通 Φ 也基本不变。

1.2.2　转子电路

在讨论转子每相电路的电压方程式之前,还需要对转子电路中的感应电动势及其感应电流作一些说明。

由于实际定子绕组不是集中绕组,而是每相绕组分布在许多槽中,故定子产生的旋转磁场沿着定子气隙的圆周方向按正弦规律分布,如图 1.2.2 所示。图上方表示定子旋转磁场的磁感应强度 B 沿定子圆周长度 x 上的分布情况,图下方表示鼠笼转子表面的展开图,其上有 16 根导条,导条之间为铁心齿。

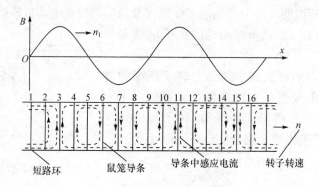

图 1.2.2　鼠笼式转子的展开图

这是一个四极旋转磁场。假定图 1.2.2 中正弦曲线 B 的正半周表示旋转磁场的磁力线由转子表面指向定子,而旋转磁场的旋转方向是由左向右(用 n_1 的箭

头表示),则按右手定则可确定转子 16 根导条中各感应电动势的方向,如图 1.2.2 所示。由于鼠笼转子的导条都被两端的端环所短路,故该电动势形成电流。又因每根导条中的感应电动势在时间上均依次相差一个相位角,故在旋转磁场每对极下的每一根导条就成为一相①。导条中不仅有电阻 R_2,还有一定的漏磁感抗 X_2,于是转子绕组一相(一根导条)中的电压关系可用相量形式写成

$$\dot{E}_2 = R_2 \dot{I}_2 + (-\dot{E}_{\sigma 2}) = R_2 \dot{I}_2 + jX_2 \dot{I}_2 \qquad (1.2.4)$$

式中,R_2 和 X_2 分别为转子每相绕组的电阻和感抗(漏磁感抗)。

由于鼠笼转子导条中感抗 X_2 的存在,故导条中的电流将滞后于相应的电动势一个相位角 φ_2。这里为了分析问题简便起见,忽略了感抗 X_2,即假定转子电路是纯电阻性电路($\cos\varphi_2 = 1$),则导条中的电流与电动势同相位。导条中的电流流通情况如图 1.2.2 虚线所示。通过左手定则,可确定载流导条的受力方向均向右,推动转子旋转。从各导条的电流分布及流向可以看出,此时转子电流也产生一个四极磁场。显然,这个转子磁场也是旋转的,而且转向与转速均与定子旋转磁场相同。即定子旋转磁场的 N 极(或 S 极)拉着转子旋转磁场的 S 极(或 N 极)同步旋转。由此可见,鼠笼转子本身没有固定的极数,它的极数取决于定子旋转磁场的极数,并总是和定子绕组的极数相同。

由于转子中的电流是由电磁感应产生的,故异步电动机通常又称为感应电动机。

现在分析式(1.2.4)中各物理量对三相异步电动机性能的影响。

1. 转子频率 f_2

当转子转速为 n 时,旋转磁场对转子的相对转速为 $n_1 - n$。设旋转磁场为 p 对极,则转子频率为

$$f_2 = \frac{p(n_1 - n)}{60}$$

或

$$f_2 = \frac{n_1 - n}{n_1} \times \frac{pn_1}{60} = sf_1 \qquad (1.2.5)$$

由式(1.2.5)可见,当转子静止时,$n = 0$,$s = 1$,故 $f_2 = f_1$。此时,转子导体与旋转磁场的相对切割速度最大。异步电动机在额定负载时,$s = 1\% \sim 9\%$,$f_1 = 50Hz$,$f_2 = 0.5 \sim 4.5Hz$。

2. 转子电动势 E_2

转子电动势 E_2 的有效值为

---

① 每一根导条为半匝,故转子绕组每相串联匝数为 $N_2 = 0.5$,即每相绕组为半匝。

$$E_2 = 4.44 f_2 N_2 \Phi = 4.44 s f_1 N_2 \Phi \qquad (1.2.6)$$

在 $n=0, s=1$，即 $f_2 = f_1$ 时，转子中的感应电动势最大，记作 E_{20}。则

$$E_{20} = 4.44 f_1 N_2 \Phi \qquad (1.2.7)$$

当转速 $n \neq 0$ 时，根据电磁感应定律可知，转子中的感应电动势将随着转差率 s 的减小而成比例地减小。因此 $n \neq 0$ 时，转子中的感应电动势为

$$E_2 = s E_{20} \qquad (1.2.8)$$

3. 转子电流 I_2

转子感抗 X_2 与转子频率 f_2 有关，即

$$X_2 = 2\pi f_2 L_2 = 2\pi s f_1 L_2 \qquad (1.2.9)$$

式中，L_2 为转子绕组的电感。

当 $n=0, s=1$ 时，转子绕组感抗为

$$X_{20} = 2\pi f_1 L_2 \qquad (1.2.10)$$

可见，$f_2 = f_1$ 时，转子感抗最大。

由式(1.2.10)可得

$$X_2 = s X_{20} \qquad (1.2.11)$$

同样可见，转子感抗 X_2 与转差率 s 有关。

于是，根据式(1.2.4)可写出转子每相绕组中的电流和功率因数的表达式

$$I_2 = \frac{E_2}{\sqrt{R_2^2 + X_2^2}} = \frac{s E_{20}}{\sqrt{R_2^2 + (s X_{20})^2}} \qquad (1.2.12)$$

$$\cos \varphi_2 = \frac{R_2}{\sqrt{R_2^2 + X_2^2}} = \frac{R_2}{\sqrt{R_2^2 + (s X_{20})^2}} \qquad (1.2.13)$$

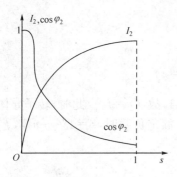

式(1.2.12)和式(1.2.13)说明：转子电流 I_2 和功率因数 $\cos \varphi_2$ 都是转差率的函数，如图1.2.3所示。当 s 很小时，$\cos \varphi_2 \approx 1$，变化也较缓慢，而 I_2 却由 0 迅速增大；当 s 较大时，I_2 增加缓慢，而 $\cos \varphi_2$ 却迅速减小，这是因为 s 的增大使 X_2 增大之故。

需要指出的是：转子电路的电动势、电流、频率、感抗和功率因数等物理量均与转速有关。

图1.2.3　转子 I_2、$\cos \varphi_2$ 和 s 的关系

练习与思考

1.2.1　三相异步电动机在正常运行时，如果电源电压下降，电动机的定子电流 I_1 和转速

n 如何变化?

　　1.2.2　一台三相异步电动机的额定转速 $n_N = 1460\text{r/min}$,电源频率 $f_1 = 50\text{Hz}$。试求电动机的同步转速、磁极对数和额定运行时的转差率。

1.3　三相异步电动机的转矩与机械特性

1.3.1　电磁转矩

　　如前所述,转子之所以转动,是因为转子导体受到电磁力并产生电磁转矩之故,而电磁力的大小是和旋转磁场的强弱及转子电流的有功分量有关。理论分析表明,三相异步电动机的电磁转矩为

$$T = C_T \Phi I_2 \cos\varphi_2 \tag{1.3.1}$$

式中,C_T 为与电动机结构有关的转矩常数;I_2 为转子电路中的电流;$\cos\varphi_2$ 为转子电路的功率因数;$I_2\cos\varphi_2$ 为转子电流的有功分量。

　　将式(1.2.11)、式(1.2.12)和式(1.2.13)代入式(1.3.1)中,可得

$$T = C_T \Phi E_{20} \frac{sR_2}{R_2^2 + (sX_{20})^2} \tag{1.3.2}$$

又因为

$$E_{20} = 4.44 f_1 N \Phi$$

$$\Phi = \frac{E_1}{4.44 f_1 N_1} \approx \frac{U_1}{4.44 f_1 N_1}$$

所以

$$T = C_T \frac{U_1^2 s R_2}{R_2^2 + (sX_{20})^2} \tag{1.3.3}$$

式中,U_1 为定子绕组的相电压。

　　式(1.3.3)表示三相异步电动机电磁转矩 T 与转差率 s 的关系,称为转矩特性,转矩特性曲线如图 1.3.1 所示。可见,三相异步电动机的电磁转矩不仅与转差率 s、转子电路参数 R_2 和 X_2 有关,还与电源电压 U_1 的平方成正比。因此,电源电压的变动对电动机的转矩影响很大,这也是异步电动机的不足之处。

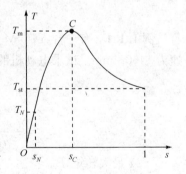

图 1.3.1　三相异步电动机
转矩特性曲线

1.3.2　机械特性

　　电源电压 U_1 和转子电阻 R_2 一定时,电磁转矩 T 和转差率 s 的关系曲线 $T = f(s)$ 或转速 n 与转矩 T 的关系曲线 $n = f(T)$,称为三相异步电

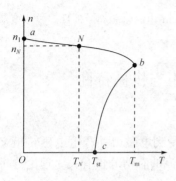

图 1.3.2　三相异步电动机
的机械特性曲线

动机的机械特性曲线。将图 1.3.1 所示的 $T=f(s)$ 曲线顺时针旋转 $90°$，且将表示 T 的横轴下移，即可得到 $n=f(T)$ 曲线，如图 1.3.2 所示。

讨论三相异步电动机的机械特性，其目的在于分析电动机的运行性能。

1. 机械特性上的 3 个转矩

机械特性曲线上有 3 个特殊点：N 点转矩 T_N 为额定转矩；b 点的转矩 T_m 为最大转矩；$n=0$（$s=1$）时的转矩 T_{st} 为启动转矩。现在分析上述 3 个转矩。

1）额定转矩 T_N

电动机稳定运行时的电磁转矩 T 与输出转矩 T_2、损耗（轴承和风扇等）转矩 T_0 相平衡。由于 T_0 很小，可忽略不计，则有电磁转矩为

$$T = T_2 = \frac{P_2}{\dfrac{2\pi n}{60}} \ (\mathrm{N \cdot m})$$

式中，P_2 为电动机轴上输出的机械功率（W）；n 为电动机转速（r/min）。

如果功率单位为 kW 时，则电磁转矩为

$$T = T_2 = \frac{P_2 \times 10^3}{\dfrac{2\pi n}{60}} = 9550 \frac{P_2}{n}$$

当电动机额定运行时，则 $P_2 = P_{2N}$（额定输出功率），$n = n_N$（额定转速），故额定转矩为

$$T_N = 9550 \frac{P_{2N}}{n_N} \tag{1.3.4}$$

例 1.1.1　有一台 Y160M-4 型三相异步电动机，其额定功率为 11kW，额定转速为 1460r/min。试求电动机的额定转矩和额定转差率。

解　　　　　$T_N = 9550 \dfrac{P_2}{n_N} = 9550 \times \dfrac{11}{1460} = 72 (\mathrm{N \cdot m})$

$$s = \frac{n_1 - n_N}{n_1} = \frac{1500 - 1460}{1500} = 0.027$$

2）最大转矩 T_m

由机械特性曲线可见，电动机的转矩有一个最大值，称其为最大转矩或临界转矩用 T_m 表示。最大转矩对应的转差率称为临界转差率，其为

$$s_m = \frac{R_2}{X_{20}} \tag{1.3.5}$$

将 s_m 代入式(1.3.3)中,则得最大电磁转矩为

$$T_m = C_T \frac{U_1^2}{2X_{20}} \tag{1.3.6}$$

由式(1.3.5)和式(1.3.6)可见, T_m 与 U_1^2 成正比,其与转子电阻 R_2 无关; s_m 与 R_2 成正比。转子电阻 R_2 对机械特性的影响,如图 1.3.3 所示。

电动机运行时额定转矩 T_N 不能接近于最大转矩 T_m,否则电动机可能出现不正常运行。例如,当电动机在额定负载下工作时,电源电压 U_1 下降时, T_m 有可能小于 T_N,电动机就会因带不动负载而造成闷车,甚至因电流过大而造成电动机烧坏。因此,引入过载系数 λ_T,即有

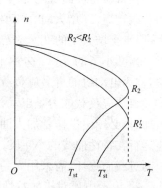

图 1.3.3　R_2对机械特性影响

$$\lambda_T = \frac{T_m}{T_N} \tag{1.3.7}$$

一般三相异步电动机 $\lambda_T = 1.8 \sim 2.8$。

选用电动机时要根据负载的变动情况考虑过载系数,根据负载系数计算电动机的最大转矩。通常要求最大转矩大于最大负载转矩 T_L。

3) 启动转矩 T_{st}

启动转矩是指电动机启动($n = 0, s = 1$)瞬间的电磁转矩。将 $s = 1$ 代入式(1.3.3),则有

$$T_{st} = C_T \frac{U_1^2 R_2}{R_2^2 + (X_{20}^2)^2} \tag{1.3.8}$$

可见, T_{st} 与 U_1^2 和 R_2 有关。

电动机带负载启动时,启动转矩必须大于轴上的负载阻转矩。电动机启动转矩与额定转矩的比值,称为启动能力,即

$$\lambda_{st} = \frac{T_{st}}{T_N} \tag{1.3.9}$$

一般三相异步电动机的 $\lambda_{st} = 1.6 \sim 2.2$。

2. 关于机械特性的几点说明

1) 机械特性属于硬特性

在正常工作情况下,三相异步电动机运行在机械特性曲线的 aN 段,如图 1.3.4 所示。其中 a 点为空载点, N 为满载(额定状态)工作点。在这一工作区段

中,电动机的转速随着负载转矩的增大,转速下降很少(即转差率 s 很小),所以异步电动机的机械特性属于硬特性。许多工业机械需要这种硬特性,如金属切削机床等。

2) 自适应负载能力

在机械特性曲线的 ab 段,电动机所产生的转矩随着负载的增减而自动增减。当负载转矩 T_L 增大时,电动机转速 n 降低 ,从而产生的电磁转矩 $T(T = T_2)$ 增大,以平衡增大了的 T_L。反之,当 T_L 减小时,转速 n 升高,从而产生的 T_2 减小,以平衡减小了的 T_L。这种不需要人为干预的电磁转矩随负载的变化而自动调整,称为电动机的自适应负载能力。

自适应负载能力是电动机区别于其他动力机械的重要特点(如柴油机当负载增加时,必须由操作者加大油门,才能带动新的负载)。但若负载过重,电动机就可能运行在特性曲线的 Nb 段,这属于过载运行($T_N < T_L < T_m$)。为防止电动机长时间过载而损坏,需采用人为地自动保护措施,使电动机停止工作。

3) 电源电压对机械特性的影响

设负载转矩 T_L 恒定。当电源电压 U_1 突然下降至 U_1' 时,机械特性曲线 1 将变为曲线 2,如图 1.3.4 所示。由于转子有惯性,转速不能突变,于是电动机由原来的工作点 N 跳至曲线 2 上的 B 点。电动机的电磁转矩 T 减小,$T < T_L$,因而使电动机的转速沿着 BD 方向慢下来,同时电磁转矩逐渐增大,直到增大了的电磁转矩 T 满足 $T = T_L$,电动机才会在新的工作点 D 稳定运行。由于转速已下降而电动机的电流将上升。若 U_1 过低,电动机的电流可能会超过额定电流,出现过载现象。

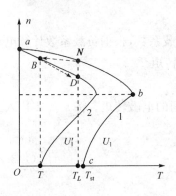

图 1.3.4　U_1 对机械特性响应

4) 2 个运行区间

根据图 1.3.2 所示的机械特性曲线,可将其分为 2 个运行区间。当电动机运行在 $0 < s < s_m$ 区间(ab 区段),称电动机为稳定运行状态。设负载转矩为 T_L,如果由某种原因使 T_L 减少或增加,电动机都能够自动适应负载的变化,通过调节转速和转矩达到新平衡,而保持稳定运行。例如,由于某种原因 T_L 增加时,由特性曲线可知

$$T_L \uparrow \ \rightarrow n \downarrow \ \rightarrow s \uparrow \ \rightarrow T \uparrow \ \rightarrow T = T_L (稳定运行时转速已下降)$$

当电动机运行在 $s_m < s < 1$ 区间(bc 区段),称电动机为非稳定运行状态。设 T_L 最大,由 $T < T_L$ 使电动机转速 n 下降。由特性曲线可知

$$T_L \uparrow \ \rightarrow n \downarrow \ \rightarrow s \uparrow \ \rightarrow T \downarrow \ \rightarrow T \ll T_L \rightarrow n \downarrow \downarrow \cdots n = 0 (停车)$$

电动机因转速 n 急速下降而停车的现象称为堵转,堵转后将造成转子与定子

电流急剧增大,致使电动机过热而损坏。

由上述分析可知,为了保证三相异步电动机的稳定运行,既要满足 $T_N < T_m$,又要工作在稳定运行区间。

练习与思考

1.3.1　三相异步电动机在特性曲线的 ab 段(见图 1.3.2)稳定运行情况下,当负载转矩增大时,电动机的转矩为什么也随着增大? 当负载转矩增大到电动机的最大转矩时,电动机将会出现什么情况?

1.3.2　当三相异步电动机的负载转矩增大时,定子电流为什么也增大? 这时电动机相应的输入功率(电功率)有什么变化,为什么?

1.3.3　当三相异步电动机在某一恒转矩负载下稳定运行时,如果电源电压降低,电动机的转矩、电流及转速是否变化? 如何变化?

1.4　三相异步电动机的使用

三相异步电动机的应用非常广泛。因此,正确和合理地使用电动机就显得十分重要。

1.4.1　铭牌和技术数据

在使用三相异步电动机时,首先要看铭牌,它上面有电动机的使用条件及额定运行情况下的主要技术数据。下面以图 1.4.1 所示的铭牌作一简单介绍。

三相交流异步电动机					
型　号	Y 132 S-2	功　　率	7.5kW	频　　率	50Hz
电　压	380V	电　　流	15A	接　法	△
转　速	2900r/min	绝缘等级	B	工作方式	连续
功率因数	0.88				
	年　　月　　编号			×××电机厂	

图 1.4.1　三相异步电动机铭牌示例

1. 型号

型号是表示电机类型、规格等的代号。它由汉语拼音大写字母、国际通用符号及数字组成。如

Y 132 S-2

其中,Y 为三相异步电动机;132 表示机座中心高(mm);S 为短机座长度代号(M 为中机座、L 为长机座);2 为磁极数(一对极)。

2. 电压和电流

电压和电流表示额定运行情况下电动机三相定子绕相的线电压与线电流的额定值。

3. 功率因数

电动机功率因数为 $\cos\varphi$,其中 φ 是指定子绕组的额定相电压与额定相电流之间的相位差。铭牌上的功率因数值是指额定运行状态下的值。三相异步电动机的功率因数较低,在额定负载时约为 $0.7\sim0.9$,而在轻载和空载时更低,空载时只有 $0.2\sim0.3$,故三相异步电动机不宜在轻载或空载下运行。

4. 功率

电动机在额定电压下,电流达到额定值时轴上输出的机械功率,通常称为满载功率或额定功率,记作 P_N。

电动机的输入功率为

$$P_{\mathrm{IN}}=\sqrt{3}U_L I_L \cos\varphi \tag{1.4.1}$$

式中,U_L、I_L 为额定情况下的线电压与线电流;$\cos\varphi$ 为此时电动机的功率因数。显然,(1.4.1)式对于非额定情况也同样适用。

以上述铭牌为例,该电动机额定运行时的效率为

$$\eta=\frac{P_N}{P_{\mathrm{IN}}}=\frac{P_N\times1000}{\sqrt{3}U_L I_L \cos\varphi}\times100\%$$

$$=\frac{7.5\times1000}{\sqrt{3}\times380\times15\times0.88}\times100\%=0.86\%$$

常用三相鼠笼式电动机额定运行时的效率为 $0.72\sim0.94$。电动机的负载越轻,效率越低,故不宜长时间轻载。

5. 转速

转速是指额定运行状态时的转速。由于生产机械对转速的要求不同,根据需要电动机有不同的磁极数,故有不同的转速等级。该电动机转速为 $2900\mathrm{r/min}$。由于异步电动机转差率很小,故该电动机的旋转磁场的转速 $n_1=3000\mathrm{r/min}$。

6. 定子绕组接法

定子三相绕组的接法应与铭牌上的电压一致。如图 1.4.1 所示,"电压 380V,接法△形",表示当用户的电源电压为 380V 时,电动机应接成三角形,如图 1.1.3(b)所示,即该电动机每相绕组的额定电压为 380V。如果铭牌上是"电压 380V,接法 Y 形",则表示在电源电压为 380V 时应接成星形,如图 1.1.3(a)所示,即该电动机每相绕组的额定电压为 220V。显然,如果用户的电源电压为 220V,则该电动机应接成三角形。

1.4.2　启动

电动机启动时,由于转速 $n=0$,转子与旋转磁场之间的相对转速最大,转子导体中的感应电动势和感应电流均很大,此时的定子电流称为启动电流,其值很大,通常"启动电流/额定电流"的比值为 5~7 倍。另一方面,由于启动时转子电路的功率因数 $\cos\varphi_2$ 很低,所以虽然转子电流较大,但由电磁力矩公式 $T=C_T\Phi_m I_2\cos\varphi_2$ 可知,启动转矩不大,通常"启动转矩/额定转矩"的比值为 1.0~2.2。

启动电流和启动转矩是电动机启动性能的两个重要指标。启动电流过大,电网电压将瞬时明显下降。这不仅使电动机本身的启动转矩减小而延长启动时间,甚至启不动,同时也影响电网上的其他电气设备的工作。另一方面,过大的启动电流将使电动机绕组发热,启动时间越长,发热越严重,其结果将加速绝缘老化,缩短电动机的寿命。因此,对于电动机启动的要求是限制启动电流,并且还要有足够大的启动转矩。异步电动机的启动方法通常有以下几种。

1. 直接启动

直接启动是电动机通过闸刀开关或接触器直接接到额定电压的电源上。这种启动方法简单,但启动电流较大,易引起线路电压下降,影响其他负载正常工作。判断一台电动机能否直接启动,电力管理部门有明确的相关规定:频繁启动的电动机容量小于变压器容量的 20% 时可直接启动;不频繁启动的电动机容量小于变压器容量的 30% 时可以直接启动。如果没有独立的变压器(与照明共用),电动机直接启动时所产生的电压降不应超过 5%。

一台电动机能否直接启动,如果满足下列经验公式,则可采用直接启动,即有

$$\frac{I_{ZQ}}{I_N}\leqslant\frac{3}{4}+\frac{S}{4\times P} \tag{1.4.2}$$

式中,I_{ZQ} 为直接启动的启动电流(A);I_N 为电动机的额定电流(A);S 为电源变压器总容量(kV·A);P 为电动机功率(kW)。

2. 降压启动

对于大容量的鼠笼式电动机,不允许直接启动,应采用降压启动。常用的降压启动方式有以下三种:

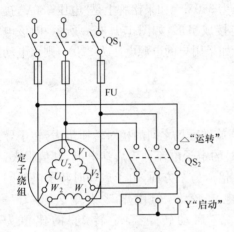

图 1.4.2　Y-△换接启动

1) Y-△换接启动

Y-△换接启动是将正常运行时定子绕组为△连接的异步电动机在启动时连接成 Y,当电动机转速上升到一定数值后再改接为△,如图 1.4.2 所示。电动机正常启动时,定子绕组接成 Y 形(QS$_2$ 合向下),使每相绕组电压降到正常电压的 $\frac{1}{\sqrt{3}}$。

当电动机的转速升高到一定转速时,切换到△接法(QS$_2$ 合向上)。

设电源线电压为 U_L,启动时定子每相绕组的等效阻抗为 $|Z|$,则当星形降压启动时定子绕组的线电流为

$$I_{LY} = I_{PY} = \frac{U_L/\sqrt{3}}{|Z|}$$

若定子绕组接成三角形直接启动时,其定子绕组的线电流为

$$I_{L\triangle} = \sqrt{3}\, I_{P\triangle} = \sqrt{3}\, \frac{U_L}{|Z|}$$

由以上二式可得

$$\frac{I_{LY}}{I_{L\triangle}} = \frac{1}{3} \tag{1.4.3}$$

即 Y-△降压启动时的启动电流为直接启动时的 $\frac{1}{3}$。

由于启动时每相绕组电压降低到额定电压的 $\frac{1}{\sqrt{3}}$,而转矩是与电压平方成正比的,故这种情况下的启动转矩也减小到直接启动时的 $\frac{1}{3}$。因此,这种启动方法只适用于轻载启动情况。

Y-△换接启动设备简单,工作可靠,只适应于正常工作时△连接的电动机。Y 系列功率在 4kW 及其以上的电动机均设计成△接法。

2) 自耦降压启动

自耦降压启动是采用自耦变压器(启动补偿器)降压启动,如图 1.4.3(a)所示。启动时将先开关 QS₁闭合,再将开关 QS₂合向"启动"位置,电动机定子绕组连接到自耦变压器的低压侧,降压启动。当电动机转速接近额定转速时,再将开关 QS₂合向"运转"位置,脱离自耦变压器,电动机则正常运行。

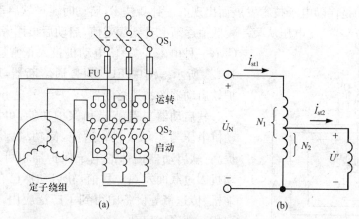

图 1.4.3　自耦降压启动
(a)接线图;(b)一相电路

自耦变压器降压启动时的一相电路,如图 1.4.3(b)所示。设 U' 为降压启动后的电压,U_N 为电源相电压(直接启动电压)。则降压启动时,则有

$$\frac{U_N}{U} = \frac{N_1}{N_2} = K$$

采用降压启动时自耦变压器的副边电流 $\dot{I}_{st2}$ 与直接启动电流(即全压启动)$\dot{I}_{st}$ 的关系为

$$\frac{I_{st2}}{I_{st}} = \frac{U'}{U_N} = \frac{1}{K}$$

降压启动时自耦变压器的原边电流 $\dot{I}_{st1}$ 与副边电流 $\dot{I}_{st2}$ 的关系为 $\dfrac{I_{st1}}{I_{st2}} = \dfrac{1}{K}$。

由此可得,采用自耦变压器启动时的电流为

$$I_{st1} = \frac{I_{st}}{K^2}$$

根据转矩与电压的关系,降压启动时电动机的启动转矩随之降低,即有

$$T_{st1} = \frac{T_{st}}{K^2}$$

式中,T_{st} 为直接启动时的启动转矩。

　　常用的自耦变压器备有几个抽头供选用,如 OJ2 型抽头为 $N_2/N_1=55\%$、64%、73%;OJ3 型抽头为 $N_2/N_1=40\%$、60%、83%等。

　　自耦变压器降压启动适用于大容量、或正常运行时为星形连接的三相鼠笼式异步电动机。其缺点是自耦变压器体积较大、价格高,不允许带较重负载启动。

3) 软启动

　　软启动是伴随电子技术发展而出现的一种新技术,启动时通过软启动器(一种晶闸管调压装置)使电压从某一较低值逐渐上升到额定值,启动后再用旁路接触器 CM(一种电磁开关)使电动机投入正常运行,如图 1.4.4 所示。图中 FU₁ 为普通熔断器,FU₂ 为保护软启动器的快速熔断器。

　　软启动器具有节能和保护功能,可以调节电动机电压与实际负载相适应,使功率因数和效率提高;软启动器内部的电子保护器也可以防止电动机因过载而发热。目前,软启动器已在水泵、压缩机、传送带等设备中得到了广泛应用,并将逐渐取代其他降压启动。

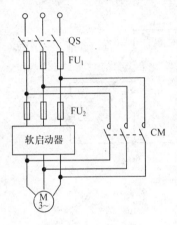

图 1.4.4　软启动电路

4) 绕线式异步电动机的启动

　　为了限制启动电流,绕线式异步电动机可在转子电路中串入启动电阻 R_2,如图 1.4.5 所示。电阻 R_2 可减小启动时转子电路中的电流,即相应地限制了定子电流。同时,R_2 的加入也可使启动转矩提高至适当的数值,缩短启动时间。实际的启动变阻器常常是分段的。启动时,R_2 置于最大值的位置。当速度上升到某值时(图 1.4.6 中曲线Ⅳ的 b 点),切除一段电阻,进入到下一档(曲线

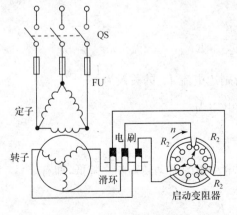

图 1.4.5　启动电阻的连接图

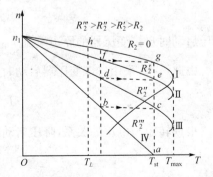

图 1.4.6　随 R_2 而变的电流、转矩变化情况

Ⅲ)。这样逐段切除电阻,最后将电阻 R_2 短路而运行在自然机械特性曲线(曲线Ⅰ)的 h 点。可见,转子接入电阻启动时,减小了启动电流,同时提高了启动转矩,使在带有负载转矩 T_L 的情况下 $T_{st} > T_L$ (如图 1.4.6 所示),得以启动。

需要注意的是:启动变阻器是按短时运行设计的,不能长时间使用。因此,在每级停留的时间不宜过长,一般不宜超过 3s。

3. 几种启动方法的比较

对于三相异步电动机,采用不同的启动方法时,电动机的电压和转矩,如图 1.4.7 所示。由图 1.4.7(a)可见,软启动从额定电压的 10%～60% 开始沿着斜坡逐渐上升至全压,斜坡曲线除起始点可以调节外,上升时间也可以调节,这样可根据应用场合选择适当的斜坡曲线;由图 1.4.7(b)可见,电动机在软启动过程中,电磁转矩变化比较平稳,因此,不仅降低了电网的负担,而且也减少了对机械设备的冲击,延长了机械设备的使用寿命。由于直接启动的方法简单,设备费用也少,在条件允许情况下,应尽量采用。但对于容量大的电动机,应考虑降压启动。自耦降压启动设备体积大,价格高,而且容易损坏。这种启动设备的唯一优点是有几个低压抽头可供选择,除此并无其他更多的优点。

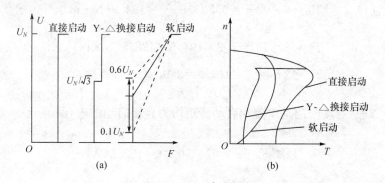

图 1.4.7　几种启动时电动机电压和转矩比较

(a) 启动电压;(b) 启动转矩

目前,4kW 以上的电动机定子绕组都是按 380V 设计,△接法,以便能采用 Y-△换接启动。这种启动设备简单,成本低,动作可靠,体积也小。对于绕线式异步电动机,由于转子电路中可以外接电阻,既限制了启动电流,又增大了启动转矩,缩短了启动时间,比鼠笼式的启动性能好。但这种电动机启动操作比较麻烦,启动电阻上的损耗也比较大。故只有在启动负载较重的情况下,如起重机,使用绕线式异步电动机。

4. 反转

三相异步电动机的旋转方向由通入定子绕组中三相电流的相序决定。三相电流的相序为 $A \to B \to C$,因此,只要将接向电动机的三根电源线中的任意两根对调,使通入定子绕组中三相电流的相序改变,即可实现反转。

例 1.4.1　有一需调速的场合,使用了一台 Y 200 L-4 型异步电动机,其技术数据如下表所示。试求:

型号	P_2/kW	满载时				T_{st}/T_N	I_{st}/I_N	T_m/T_N
		I_N/A	n_N/(r/min)	η_N/%	$\cos\varphi_N$			
Y 200 L-4	30	56.8	1470	92.2	0.87	2.0	7.0	2.2

同步转速 1500r/min,额定电压 380V,额定频率 50Hz,Y 接法

(1) 额定转矩 T_N、最大转矩 T_m 和启动转矩 T_{st};

(2) 采用 Y-△换接启动,启动电流和启动转矩各为多少?

(3) 当负载转矩 $T_L = 140\text{N} \cdot \text{m}$ 时,能否采用 Y-△换接启动?

解　(1)　$$T_N = 9550 \frac{P_2}{n_N} = 9550 \times \frac{30}{1470} = 194.9(\text{N} \cdot \text{m})$$

$$T_m = 2.2 T_N = 2.2 \times 194.9 = 428.8(\text{N} \cdot \text{m})$$

$$T_{st} = 2 T_N = 2 \times 194.9 = 389.8(\text{N} \cdot \text{m})$$

(2) Y-△启动时启动电流和启动转矩均为直接启动的 $\dfrac{1}{3}$,即

$$I_{st(Y-\triangle)} = \frac{1}{3} \times (7 \times 56.8) = 132.5(\text{A})$$

$$T_{st(Y-\triangle)} = \frac{1}{3} \times (2.0 \times 194.9) = 130(\text{N} \cdot \text{m})$$

(3) 由于 $T_{st(Y-\triangle)} < T_L$,故不能启动。

例 1.4.2　Y 250 M-4 型三相异步电动机,其额定数据如下:$P_N = 55\text{kW}$, $U_N = 380\text{V}$,△接法,$n_N = 1480\text{r/min}$,$\cos\varphi_N = 0.88$, $\eta_N = 92.6\%$, $I_{st}/I_N = 7.0$, $T_{st}/T_N = 2.0$。试求:

(1) 额定电流;

(2) 若采用自耦变压器的 64% 电压抽头启动时,线路的启动电流是多少? 如果启动时负载转矩 $T_L = 250\text{N} \cdot \text{m}$,能否启动?

解　(1) 额定电流为

$$I_N = \frac{P_N}{\sqrt{3}\ U_N \cos\varphi_N \eta_N} = \frac{55 \times 10^3}{\sqrt{3} \times 380 \times 0.88 \times 0.926} = 102.6(\text{A})$$

（2）启动时定子绕组线电流（自耦变压器的副边电流）为

$$I'_{st} = I_{st} \times 64\% = 7.0 \times 102.6 \times 64\% = 459.6(\text{A})$$

线路启动电流（自耦变压器原边电流）为

$$I''_{st} = I'_{st} \times 64\% = 459.6 \times 64\% = 294.2(\text{A})$$

该电动机的额定转矩为

$$T_N = 9550 \frac{P_N}{n_N} = 9550 \times \frac{55}{1480} = 355(\text{N} \cdot \text{m})$$

采用自耦变压器 64% 电压抽头启动时,启动转矩为

$$T'_{st} = (64\%)^2 \times T_{st} = (0.64)^2 \times (2T_N)$$
$$= (0.64)^2 \times (2 \times 355) = 290.8(\text{N} \cdot \text{m})$$

由于 $T'_{st} > T_L$,故可以启动。若 $T'_{st} < T_L$,则不能启动,此时在启动电流允许的情况下,可考虑用自耦变压器 73% 电压抽头启动,以获得较大的启动转矩。

1.4.3　调速

人为地改变异步电动机的机械特性,使转速改变,称为调速。采用电动机调速,可大大简化机械变速装置。

由异步电动机的转速公式

$$n = (1-s)n_1 = (1-s)\frac{60 f_1}{p} \tag{1.4.4}$$

可知,改变电源频率 f_1、极对数 p 和转差率 s 可改变电动机的转速。

1. 鼠笼式电动机的调速

1) 变频调速

这种调速方法不仅可以实现无级调速,调速范围[①]也变大,而且调速平滑。变频调速有关详细内容还将在第 6 章中介绍。

2) 变转差率调速

对于鼠笼式三相异步电动机,即使电压改变 10%,转速也变化不大。如进一步改变电压,则最大转矩及最大输出功率将大幅度改变,所以此法不适用。

---

① 调速范围是指在额定负载下所能调到的最高转速 $n_{\max}$ 与最低转速 $n_{\min}$ 之比值,即 $D = \dfrac{n_{\max}}{n_{\min}}$。

3) 变极调速

图 1.4.8 是改变定子绕组极对数调速的原理图。为了清楚起见,只画了 A 相绕组 U_1U_1'。当该相绕组的两个线圈 U_1U_2 和 $U_1'U_2'$ 串联时,定子旋转磁场是两对极,如图 1.4.8(a)所示;当这两个线圈并联时,则为一对极,如图 1.4.8(b)所示。因此通过每相绕组两个线圈的不同连接,可得到两种同步转速。当然,也可在定子上安置两套三相绕组,每套绕组采取适当的连接方式,可得到双速、三速或四速的电动机。能够用改变极对数的方法调节转速的电动机,称为多速电动机。多速电动机是有级调速,不平滑,但调速简单、经济、稳定性好。因此,已在机床等设备上得到普遍应用。

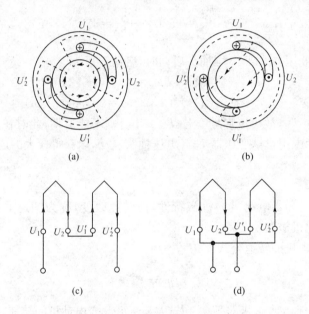

图 1.4.8　变极对数调速原理图

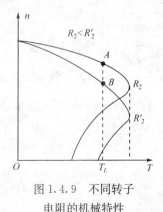

图 1.4.9　不同转子
电阻的机械特性

2. 绕线式电动机的调速

绕线式电动机的转子外接电阻 R_2 后,机械性能变软,如图 1.4.9 所示。设原工作在自然机械特性($R_2=0$)上的 A 点,在负载转矩不变的情况下,转子的转速随着外接电阻 R_2 的增大而下降。由于 $n=(1-s)n_1$,所以这是改变转差率 s 调速。

这种调速方法平滑、简便,但外接电阻损耗大,因此这种方法适用于调速范围不大,并且不是长期在低速下运行的中小型电动机,如桥式起重机。

1.4.4 制动

电动机断电后,由于惯性缘故,不能立即停下来。为了提高生产效率和保证生产机械工作的准确性,通常需要电动机制动,以实现快速停车。异步电动机的制动常有以下几种方法。

1. 反接制动

反接制动如图 1.4.10 所示。当电动机停车时,可将所接的三根电源线中任意两根对调,开关 QS 由上方(运行)迅速合到下方(制动),电源的相序改变,产生与原来方向相反的电磁转矩(图 1.4.11),对由于惯性作用仍沿着原来方向运行的电动机起到制动作用。当电动机转速接近于零时,利用某种控制电器将电源自动切断,否则电动机将会反转。

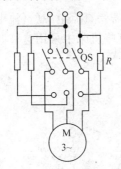

图 1.4.10　反接制动接线图

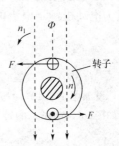

图 1.4.11　反接制动原理图

由于反接制动时,转子以 n_1+n 的速度切割旋转磁场,因而定子绕组及转子绕组中电流较正常运行时大几十倍。为了使电动机不产生过热,反接制动时可在定子电路中串联电阻限流。

反接制动方法简单,制动转矩大,效果好,但能量损失大。为了限制电流,避免电动机过热及电网电压的波动,常在定子三相线路中串入电阻,待制动完毕,就切除此电阻。

2. 能耗制动

能耗制动如图 1.4.12(a)所示。需要制动时,将开关 QS 由"运行"侧合向"制动"侧,将直流电流接入电阻绕组,在电动机中建立一个静止的磁场,而电动机由于惯性的作用继续沿着原来的方向转动。由法拉第电磁感应定律可知,转子导体切割直流磁场而产生感应电流,感应电流与静止磁场相互作用产生的电磁转矩将阻止转子转动,使得电动机迅速停车。这种制动方法是将转子动能变换成电能而消耗掉,故称为能耗制动。

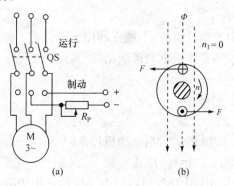

图 1.4.12　能耗制动
(a) 能耗制动电路;(b) 能耗制动原理

　　这种制动能量消耗小,制动平稳、停车准确,但需要直流电源(直流电源电流的大小一般为电动机额定电流的 0.5~1.0 倍)。在有些机床中采用这种制动方法。

练习与思考

　　1.4.1　一台 380V,△接法的三相异步电动机能否采用 Y-△启动?

　　1.4.2　设如图 1.4.13(a)所示的转向为正转,试判断如图(b)、(c)所示的转向是正转,还是反转?

　　1.4.3　三相异步电动机在空载和满载时的启动电流是否相同? 启动转矩呢?

　　1.4.4　绕线式电动机采用转子绕组串电阻启动时,是否所串电阻越大,启动转矩就越大?

　　1.4.5　反接制动瞬间,电动机的电流会不会达到启动电流的两倍?

　　1.4.6　能耗制动中,转子导体中产生的电磁制动力矩是否为一常数?

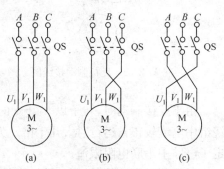

图 1.4.13　练习与思考 1.4.2 图

1.5　三相异步电动机的选择与经济运行

1.5.1　电动机的选择

　　在选用三相异步电动机时,首先要根据运行性能要求及经济性,考虑是选用鼠笼式电动机,还是绕线式电动机。另外,还要考虑下列几方面。

1. 结构形式、额定电压及转速的选择

1) 结构形式

三相异步电动机的外形结构通常有下列几种：

(1) 开启式电动机。在结构上，其转动部分及带电部分无专门的防护装置，用于干燥、少灰尘的场所。

(2) 防护式电动机。外壳有遮盖装置，能防止外界杂物落入电动机内部，并能在与垂直线成 45°的任何方向上防止水滴及铁屑等杂物掉入电机内部。这种电动机常用于水泵及鼓风机上。

(3) 封闭形电动机。外壳全封闭，可防止水分及灰尘等进入电动机内部。电动机的热量靠内部风扇及外壳的散热片散出。这种电动机适用于水滴飞溅和灰尘飞扬的场所。

(4) 防爆式电动机。结构密封，外壳机械强度较强。当机壳内气体发生爆炸时，能使爆炸与外部隔离，不致使外部也发生爆炸。这种电动机常用于具有爆炸性气体的危险场所，如矿井及化工厂等场所。

2) 额定电压

我国中、小型三相异步电动机的额定电压多为 380V，只有大功率的异步电动机才采用 6000V 以上的高电压。额定电压的选择应尽可能与工厂的电源电压一致。

3) 转速

相同功率的异步电动机，如果转速低，极数就多，体积必然大，因此价格也高。所以，选用较高转速的电动机较为经济。但是转速过高时，就要配一套相应的减速装置及留有相应的安装位置。所以，电动机转速的选择要总体考虑，要既实用又经济。

2. 功率的选择

电动机的功率选大了，不仅价格贵，而且效率低，功率因数也低，是不经济的。若选小了，则电动机不能正常运行，甚至损坏。所以电动机功率的选择是十分重要的。

根据电动机的负载情况，电动机可有三种不同的工作方式：连续（长期）工作制、短时工作制和重复短时工作制。电动机的功率也要按上述三种不同的工作方式来选择，这就使得功率选择较为复杂。

在连续（长期）工作制中，负载又分为常值负载与变动负载两类。在选择电动机功率时，对启动条件沉重（静阻转矩大或带有较大飞轮力矩）的机械，如冲床活塞泵和压力机等，若采用鼠笼式电动机，除按负载功率选择电动机的额定功率外，还应检验最小启动转矩及允许的机械最大飞轮力矩,以保证生产机械能顺利地启动和电动机在启动过程中不致过热。

本书限于篇幅,不可能讨论各种负载情况下的电动机功率选择方法,下面举出一个连续工作制中恒值负载的例子。这是最简单的情况。

电动机的负载多为变动负载。如果连续变动为非周期性的,例如许多金属切削机床,其切削量和对应的时间是不规则的,要正确选择电动机的功率是很困难的。因此,目前对于不同类型的机床,常根据统计分析公式来选择电动机的功率,见表 1.5.1。这虽然有一定的局限性,但方法简单,可供参考。

表 1.5.1　不同类型机床主轴电动机功率选择统计公式

机车类型	公　式	备　注
车床	$P = 26.5 D^{1.54} (\text{kW})$	D—工件的最大直径(m)
立式车床	$P = 20 D^{0.88} (\text{kW})$	D—工件的最大直径(m)
摇臂钻床	$P = 0.0646 D^{1.19} (\text{kW})$	D—最大的钻孔直径(m)
外圆磨床	$P = 0.1 KB (\text{kW})$	B—砂轮宽度(mm) K—考虑砂轮主轴采用不同轴承时的系数: 　滚动轴承 $K = 0.8 \sim 1.11$ 　滑动轴承 $K = 1.0 \sim 1.3$
龙门刨床	$P = \dfrac{B^{1.15}}{1660} (\text{kW})$	B—工作台宽度(mm)
卧式镗床	$P = 0.004 D^{1.7} (\text{kW})$	D—镗杆直径(mm)

例 1.5.1　一台离心水泵,出水量 $Q = 0.05 \text{m}^3/\text{s}$,冲水头高度 $H = 28\text{m}$,电动机与水泵间用联轴器相连,转速为 1460r/min。试选择电动机。

解　考虑到水的比重 $\gamma = 1000\text{kg/m}^3$,而 $1\text{kW} = 102\text{kg} \cdot \text{m/s}$。另外,高压离心泵的效率取 $\eta_1 = 0.8$,联轴器直接传动效率取 $\eta_2 = 0.95$。水泵所需电动机功率为

$$P_N = \frac{Q\gamma H}{102\eta_1\eta_2} = \frac{0.05 \times 1000 \times 28}{102 \times 0.8 \times 0.95} = 18(\text{kW})$$

可选用 Y 180 M-4 三相鼠笼式电动机,其额定功率为 18.5kW,转速为 1470 r/min。

1.5.2　电动机的经济运行

合理而有效地应用异步电动机,可使电动机的功率因数及效率均处于较高值,

对于能源的有效利用是非常重要的。在讨论电动机的经济运行之前,首先分析一下异步电动机的运行特性。图 1.5.1 是异步电动机的运行特性。横坐标用输出功率 P_2 与额定功率 P_N 的比值(标幺值)表示,纵坐标上的电流、转矩及转速也都分别用标幺值表示。由图 1.5.1 可知,异步电动机在轻载时,不仅效率低,而且功率因数也很低。而功率因数越低,消耗的无功功率越多,能源的利用率也越低。

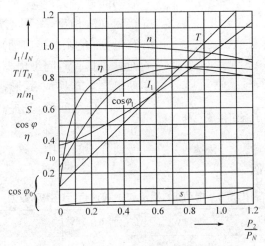

图 1.5.1　异步电动机的运行特性

在电力用户中经常使用感性负载,其中异步电动机所占的比重最大,它所消耗的无功功率几乎占工业电力用户全部无功功率的 60% 以上。这一无功功率不仅降低发电设备及输电设备的能力,而且要消耗一定的电能。解决的办法是在低压负载端并联电力电容器,以提高系统的功率因数。但是如何使异步电动机工作合理,提高电动机本身的自然功率因数,以节省电能,对用户来说,也是很重要的。

如何提高三相异步电动机的自然功率因数呢?首先是要正确地选择电动机的容量。此外,还要考虑以下几点:

(1) 尽量避免空载运行,缩短空载运行时间。若电动机是间歇运行,空载时间较长,可采用自控装置进行投切,以减少无功损耗,提高功率因数。

(2) 若原有电动机的负载率一直偏低,则可选一台适当容量的电动机来代替,可以使电动机本身的功率因数提高。例如,当电动机负载率低于 40% 时,若无特殊需要,也应考虑更换电动机。

(3) 对于定子为△接法的电动机,若负载是变动的,当负载低于某一值时,可手工或通过自动切换装置改为 Y 连接,使电动机的效率和功率因数均有明显的提高,如图 1.5.2 所示。但改接后电动机的最大负载率一般不超过额定值的 50%,最佳状况一般在 30% 左右。

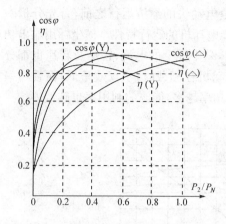

图 1.5.2　电动机定子绕组接成△和 Y 时
运行特性

例如,某化工厂设备的电动机的功率为 185kW,△接法,额定电流为 343A,实际负载时的电流只有 91A。由于负载机械设备的惯性大,要求有大的启动转矩。如果要再买一台较小的电动机,并不能解决启动问题。为此与一般的星形三角形换接启动法相反,采用△形启动(该厂电网容量大,允许直接启动)。电动机启动后,通过一具有时间继电器的控制电路,使电动机自动转换成 Y 形接法运行。这样既解决了启动问题,又提高了电动机的效率和功率因数,见表 1.5.2,使现有的电动机得到合理的使用。这是理论联系实际,灵活使用电动机的一例。

表 1.5.2　电动机△接法和 Y 接法运行的实际数据

运行方式		P/kW	U_N(线电压)/V	$\cos\varphi$	Q/kvar
额定值		185	380	0.819	
实际运行情况	△接法	28.8	357	0.51	48.5
	Y 接法	23.4	355	0.84	27.5

1.6　单相异步电动机

单相异步电动机是用单相交流电源供电的,它广泛用于工业装置和家用电器中,例如小型钻床、磨床、空气压缩机、医疗器械、电冰箱、洗衣机、电风扇和电动工具等。单相异步电动机的输出功率一般在 750W 以下。

1.6.1　单相异步电动机的工作原理

单相异步电动机的定子上有单相绕组,而转子则是鼠笼式绕组,如图 1.6.1 所示。由于定子上仅有一个单相绕组,故当其中通过单相交流电时,产生的磁场为正弦变化的脉动磁场 Φ,如图 1.6.2 所示。这个脉动磁场可以分解为两个旋转磁场,一个是正序磁场 Φ_1,顺时针　图 1.6.1　单相异步电动机方向旋转；另一个是负序磁场 Φ_2，逆时针方向旋转。两个旋转磁场的幅值相等，$\Phi_{1m}=\Phi_{2m}$，均为脉动磁场幅值 Φ_m 的一半，它们的同步转速为

$$n_1=\pm\frac{60f_1}{p} \tag{1.6.1}$$

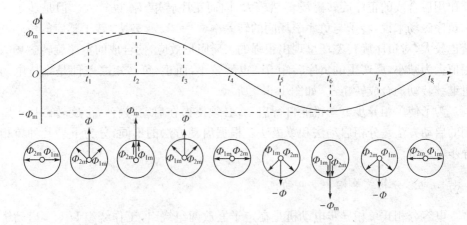

图 1.6.2 脉动磁场分解为两个旋转磁场

显然，两个旋转磁场在转子上分别产生正序转矩 T_+ 和负序转矩 T_-，如图 1.6.3 所示。当转子处于静止时，$s_+=s_-=1$，此时两个转矩等值反向，使合成转矩 $T=0$，电动机不能启动。如果用外力向某一方向（如向正序转矩 T_+ 增大的方向）拨动一下转子，此时 $T=T_+-T_->0$，电动机将沿着正序旋转磁场的方向转动，直到合成转矩 T 与负载转矩 T_L 相平衡的稳定运行状态。转子与正序磁场之间的转差率为

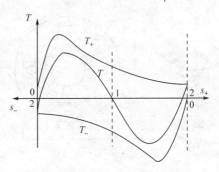

图 1.6.3 单相异步电动机的转矩特性

$$s_+=\frac{n_1-n}{n_1}<1 \tag{1.6.2}$$

而与负序磁场之间的转差率为

$$s_-=\frac{-n_1-n}{-n_1}=\frac{n_1+n}{n_1}=\frac{n_1+(1-s_+)n_1}{n_1}=2-s_+>1 \tag{1.6.3}$$

当然，如果用外力向另一方向拨动转子，电动机将向另一方向旋转。

由上述可知，仅具有单一绕组的单相异步电动机，不能产生旋转磁场，因而无启动转矩；另一方面，这种电动机的转向取决于外力的拨动方向，即无固定转向。

为什么当转子转动起来后,电动机又能在单一绕组下产生驱动转矩使电动机继续旋转呢? 这是因为当转子以某一转速旋转时(设为向正序旋转磁场方向旋转),转子对顺着它转向旋转的正序磁场的反作用,与对负序磁场的反作用是截然不同的。转子与正序磁场间的转差率 s_+ 较小,转子感应的正序电流较小,经转子反作用后合成的正序旋转磁场仍然较大,因而正序转矩 T_+ 也较大。但是转子对于负序磁场来说,转子与负序磁场间的转差率 $s_- = 2-s_+$ 较大,转子感应的负序电流也较大,对负序旋转磁场呈现出很强的去磁阻尼效应,使合成的负序旋转磁场的幅值大为减小,所产生的负序转矩 T_- 也就较小,而正、负转矩之差便是维持电动机继续转动的合成转矩 T,如图 1.6.3 所示。

为了使单相异步电动机能自行启动,必须使得在启动时有一个旋转磁场。常用的启动方法是分相启动法和罩极法。根据启动方法的不同,分为下列几种单相异步电动机。

1. 电容分相式单相异步电动机

电容分相式单相异步电动机是在定子嵌放两组绕组,工作绕组 U_1U_2,启动绕组 V_1V_2 和电容 C 串联,U_1U_2 和 V_1V_2 在空间上互差 $90°$,如图 1.6.4 所示。

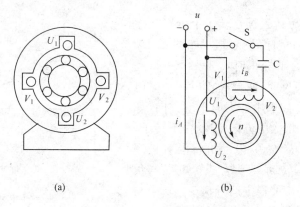

(a)　　　　　　　　　　　(b)

图 1.6.4　电容分相式单相异步电动机

(a) 结构示意图；(b) 接线原理图

选择合适的电容,可以使两绕组中的电流 i_A、i_B 在相位上近似互差 $90°$,即将单相交流电变为两相交流电,这就是所谓的分相原理。两相电流的数学表示式为

$$i_A = I_m \sin \omega t$$
$$i_B = I_m \sin(\omega t + 90°)$$

两相交流电产生的两个脉动磁场相合成即可得到一个旋转磁场,如图 1.6.5 所示。启动绕组 V_1V_2 中串有一离心开关 S,它装在转轴上。电动机静止时,离心开关的触点因受静止压力而闭合。在该旋转磁场的作用下,转子产生转矩,单相异

步电动机启动运转。当电动机转速升高到一定数值时,开关 S 因离心力的作用而脱开,将启动绕组、电容 C 与电源断开,只有工作绕组工作,电动机将在脉动磁场的作用下运行。

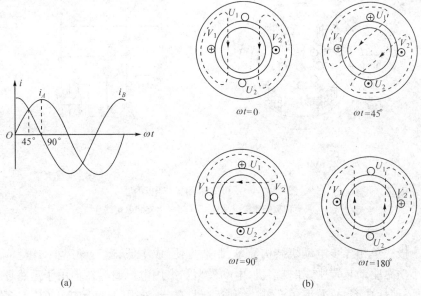

图 1.6.5　两相绕组中通入两相电流产生旋转磁场

(a) 两相电流;(b) 两相电流产生的磁场

　　利用一个转换开关将工作绕组和启动绕组互换,即可实现电容分相式单相异步电动机的反向运行,如图 1.6.6 所示。通过开关 S 改变电容器 C 与两个绕组的串联位置,即可改变两相电流产生的合成磁场的转向,实现电动机的正反转。电容分相式单相异步电动机的功率因数高,启动转矩也大。

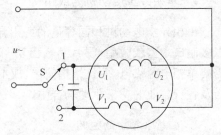

图 1.6.6　电容分相式电动机正反转原理图

　　2. 罩极式单相异步电动机

　　罩极式单相异步电动机的定子通常做成凸极式,其特点是在凸极面 1/3 处开有小槽,嵌有短路铜环,罩住部分磁极,如图 1.6.7 所示。定子绕组通过交流电产生的交变磁通在极面上被分为主磁通 Φ_1 和罩极磁通 Φ_2 两部分。根据楞次定律,穿过短路铜环的罩极磁通 Φ_2 在短路铜环中产生感应电动势和感应电流。由于感应电流对磁通的变化有阻碍作用,使得 Φ_2 在相位上滞后于磁通 Φ_1,同时 Φ_2 和 Φ_1

位置上也相隔一定角度。这种两个在时间上有一定相位差,在空间相隔一定角度的脉动磁场,也可以合成一个有一定旋转功能的磁场。这种磁场称为移进磁场,能使电动机的转子获得启动转矩,并按主磁通的方向旋转。

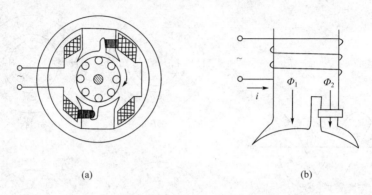

(a)　　　　　　　　　　　　(b)

图 1.6.7　罩极式单相异步电动机

(a) 具有四极的罩极电动机;(b) 罩极上安装着短路环

　　罩极式单相异步电动机结构简单、制造方便、成本低、运行噪声小,广泛应用于各种小功率驱动装置中,如打字机、电动模型和家用电风扇等。但由于短路环是闭合的,要消耗功率,故效率较低,启动和运行性能差,多用于容量较小(功率多在几十瓦以下,甚至零点几瓦)、空载启动的场合。

1.6.2　单相异步电动机的应用

　　单相异步电动机和同容量的三相异步电动机相比较,体积较大,效率较低,所以多制成小型或微型产品,其输出功率一般不超过 750W。但由于这种电动机只需要单相电源供电,而且结构简单,成本低廉,运行可靠,故被广泛地应用在日常生活及各行各业的功率驱动场合中。

　　1. 在电冰箱中的应用

　　电冰箱的压缩机电动机,常采用电阻启动式单相异步电动机。其价格低、运行可靠,能基本满足运行要求。电冰箱也有采用电容启动式电动机的,启动电流小,启动转矩大,但价格较高,而且增加了电容器,也就多了一个故障环节。

　　直冷式雪花牌电冰箱电路,如图 1.6.8 所示,采用了电阻启动单相异步电动机。图中电源插头为三爪插头,N 和 L 分别接中线和火线,中间的端子为保护接地,它与温度控制器及电动机的外壳相连,防止用户触电。箱内照明灯和灯开关串联后接至电源两端(N、L)。当电冰箱开门时,灯开关闭合,灯亮;关门时,灯开关受压而断开,灯灭。

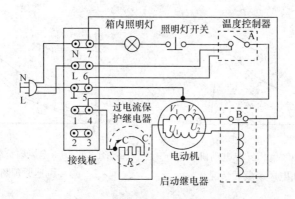

图 1.6.8　直冷式雪花牌电冰箱电路图

启动继电器的线圈接入电动机的工作绕组 U_1U_2 回路中,而其触点 B 则串联在启动绕组 V_1V_2 回路中。电动机不工作时,启动继电器的触点 B 靠弹簧拉力而断开。当箱内温度偏高时,温度控制器的触点 A 闭合,此时电动机工作绕组中流过比工作电流大 5～7 倍的启动电流,这个电流使启动继电器衔铁吸合,触点 B 闭合,从而接通了启动绕组,使电动机启动。随着转速的上升,工作绕组中的电流逐渐减小。当电流小到某一值时,启动继电器的电磁吸力减弱,不能吸住衔铁,触点 B 断开,启动绕组停止工作,电动机启动完毕,电动机在工作绕组 U_1U_2 单独作用下继续运行。当压缩机过载时,电动机电流过大,过电流继电器的电热丝 R 发热,使双金属片(在电阻丝上方)向上弯曲变形,从而断开触点 C、C′,切断电源,保护了电动机。

2. 在洗衣机中的应用

洗衣机上通常采用电容分相式电动机,启动转矩大,过载能力强,功率因数与效率也高。为了使洗衣桶实现正反转,常将这种电动机的工作绕组与启动绕组绕成相同的匝数,用时间继电器(通过开关 S)把电容 C 交替串入不同的回路,使电动机交替正反转。

3. 在电风扇中的应用

家用电风扇一般采用电容分相式电动机。风扇采用工作绕组降压的办法进行调速。风扇负载的阻转矩是随转速近似二次方增加的,如图 1.6.9 所示曲线 1。曲线 2 为电容分相式电动机的机械特性曲线。曲线 1 与曲线 2 上的任何一个交点表示均可稳定运行。设原来工作在 A 点,当电源电压由 U_1 降低至 U_1' 时,电动机的机械特性曲线,如图 1.6.10 所示曲线 3。此时工作点移到了 B 点,稳定运行,转速降低。

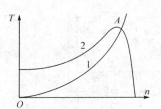

图 1.6.9　单相异步电动机
工作在电风扇负载情况

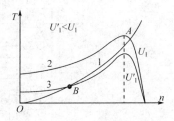

图 1.6.10　电风扇负载采用降压
调速原理图

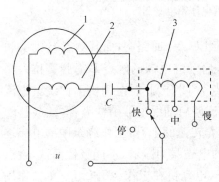

图 1.6.11　用电抗器降压调速

电风扇的降压调速方法很多,其中最简单的是利用电抗器降压,如图 1.6.11 所示。图中 1 为工作绕组,2 为启动绕组。把电抗器 3 串接在单相电动机线路上,改变电抗器的抽头连接,即可实现调速。当调速开关拨至"快"挡时,电动机绕组直接接至电源,全电压运行,转速最高。调速开关转至"中"挡或"慢"挡时,电动机绕组受到不同的压降,从而使电动机在"中速"或"慢速"下运行,实现了三挡调速。

*1.7　三相同步电动机

　　三相交流电动机可分为异步电动机和同步电动机。三相异步电动机的转速随着电动机轴上所带的负载阻转矩或者加在定子绕组上的电压改变而改变。但是,在一些生产机械和自动装置中,如空气压缩机、鼓风机等,往往要求电动机功率越来越大,而且要求电动机有恒定不变的转速,即要求电动机的转速不随负载和电压变化而变化,三相同步电动机就是具有这种特性的电动机。大功率的同步电动机与同容量的异步电动机相比,功率因数较高,其不仅不会使电网的功率因数降低,相反却能改善电网的功率因数,即进行无功功率补偿。而且,对于大功率低转速的电动机,同步电动机的体积比异步电动机要小些。

1.7.1　同步电动机的结构

　　三相同步电动机主要由定子和转子两部分组成。定子部分由机座、定子铁心和定子绕组等组成,与三相异步电动机的定子结构完全相同,亦称这部分为电枢。

所谓电枢就是电动机产生感应电动势的部分。转子部分是磁极,由铁心和励磁绕组等组成。磁极铁心上套有励磁绕组(如果磁极为永久磁铁,则不用励磁绕组),直流励磁即直流电流进入电刷经滑环流入励磁绕组,如图 1.7.1 所示。在直流励磁的作用下,各磁极产生 N、S 极性。由于转子结构的不同,同步电动机可分为凸极式和隐极式两种。凸极式转子具有凸出的磁极,励磁绕组绕在磁极上,制造工艺简单,过载能力强,运行可靠。所以,一般中、小型同步电动机都做成凸极式。

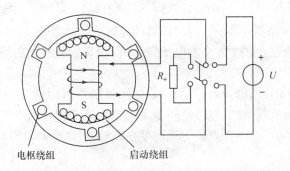

电枢绕组　　　　　　　启动绕组

图 1.7.1　同步电动机结构示意和启动图

1.7.2　同步电动机的工作原理

三相同步电动机电枢绕组中接通三相交流电源时,就会在电机中产生三相旋转磁场,磁极的励磁绕组通入直流电后,磁极在电枢旋转磁场的带动下,以旋转磁场相同的转速转动,磁极的转速为

$$n = \frac{60 \cdot f}{p} \tag{1.7.1}$$

式中,f 为交流电频率;p 为极对数;n 的单位为 r/min。

当电动机的极对数一定时,转速 n 和频率 f 之间有着严格的关系,即在负载转矩一定的情况下,电枢旋转磁场的转速与磁极的转速始终保持着同步转速。

同步电动机的功率因数可以改变。当负载不变时,通过调节励磁电流来改变功率因数 $\cos\varphi$。如果 $\cos\varphi = 1$,励磁电流为额定励磁电流,即 $I_f = I_{fN}$。此时电枢电流 I_a 与电枢电压 U_a 同相位,电动机为电阻性负载并从电网吸收功率;当 $I_f < I_{fN}$ 时,I_a 滞后 U_a,电动机为感性负载;当 $I_f > I_{fN}$ 时,I_a 超前 U_a,电动机为容性负载。由于这些特点,在工业生产中常用的大功率恒转速设备,如大型鼓风机、压缩机等多采用同步电动机驱动。

1.7.3　同步电动机的启动

同步电动机与异步电动机比较,存在的主要问题是同步电动机不能自行启动。

为使同步电动机能够自行启动,通常在同步电动机的转子上装有笼型绕组(启动绕组),使同步电动机采用异步启动。当同步电动机的转速达到亚同步速(95%同步转速)时,立即给同步电动机的励磁绕组接入直流电,使电动机的转速牵入同步转速,如图 1.7.1 所示。

同步电动机的牵入同步是一个比较复杂的暂态过程,一般情况下,牵入同步前转差越小。电动机的转动惯量越小,负载越轻,牵入同步就越容易。

同步电动机由于转子结构的特殊性,气隙不均匀,易产生高次谐波,而在启动绕组中产生谐波转矩,这是设计时应注意的问题。除此之外,启动时励磁绕组不能开路,否则可能会产生一个较高的电动势,从而损坏励磁绕组的绝缘;同样不能短路,否则因电流很大而损坏励磁绕组。

随着电力电子技术的发展,大型同步电动机还可采用软启动方式。即由晶闸管组成高电压、大容量变频装置,使同步电动机始终在同步状态下从静止启动,平滑的加速到同步转速。其特点是电动机可在高效率、高功率因数下启动,启动时间短、运行可靠。

本 章 小 结

1. 异步电动机主要由定子和转子两部分组成。按照转子结构的不同分为鼠笼式和绕线式两种,两者的工作原理和自然机械特性相同,不同的是绕线式电动机转子电路可接入外加电阻,以改善启动特性和实现调速。

2. 异步电动机定子三相对称绕组中通入三相对称电流,便产生旋转磁场,其转向取决于三相电流的相序。旋转磁场的转速与电源频率 f_1 成正比,与磁极对数 p 成反比,即 $n_1 = \dfrac{60 f_1}{p}$ (r/min)。旋转磁场的转速亦称同步转速。转子转速 n 略小于同步转速,它们之间的关系为 $n = (1-s)n_1$。

3. 异步电动机的转矩是个很重要的物理量,其计算公式为 $T = C_T \Phi I_2 \cos\varphi_2$ 或 $T = C_T \Phi E_{20} \dfrac{sR_2}{R_2^2 + (sX_{20})^2}$,将此函数关系画成图像,便为异步电动机的 T-s 曲线。通常将 T-s 曲线变换为 n-T 曲线,即机械特性。在电动机的机械特性曲线与负载特性曲线有交点的情况下,在交点附近,若转速增大时,有 $T < T_L$,而转速减小时,有 $T > T_L$,则该点能稳定运行。否则,就不能稳定运行。这是判断异步电动机能否稳定运行的条件。

4. 鼠笼式异步电动机的启动性能较差,即启动电流大(约为额定电流的5.5~7倍),启动转矩较小。当鼠笼式电动机不能直接启动时,可采用 Y-△换接启动或自耦变压器降压启动。应该注意的是,电动机降压启动时,不仅启动电流减小,同时启动转矩也减小了,故启动时电动机应空载或轻载。

5. 异步电动机转速 $n=n_1(1-s)=\dfrac{60f_1}{p}(1-s)$。在负载转矩不变的情况下，鼠笼式异步电动机可用改变极对数或变频的方法调速。

6. 异步电动机的铭牌和技术数据定量地表明了该电动机的技术性能，对于正确选择和使用电动机十分重要。主要数据是额定功率（容量）、额定电压、额定转速、定子绕组接法等。根据电源电压和绕组额定电压，定子绕组可接成星形或三角形，两种接法的绕组相电压应相等。

7. 单相异步电动机的定子绕组是单相绕组，接在单相交流电源上，电动机中产生脉动磁场，所以它的鼠笼式转子不能自行启动。为获得启动转矩，可在电动机定子上装启动绕组，串联电容（电容式启动）或采用罩极式结构（罩极式启动）。

8. 三相同步电动机的转子转速 n 等于同步转速 n_1，即

$$n=n_1=\frac{60f}{p}$$

可见，转速恒定，不随负载而变，也不能调节。改变励磁电流可使电动机运行于电感性、电容性和电阻性状态。为了提高电网的功率因数，常使电动机运行于电容性状态。同步电动机不能自行启动，通常采用异步启动法。

习　　题

1.1　一台 Y225M-4 型三相异步电动机，额定数据如表所示。试求：

（1）额定电流；

（2）额转差率 s_N；

（3）额定转矩 T_N、最大转矩 T_m 和启动转矩 T_{st}；

（4）如果负载转矩为 510.2 N·m，在电源电压 $U=U_N$ 和 $U=0.9U_N$ 两种情况下能否启动？

功率	转速	电压	效率	功率因数	I_{st}/I_N	T_{st}/T_N	T_m/T_N
45kW	1480 r/min	380V	92.3%	0.88	7.0	1.9	2.2

1.2　有 Y112M-2 型和 Y160M-8 型异步电动机各一台，额定功率都是 4kW，但前者额定转速为 2890r/min，后者为 720r/min。试求：

（1）计算每台电动机的额定转矩；

（2）说明电动机极数与转矩间的关系。

1.3　一台三相异步电动机，极对数 $p=2$，额定功率为 30kW，额定电压为 380V，T_{st}/T_N 1.2，$I_{st}/I_N=7$，三角形连接。在额定负载下运行时，其转差率为 0.02，效率为 90%，线电流为 57.5A。试求：

（1）转子旋转磁场相对于转子的转速；

（2）额定转矩；

（3）额定运行时的功率因数；

（4）用 Y-△换接启动时的启动电流和启动转矩。

1.4　一台 Y112M-4 型三相异步电动机，其技术数据如下：$P_N=4kW$，$U_N=380$ V，$I_N=8.8A$，$n_N=1440$ r/min，$\eta_N=84.2\%$，$\cos\varphi_N=0.82$，$T_{st}/T_N=2.2$，$I_{st}/I_N=7$，$T_m/T_N=2.2$，$f=50Hz$，△连接。试求：

（1）s_N，T_N，T_{st}，T_m，I_{st}；

（2）额定负载时电动机的输入功率 P_1；

（3）若采用 Y-△换接启动，其启动转 T_{st} 是多大？

1.5　某车床加工工件的最大直径为 550 mm。试根据统计分析公式（表 1.5.1）估算主轴电动机的功率。

1.6　有一台三相异步电动机，已知在某轻载运行时的输入电功率 $P_1=20kW$，$\cos\varphi_N=0.6$。现欲接入三角形连接的补偿电容，如题 1.6 图所示，使其功率因数达到 0.8，已知电源电压为 380V，频率为 50Hz。试求：

（1）补偿电容器的无功功率；

（2）每相所需电容 C。

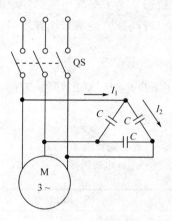

题 1.6 图

第 2 章　直流电动机

直流电机是实现机械能与直流电能相互转换的旋转机械,其具有可逆性。将机械能转换为直流电能的电机为直流发电机;将直流电能转换为机械能的电机为直流电动机。直流电动机具有良好的启动和调速性能,因而广泛应用于要求调速平滑、调速范围宽的电气传动系统,如电力机车、无轨电车、轧钢机和大型起重机械设备、龙门刨床、镗床等。

本节以直流电动机为主,主要讨论其结构、作用原理,以及其机械特性、启动、调速、反转的基本原理和基本方法。

2.1　直流电机的结构

直流电机的结构和交流电动机一样,也是由定子和转子两部分组成。直流电机的结构较为复杂,如图 2.1.1 所示。直流电机的各主要部件如 2.1.2 所示。

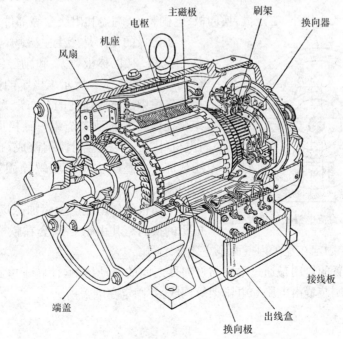

图 2.1.1　直流电机的结构图

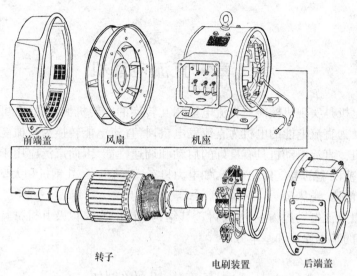

前端盖　　　　　　风扇　　　　　　机座

转子　　　　　　　　电刷装置　　后端盖

图 2.1.2　直流电机的各种主要部件图

2.1.1　定子

定子主要由机座、主磁极、换向极、电刷装置、端盖和出线盒等部件构成。

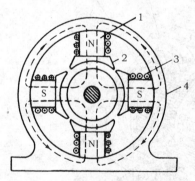

图 2.1.3　直流电机的磁极及磁路

主磁极的作用是产生主磁场,其由主磁极铁心 1、极掌(也称极靴)2 和励磁绕组 3 等部分构成,如图 2.1.3 所示。极掌的作用是使电机空气隙中磁感应强度的分布最为合理,并固定套在铁心上的励磁绕组。磁极固定在机座(电机外壳)上,机座用铸钢铸成,也是磁路的组成部分。整个主磁极用螺栓固定在机座 4 的内壁上。

换向极的作用是产生附加磁场,用以改善电机的换向。其由铁心和套在铁心上的绕组构成,用螺栓固定在定子内壁两个主磁极之间。

电刷装置的作用是通过电刷与换向器之间的滑动接触,使转子电路与外电路相连接。电刷装置由电刷和电刷架等构成,并固定在端盖内。

2.1.2　转子

转子主要由电枢(电枢铁心和电枢绕组)、换向器、风扇等部件构成。电枢铁心用硅钢片叠成,用来安放电枢绕组,同时也是电机磁路的一部分。电枢绕组的作用是获得感应电动势和通过电流。

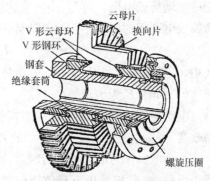

换向器是直流电机所特有的一种机械换向装置,又称为整流子。其作用是将电机内部的交流电动势变成直流电动势(发电机)或把外部的直流电流变成内部的交流电流(电动机)。换向器的结构如图 2.1.4 所示。其由很多换向片组成,片与片之间互相绝缘,外表呈圆柱形,圆柱表面上则压放着

图 2.1.4　换向器的结构

电刷。当电枢转动时,在刷架中的弹簧压板的作用下,换向器和静止的电刷之间保持着良好导电的滑动接触。从而使电枢绕组同外部电路连接起来。

2.2　直流电机的工作原理

直流电机的作用原理和其他电机一样,都是建立在电磁感应和电磁力的基础之上。

直流电机可分为发电机运行和电动机运行两种状态。为了简化起见,用具有一对磁极和一个电枢绕组线来说明直流电机的工作原理,线圈两端分别连在两个彼此绝缘的半圆形换向片上,换向片上压着两个固定不动的电刷 A 和 B,如图 2.2.1 和图 2.2.2 所示。

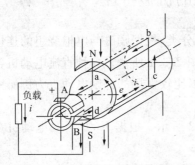

图 2.2.1　直流发电机原理图

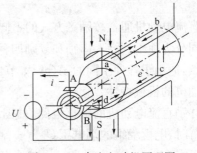

图 2.2.2　直流电动机原理图

直流电机作发电机运行时,电枢由原动机拖动后在磁场中旋转,在电枢线圈的两根有效边 ab 和 cd 切割磁力线。每一有效边中则会产生交变感应电动势,即 N 极和 S 极下的方向不同。但由电刷 A 总是与 N 极下的一边相连的换向片接触,电刷 B 总是与 S 极下的一边相连的换向片接触。因此,在电刷间就出现一个极性不

变的电动势或电压。可见,换向器的作用就是将发电机电枢绕组内的交变电动势转换成电刷间的极性不变的电动势,即有

$$E = C_E \Phi n \tag{2.2.1}$$

式中,C_E 为与电机结构有关的电动势常数;Φ 为一个磁极的磁通(Wb);n 为电机转速(r/min);E 为电动势(V)。

电动势 E 的方向根据 Φ 的方向按右手定则确定。若要改变 E 的方向,则只要改变 Φ 或者 n 这两者中任一个的方向即可。

直流电机作为电动机运行时,将直流电源接在两个电刷之间,直流电流进入电枢绕组后,N 极和 S 极下有效边的电流方向分别总是一个方向,使得两个边上受到的电磁力的方向一致,从而使得电枢转动。当线圈的有效边从 N(S)极下转到 S(N)极下时,则电流的方向随之改变,但通过换向器使得电磁力的方向始终不变。电动机的电枢线圈通电后在磁场中受力而转动,线圈中感应出电动势。感应电动势的方向与电流(或外加电压)的方向总是相反,故称其电动势为反电动势。

直流电机电枢绕组中的电流(即电枢电流)I_a 与磁通相互作用,产生电磁力和电磁转矩。其电磁转矩为

$$T = C_T \Phi I_a \tag{2.2.2}$$

式中,C_T 为与电机结构有关的转矩常数;I_a 为电枢电流(A);T 的单位是 N·m。

在电动机中电磁转矩与转子转向一致,则其为电动机发出的驱动转矩;而在发电机中电磁转矩与转子转向相反,则其为阻转矩。

2.3　直流电动机的机械特性

直流电动机通常按励磁方式的不同进行分类,根据励磁与电枢绕组的连接方式不同分为他励、并励、串励和复励四种,如图 2.3.1 所示。各种直流电动机各有其特点,适用于各种不同的场合。本节主要以比较常用的并励电动机为例研究直流电动机的机械特性。

并励直流电动机的电枢电路,如图 2.3.2 所示。根据 KVL 可知电动机在稳定运行时,电枢绕组的端电压 U 为

$$U = E + R_a I_a \tag{2.3.1}$$

式中,E 是电枢绕组的反电动势;$I_a R_a$ 是电枢电阻压降。

电枢电流 I_a 为

$$I_a = \frac{U - E}{R_a} \tag{2.3.2}$$

由式(2.2.2)和式(2.3.1)可得出直流电动机的转速 n 与电磁转矩 T 的关系

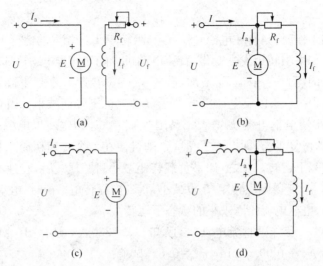

图 2.3.1　直流电动机的各种励磁方式

（a）他励式；（b）并励式；（c）串励式；（d）复励式

$$n=\frac{U_a-R_aI_a}{C_E\Phi}=\frac{U_a}{C_E\Phi}-\frac{R_a(T/C_T\Phi)}{C_E\Phi}=\frac{U_a}{C_E\Phi}-\frac{R_a}{C_EC_T\Phi^2}T$$

$$(2.3.3)$$

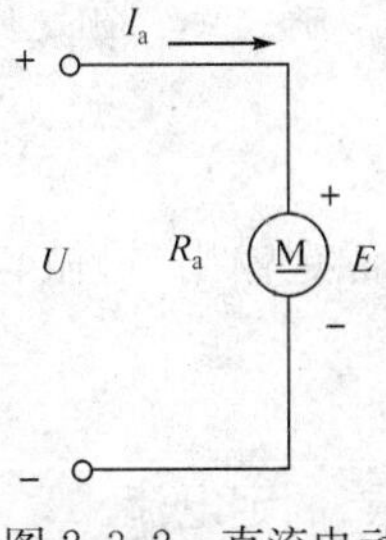

式(2.3.3)表明直流电动机转速 n 与电磁转矩 T 之间的关系，即 $n=f(T)$，称为直流电动机的机械特性。每极磁通 Φ 由励磁电流产生，故励磁方式决定了 Φ 与负载之间的关系，励磁方式不同的电动机，机械特性也不同。

图 2.3.2　直流电动机电枢电路

例如，并励直流电动机在电枢电压 U、励磁电流 I_f、电枢电阻 R_a 不变的条件下，则式(2.3.3)可表示为

$$n=n_0-\Delta n \qquad (2.3.4)$$

式中

$$n_0=\frac{U_a}{C_E\Phi}, \quad \Delta n=\frac{R_a}{C_EC_T\Phi^2}T \qquad (2.3.5)$$

在式(2.3.5)中，n_0 是转矩 $T=0$ 时的转速，即电动机轴上既没有负载转矩又没有空载损耗（摩擦等）转矩时的转速，这仅是一种理想情况，故 n_0 也称为理想空载转速。电动机的实际空载转速略低于 n_0。Δn 是当负载转矩增加时转速下降的数值。由于电枢电阻 R_a 很小，故负载转矩增加时，转速下降不多。因而并励直流电动机具有硬的机械特性，如图 2.3.3 所示。这是并励电动机

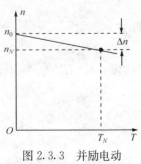

图 2.3.3　并励电动机的机械特性

的主要特点之一。

电动机在工作时,只有在电磁转矩 T 与阻转矩 T_C[①]相等的情况下才能以稳定的转速运转。如果阻转矩发生变化,直流电动机也能如异步电动机那样,具有自动适应负载变化的能力。例如,T_L 增加,使 $T < T_C$。转速 n 必然下降,由于励磁电流 I_f 和磁通 Φ 不变,所以反电动势 E 随着转速 n 的下降而减小。当 U_a 及 R_a 为定值时,E_a 的减小使电枢电流 I_a 增大。又因为 $T = C_T\Phi I_a$,所以电磁 T 将随之增大,当转矩重新恢复平衡,即 $T = T_C$ 时,电动机便在一个转速比原来低、电枢电流比原来大的状态下运转。反之,如果负载转矩减小,使 $T > T_C$,转速 n 必然上升,电枢电流 I_a 减小,使得电磁转矩 T 也减小,直到恢复转矩平衡时,电动机便在一个转速比原来高、电枢电流比原来小的状态下运转。

例 2.3.1　一台并励直流电动机,已知 $U_N = 220$ V, $P_N = 10$ kW, $R_a = 0.2$ Ω, $R_f = 120\Omega$, $n_N = 1000$ r/min, $\eta_N = 0.8$。试求:

(1) 电动机额定电流 I_N,额定电枢电流 I_{aN} 和额定励磁电流 I_{fN};

(2) 电枢电路铜耗 ΔP_{aCu} 和励磁电路铜耗 ΔP_{fCu};

(3) 反电动势 E_a 和额定转矩 T_N。

解　(1) 额定励磁电流

$$I_{fN} = \frac{U_N}{R_f} = \frac{220}{120} = 1.83 \text{ (A)}$$

由额定输出(机械)功率 P_N,可求得额定输入(电)功率

$$P_{iN} = \frac{P_N}{\eta_N} = \frac{10}{0.8} = 12.5 \text{(kW)}$$

额定电流

$$I_N = \frac{P_{iN}}{U_N} = \frac{12500}{220} = 56.82 \text{ (A)}$$

额定电枢电流

$$I_{aN} = I_N - I_{fN} = 56.82 - 1.83 \approx 55 \text{(A)}$$

(2) 电枢电路铜耗

$$\Delta P_{aCu} = R_a I_{aN}^2 = 0.2 \times 55^2 = 0.605 \text{(kW)}$$

励磁电路铜耗

$$\Delta P_{fCu} = R_f I_{fN}^2 = 120 \times 1.83^2 = 0.402 \text{(kW)}$$

(3) 反电动势

$$E_a = U_N - R_a I_{aN} = 220 - 0.2 \times 55 = 209 \text{(V)}$$

---

① T_C 为转子轴上阻转矩的总和。电动机带动机械负载稳定运行时,其电磁转矩 T 必须与机械负载转矩 T_L 及空载损耗转矩 T_0 相平衡,即 $T = T_L + T_0 = T_C$。

额定转矩

$$T_N = 9550 \frac{P_N}{n_N} = 9550 \times \frac{10}{1000} = 95.5(\text{N} \cdot \text{m})$$

2.4　直流电动机的使用

2.4.1　启动

直流电动机直接接通直流电源启动瞬间,由于惯性,转子来不及转动,即 $n = 0$,电枢绕组内的反电动势 $E_a = C_E\Phi n = 0$,此时电枢的启动电流为

$$I_{ast} = \frac{U - E_a}{R_a} = \frac{U}{R_a} \tag{2.4.1}$$

由于电枢电阻 R_a 很小,所以 I_{ast} 很大,一般可高达额定电枢电流 I_{aN} 的 $10 \sim 20$ 倍。这样大的启动电流将会在换向器上产生强烈的火花,甚至损坏换向器;另外,还会产生过大的启动转矩,使得电动机与它所拖动的生产机械受到很大的机械冲击而损坏。因此直流电动机(除数百瓦以下的微型电动机外)不允许直接启动。

为了限制启动电流,从式(2.4.1)可见,一般采用降低电源电压 U 和增大电枢电路电阻 R_a 的方法。降低电源电压启动,需要一个可以调节电压的直流电源为电枢电路供电,随着转速的上升使电源电压逐渐升至额定值,这种方法只适用于他励电动机;对于并励、串励和复励电动机,通常都采用在电枢电路串联启动电阻 R_{st} 的方法启动,启动前将 R_{st} 置于电阻值最大的位置,使接通电源瞬间的电枢电流被限制在其额定值的 $1.5 \sim 2.5$ 倍范围内,即

$$I_{ast} = \frac{U}{R_a + R_{st}} = (1.5 \sim 2.5)I_{aN} \tag{2.4.2}$$

然后,随着转速的逐渐升高,将启动电阻 R_{st} 的电阻值减小直至切除,当 $R_{st} = 0$ 时启动过程结束。

需要注意的是:直流电动机在启动时,启动电阻 R_{st} 一般是按照短时运转要求设计的,只能用于启动,正常运转时 R_{st} 必须短路(全部切除);为了能在较小启动电流下启动并产生较大的电磁转矩,启动时必须满励磁,也就是将励磁调节电阻 R_f 调到最小电阻值,以便使磁通 Φ 最大,必须确保励磁电路处于接通状态,千万不能开路。否则由于磁路中仅有很小的剩磁,可能会导致下列事故。

(1) 如果电动机原来是静止的,因电磁转矩 $T = C_T\Phi I_a$ 太小,电动机将无法启动。此时由于反电动势 E_a 为零,电枢电流 I_a 就会很大,电枢绕组有被烧坏的危险。

(2) 如果电动机原来正在带载运转,断开励磁电路将迫使它迅速停转,由于反

电动势急剧下降,也会出现上述同样的后果。

(3) 如果电动机原来正在空载运转,过大的电枢电流所产生的电磁转矩将驱动电动机迅速加速至很高的转速(通常高于额定励磁状态下的理想空载转速),造成电机的机械结构损坏,甚至危及人身安全,这种事故称为"飞车"。

例 2.4.1　某台他励直流电动机的额定电压为 110V,额定电流为 55A,电枢电阻为 0.2Ω。试求:

(1) 若直接启动时,启动电流是额定电流的多少倍?

(2) 如果将启动电流限制在 2 倍额定电流的范围内,应选多大的启动电阻?

解　(1)直接启动时,则

$$I_{ast} = \frac{U_N}{R_a} = \frac{110}{0.2} = 550(A)$$

$$\frac{I_{ast}}{I_{aN}} = \frac{550}{55} = 10$$

(2) 若将启动电流限制在额定电流 2 倍的范围内,即

$$\frac{U_N}{R_a + R_{st}} = 2I_{aN}$$

则启动电阻为

$$R_{ast} = \frac{U_N}{2I_{aN}} - R_a = \frac{110}{2 \times 55} - 0.2 = 0.8(\Omega)$$

2.4.2　反转

直流电动机的转向由其电磁转矩的方向所决定,改变磁通 Φ 或者电枢电流 I_a 的方向,便可改变电磁转矩的方向。因此,只要将励磁绕组两接线端对调或将电枢绕组两接线端对调,即可实现反转。在实际工作中一般都采用对调电枢绕组接线端的办法。因为励磁绕组电感量大,电磁惯性大,对调励磁绕组接线端将延长从正转到反转所需的时间;此外,励磁绕组突然断开,自感电动势很大,有可能损坏励磁绕组的绝缘。

2.4.3　调速

所谓调速,就是在一定的负载转矩下,可根据需要人为地改变电动机的机械特性,在不同的负载下获得不同的转速。当在电枢电路串入调速电阻 R_c 时,式(2.3.3)可改写为

$$n = \frac{U}{C_E\Phi} - \frac{R_a + R_c}{C_E C_T \Phi^2}T = n_0 - \Delta n' \tag{2.4.3}$$

由式(2.4.3)可知,直流电动机的调速方案有:改变电枢电路电阻 R_c,改变

磁极磁通 Φ 和改变电枢电压 U。下面以他励和并励直流电动机为例分别予以介绍。

1. 改变电枢电路电阻调速

这种调速方法是保持电源电压不变,磁通 Φ 不变,在电枢电路中串联一调速变阻器 R_c,电路如图 2.4.1 所示。此时,电动机的机械特性应为式(2.4.3),而不是式(2.3.3)。两式相比,理想空载转速 n_0 不变,而转速降 $\Delta n' > \Delta n$(见式(2.3.4)),从而使其机械特性曲线发生变化。随着 R_c 的增加,机械特性曲线的斜率增加,亦即特性变软,如图 2.4.2 所示。

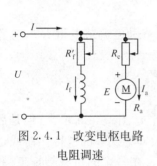

图 2.4.1　改变电枢电路
电阻调速

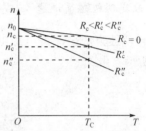

图 2.4.2　改变电枢电路电
阻时的机械特性曲线

这种调速的物理过程如下:在电源电压 U 及磁通 Φ 不变的条件下,R_c 增大的瞬间,由于机械惯性,转速 n 尚来不及变化,因而反电动势 $E_a = C_E \Phi n$ 也未改变,则电枢电流 $I_a = (U - E_a)/(R_a + R_c)$ 立即减小,电磁转矩 $T = C_T \Phi I_a$ 下降,破坏了电动机原来的转矩平衡。因电磁转矩小于阻转矩,即 $T < T_C$,电动机转速 n 开始减小,从而引起反电动势减小,其结果是电枢电流和电磁转矩增大,直到 $T = T_C$ 为止。这时电动机在低于原转速的情况下稳定运转。

这种调速方法的主要特点是:

(1) 只能从基本转速向下单方向调节;

(2) 接入 R_c 使机械特性变软,调速范围不大,一般为 1~1.5;

(3) 由于电枢电流大,R_c 上能量损耗大,不经济。

由于以上缺点,该调速方法仅用于小容量、短时间调速的场合。

例 2.4.2　试计算例 2.3.1 所给电动机在额定负载转矩下,电枢电路中串联 $R_c = 0.7\Omega$ 时的稳态转速。

解　在例 2.3.1 中已求得额定电枢电流和反电动势分别为

$$E_N = 209\text{V}, \qquad I_{aN} = 55\text{A}$$

由 $E_N = C_E \Phi n_N$,可得

$$C_E \Phi = \frac{E_N}{n_N} = \frac{209}{1000} = 0.209$$

电枢电路串入 R_c 后,当达到新的稳态时,因负载转矩和磁通 Φ 不变,故电枢电流在调速前后的稳态值不变,但反电势为

$$E_C = U_N - (R_a + R_c)I_{aN} = 220 - 55 \times (0.2 + 0.7) = 170.5(\text{V})$$

于是,串入 R_c 后的稳态转速

$$n_C = \frac{E_C}{C_E \Phi} = \frac{170.5}{0.209} = 815.79(\text{r/min})$$

2. 改变磁极磁通调速

这种调速方法是保持电源电压不变,通过调节励磁调节电阻 R_f',电路如图 2.4.1 所示。由式

$$n = \frac{U_a}{C_E \Phi} - \frac{R_a}{C_E C_T \Phi^2}T = n_0 - \Delta n$$

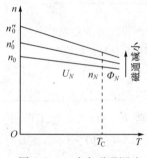

图 2.4.3　改变磁通调速时的机械特性曲线

可知,磁通 Φ 减小时 n_0 升高,Δn 增大;但是后者与 Φ^2 成反比,所以磁通 Φ 越小,机械特性曲线也就越陡,如图 2.4.3 所示。在一定的负载转矩范围内,磁通 Φ 越小,则 n 越高。由于电动机在额定状态运行时,它的磁路已接近饱和,所以通常只是减小磁通($\Phi < \Phi_N$),将转速往上调($n > n_N$)。

这种调速的物理过程如下:当电源电压 U 保持不变时,R_f 增大的瞬间,励磁电流 I_f 减小,磁通减小。由于机械惯性,转速尚未改变,于是反电动势 E_a 减小,使得电枢电流 I_a 增大。由于 I_a 的增大要比 Φ 的减小显著得多,所以电磁转矩 T 将增大,从而打破了原有的转矩平衡,使 $T > T_C$,电动机转速 n 升高。转速的升高又使反电动势增大,电枢电流 I_a 和电磁转矩 T 随之下降,直到 $T = T_C$,即达到新的转矩平衡时为止。但这时电动机的转速已较原来的稳定转速高。

必须指出,上述的调速过程是设负载转矩保持不变,结果由于 Φ 的减小而使 I_a 增大。如果调速前电动机已在额定电流下运行,那么调速后的电流势必超过额定电流,这是不允许的。从发热的角度考虑,调速后的电流不应超过其额定值,即电动机在高速运转时其负载转矩必须减小。因此,这种调速方法仅适用于转矩与转速约成反比而输出功率基本不变(恒功率调速)的场合,如用于机床主轴的变速等。

改变磁通调速方法的主要特点是:

（1）调速平滑，可实现无级调速；

（2）调速经济，控制方便；

（3）机械特性较硬，运转稳定性较好；

（4）调速范围较宽，对专门生产的调速电动机，其额定转速较低，调速范围可达 $3\sim4$，如 $(530\sim2120)$r/min 和 $(310\sim1240)$r/min。

例 2.4.3　一台并励电动机，其额定电压 $U_N=110$V，额定电流 $I_N=61$A，额定励磁功率 $P_{fN}=154$W，额定转速 $n_N=1500$r/min，电枢电阻 $R_a=0.4\Omega$。为了提高转速，调节电阻 R_f，使主磁通 Φ 减小 10%。如果负载转矩不变，试问转速如何变化？

解　额定励磁电流

$$I_{fN}=\frac{P_{fN}}{U_N}=\frac{154}{110}=1.4(\text{A})$$

额定电枢电流

$$I_{aN}=I_N-I_{fN}=61-1.4=59.6(\text{A})$$

额定状态时的反电动势

$$E_{aN}=U_N-R_aI_{aN}=110-0.4\times59.6=86.16(\text{V})$$

令磁通 Φ 减小 10%，即 $\Phi'=0.9\Phi_N$，电枢电流 I_{aN} 将增大到 I_a'，以保持转矩不变，即

$$C_T\Phi_N I_{aN}=C_T\Phi'I_a'$$

可得

$$I_a'=\frac{\Phi_N I_{aN}}{\Phi'}=\frac{59.6}{0.9}=66.2(\text{A})$$

磁通减小 10% 后的转速 n' 为

$$n'=\frac{E_a'}{C_E\Phi'}=\frac{U_N-R_aI_a'}{0.9C_E\Phi_N}=\frac{U_N-R_aI_a'}{0.9\dfrac{E_{aN}}{n_N}}$$

$$=\frac{(110-0.4\times66.2)\times1500}{0.9\times86.16}=1616(\text{r/min})$$

所以

$$\frac{n'}{n_N}=\frac{1616}{1500}=1.08$$

即转速增加了 8%。

3. 改变电枢电压调速

当保持他励电动机的励磁电流 I_f 为额定值时，降低电枢电压 U，则由式

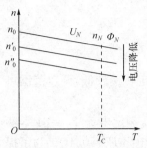

图 2.4.4　改变电压调速
时的机械特性曲线

(2.3.3)和式(2.3.4)可见，n_0 降低了，但 Δn 不变。因此，改变电枢电压 U 可得出一族平行的机械特性曲线，如图 2.4.4 所示。为了保证电动机的端电压不超过额定值，通常只是降低电压($U < U_N$)进行调速，即将转速往下调($n < n_N$)。

调速的物理过程是：当磁通 Φ 保持不变时，减小电压 U。由于转速不能立即发生变化，反电动势 E_a 也暂不变化，这样电枢电流 I_a 减小，电磁转矩 T 也减小。如果阻转矩 T_C 不变，则 $T < T_C$，转速 n 下降。随着 n 的降低，反电动势 E_a 减小。I_a 和 T 也随着增大，直到 $T = T_C$ 为止。但这时转速已较原来的转速降低了。

由于这种调速方法调速时磁通不变，如在一定的额定电流下调速，则电动机的输出转矩也是一定的(恒转矩调速)。

这种调速方法的主要特点是：调速平滑，可实现无级调速；电压降低后，机械特性硬度不变，运转稳定性好；调速范围大，可达 6～10。通常用于起重设备和电压可以调节的专门设备，投资费用较高。

近年来，由于电力电子技术的迅速发展，可调直流电源已被可控整流电源所取代。在这种调速系统中，可以同时采用改变电枢电压调速和改变磁极磁通调速两种方法，如图 2.4.5 所示。

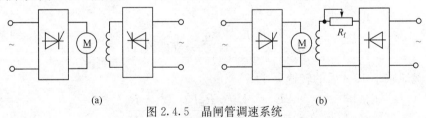

(a)　　　　　　　　　　　　　　　　　　　　　(b)

图 2.4.5　晶闸管调速系统

(a) 励磁电路用可控整流电源；(b) 励磁电路用不可控整流电源

图 2.4.5(a)所示为直流电动机的电枢和励磁电路都用晶闸管可控整流电源供电。图 2.4.5(b)所示为电枢电路用晶闸管可控整流电源供电，而励磁电路用二极管不可控整流电源供电，通过串在励磁电路内的变阻器 R_f 来调节励磁电流的大小。

练习与思考

2.4.1　直流电动机在负载变化时能自行调节，这里有转速变化的问题，现在又讲调速，这两个概念有何不同？

2.4.2　比较他励电动机与三相异步电动机的调速方法和调速性能。

2.5 直流电动机的制动

直流电动机常用的制动方法有能耗制动和反接制动两种。

2.5.1 能耗制动

图 2.5.1 是能耗制动的原理图(图中画的是他励电动机,对并励电动机来讲,励磁电路直接接在电源上,位于图中换接开关左边)。制动时电动机的电枢电路自电源断开后,借助于换接开关再与电阻 R 相连接(励磁绕组仍接在电源上)。由于机械惯性,转子继续按原方向旋转。这时,电枢导体仍切割磁力线产生感应电动势和电流,但电机已由电动机状

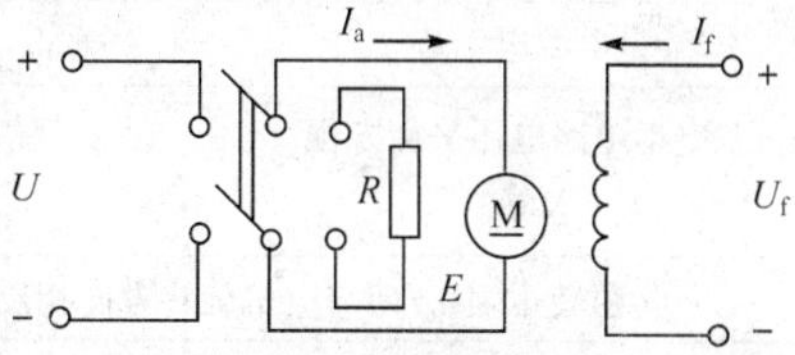

图 2.5.1 他励电动机能耗制动原理图

态变为发电机状态,电磁转矩与转子转向相反,成为制动转矩。这时,除转动部分的动能外电机别无其他能源。所以在制动转矩的作用下,电机无法维持发电机状态而迅速停车。在能耗制动过程中,转动部分的动能转变为电能,消耗于电阻 R 上,电阻 R 称为制动电阻。电阻 R 越小,制动时电枢电流越大,制动转矩也越大,制动时间则越短;反之,电阻 R 越大,制动时间则越长。所以,调节电阻 R 可改变制动时间的长短,但电阻 R 也不能太小,否则制动时电枢电流将超过额定电流的 $1.5\sim2.5$ 倍,这是不允许的。

这种制动方法线路简单、制动可靠、平稳、经济,故常被采用。

2.5.2 反接制动

反接制动是把运转中的电机的电枢反接到电源上。制动时利用一个倒向开关,把电枢电路接至电源的两端互换,而励磁电路的连接保持不变。这时磁通的方向未变,电枢电流却反向了,电磁转矩的方向也随之反向,由驱动转矩变为制动转矩,于是电机便迅速减速。由于反接制动时电枢电压与反电动势 E_a 同方向,所以电枢电流很大。为了限制它,电枢电路应串接适当的限流电阻,以保证电枢电流不超过其额定值的 $1.5\sim2.5$ 倍。若电机不需要反转,则制动结束($n=0$)时,应及时切断电源,否则电机将会反转。

反接制动的制动时间短,但能量损耗大,而且有自动反转的可能性。

本 章 小 结

1. 直流电机由定子和转子两部分构成。换向器是它所特有的装置,要了解换向器在发电机和电动机中所起的不同作用。根据励磁方式可将直流电机分为他

励、并励、串励及复励电机四种。

2. 电磁感应定律和电磁力定律是直流电动机工作原理的基础。由电磁感应定律可得出感应电动势 $E_a=C_E\Phi n$；由电磁力定律可得出电磁转矩 $T=C_T\Phi I_a$，这些量在电动机与发电机中的作用是不同的，见表 2.6.1。

表 2.6.1　发电机与电动机运行对照表

发电机运行	电动机运行
E 与 I_a 同方向	E_a 与 I_a 反方向
E_a 是电源电动势	E_a 是反电动势
电枢电路电压平衡方程 $E=U+R_aI_a$	电枢电路电压平衡方程 $U=E_a+R_aI_a$
T 为阻转矩，其方向与电机旋转方向相反	T 为驱动转矩，其方向与电机旋转方向相同
转矩平衡方程 $T_1=T+T_0$	转矩平衡方程 $T=T_L+T_0$

注：T_1 为原动机转矩；T_0 为空载损耗转矩；T_L 为负载转矩。

直流电机具有可逆性。电磁转矩 T、感应电动势 E、转矩平衡方程和电枢电路电压平衡方程是分析直流电机电路、磁路与机械方面的基础，应善于运用这些规律分析问题。

3. 他励直流电动机的机械特性是

$$n=\frac{U_a}{C_E\Phi}-\frac{R_a}{C_EC_T\Phi^2}T=n_0-\Delta n$$

由于 Δn 较小，故呈现硬特性。

4. 直流电动机直接启动时电流远远超过额定值，故一般不允许直接启动。可采用电枢电路串入启动电阻的方法启动，对他励电动机还可采用降压启动，以降低启动电流。

对调电枢绕组接线端或对调励磁绕组接线端可使直流电动机反转。

5. 直流电动机调速性能好：可以平滑无级调速，调速性能稳定、调速范围宽，操作方便。调速有三种方法：

(1) 电枢电路中串入电阻调速；

(2) 变磁通（变励磁电流）调速；

(3) 变电枢电压调速。

其中第(2)种为向上调速，其余两种为向下调速。要注意每种方法的特点和适用场合。

习　题

2.1　有两台直流电动机，一台是串励电机，另一台是并励电机。因铭牌已模糊不清，无法辨认。试问用什么简单的方法来判别它们?

2.2 在下列条件下,他励电动机的转速、电枢电流与反电动势有无变化? 若有,是增大还是减小(按达到稳定转速的情况回答)?

(1) 励磁电流和阻转矩不变,电枢电压降低;

(2) 电枢电压与阻转矩不变,励磁电流减小;

(3) 阻转矩、电枢电压及励磁电流都不改变,在电枢电路中串入一个适当的电阻 R_c。

2.3 某并励直流电动机,其额定数据如下:$P_2 = 10\text{kW}, U = 220\text{V}, I = 53.8\text{A}, n = 1500\text{r/min}, R_a = 0.4\Omega, R_f = 193\Omega$。试求:

(1) 当负载转矩增加 50% 时的输入电流、反电动势和转速;

(2) 在轻载情况下,电动机转速为 1550r/min 时的输入电流。

2.4 有一台并励电动机,$n_N = 1500\text{r/min}$,若 $U = U_N, \Phi = \Phi_N$,则该电机能否在 $n = 1000\text{r/min}$ 下长期运行? 为什么?

2.5 已知一台并励直流电动机的额定数据如下:$U = U_f = 220\text{ V}, I_N = 50\text{A}, \eta = 0.85; R_f = 66\Omega, R_a = 0.5\Omega$。试求:

(1) 额定输入功率和输出功率;

(2) 电枢电路铜耗;

(3) 励磁电路铜耗。

*第3章 控制电动机

控制电动机是一类具有特殊性能的小功率电机,主要用于执行、检测和计算装置等。例如,飞机的自动驾驶仪,火炮和雷达的自动定位,舰船方向舵的自动操纵,以及机床加工过程的自动控制,炉温的自动调节等。控制电动机的基本原理与一般旋转电机并无本质区别,但是在用途、结构和性能等方面却有很大的不同。一般电动机的主要功能是完成机械能和电能之间的能量转换,因此它们的功率、体积和重量都比较大。而控制电机的主要功能是转换和传递信号,因此其功率小(通常为数百毫瓦到数百瓦),体积小(外径一般为 10~30mm),重量轻(数十克到数千克),制造精度高,所以控制电动机也称为微电机。

控制电机的类型很多,随着自动控制系统和计算装置的不断发展,新原理、新技术和新材料的不断涌现,同时也出现了不少新型控制电动机。限于篇幅,本章仅介绍几种常用的控制电动机。

3.1 伺服电动机

在自动控制系统中,伺服电动机作为执行元件,用来驱动控制对象,所以也称之为执行电动机。它的功能是将输入的电压信号转换为电动机轴上的转速或转角,驱动控制对象。伺服电动机可控性好、响应速度快,是自动控制系统和计算机外围设备中常用的执行元件。伺服电动机按其使用的电源性质可以分为交流和直流两大类。

3.1.1 交流伺服电动机

交流伺服电动机实际上是两相异步电动机。它的定子上装有两个绕组,一个是励磁绕组,另一个是控制绕组,两个绕组在空间相隔 90°。

交流伺服电动机的转子分为鼠笼式和空心杯式两种。前者和三相鼠笼式电动机的转子结构相似,只是为了增大转子电阻,采用电阻率高的导电材料(如青铜)制成。为了使伺服电动机反应迅速灵敏,必须设法减小转子的转动惯量,所以其鼠笼式转子做得比较细长。空心杯式转子伺服电动机的结构,如图 3.1.1 所示。图中外定子的结构和普通异步电动机的定子结构相同,在定子槽中嵌放着两相绕组。空心杯式转子是用铝合金制成的空心薄壁圆筒,壁厚仅有 0.2~0.3mm,所以其转动惯量非常小。空心杯式转子通过内、外定子间的气隙装在转轴上,动作快速灵敏。为了减小磁路的磁阻,空心杯形式转子内放置着固定的内定子,它也是用硅钢片叠成的。

交流伺服电动机的接线原理如图 3.1.2 所示。励磁绕组与电容 C 串联后接到交流电源上(电压 $\dot{U}$ 为定值),控制绕组接于交流放大器的输出端,控制电压(信号电压)即为放大器的输出电压 $\dot{U}_2$。励磁绕组串联电容的目的,是为了分相而产生两相旋转磁场。适当选择电容 C 的数值,可以使励磁电压 $\dot{U}_1$ 与电源电压 $\dot{U}$ 之间有 90° 或近于 90° 的相位差。而控制电压 $\dot{U}_2$ 与电源电压 $\dot{U}$ 也有关,二者频率相同,相位相同或者相反,因此,$\dot{U}_2$ 与 $\dot{U}_1$ 频率也相同,相位差基本上也是 90°。

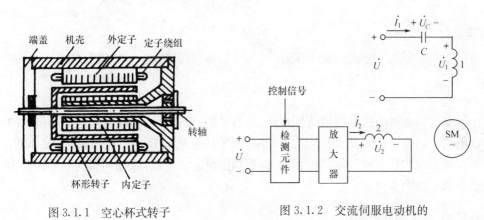

图 3.1.1　空心杯式转子　　　　图 3.1.2　交流伺服电动机的
伺服电动机结构图　　　　　　　　　　接线原理图

当控制绕组上加电压为零、励磁绕组上加额定电压时,由于定子内仅有励磁绕组产生的脉动磁场,电动机处于单相状态,所以转子静止不动。若在控制绕组上施加与励磁电压 $\dot{U}_1$ 相位差为 90° 的控制电压 $\dot{U}_2$,则控制绕组的电流 $\dot{I}_2$ 与励磁绕组中的电流 $\dot{I}_1$ 的相位差也是 90°,于是定子内便会产生两相旋转磁场,转子便会沿着该旋转磁场的转向转动。在负载恒定不变的情况下,电动机的转速将随着控制电压 $\dot{U}_2$ 的变化而变化。当控制电压的相位反相时,旋转磁场的转向将改变,使电动机反转。

交流伺服电动机的转速可由控制电压 $\dot{U}_2$ 控制,在负载转矩不变的情况下,控制电压 $\dot{U}_2$ 为额定电压 $\dot{U}_{2N}$ 时,电动机转速最高,随着 $\dot{U}_2$ 的减小,转速下降。交流伺服电动机的机械特性如图 3.1.3 所示。当控制电压 $\dot{U}_2=0$ 时,交流伺服电动机处于单相运行状态。由于交流伺服电动机的转子电阻 R_2 设计的较大,使临界转

差率 $s_m \geqslant 1$，$s'' > 1$，故交流伺服电动机的 T-s 曲线如图 3.1.4 所示。其中曲线中的 T'、T''分别为等效的正反向旋转磁场所产生的正反转矩，曲线 T 为 T'、T''的合成转矩。可见，交流伺服电动机在单相运行时，合成转矩 T 与转子转向相反，起制动作用，一旦失去控制电压，将立即停转。

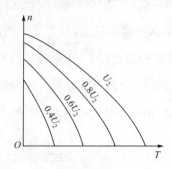
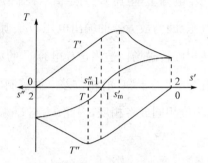

图 3.1.3　在不同的控制电压下的　　　　图 3.1.4　单相运行时的
　　　　$n = f(T)$曲线　　　　　　　　　　　$T = f(s)$曲线

　　交流伺服电动机的机械特性很软，运行平稳、噪声小。但交流伺服电动机的控制电压与转速变化间是非线性关系，并且由于转子电阻 R_2 大，故损耗大、效率低；其与同容量的直流伺服电动机相比，体积和重量大。所以，交流伺服电动机仅适用于小功率控制系统。

3.1.2　直流伺服电动机

　　直流伺服电动机的结构和原理与直流电动机大致相似。只是直流伺服电动机均为他励式或永磁式，体积较小，气隙也较小，磁路不饱和，因而磁通和励磁电流与励磁电压成正比；另外，直流伺服电动机的电枢电阻较大，机械特性为软特性，电枢比较细长，所以转动惯量小。

　　直流伺服电动机的转速由控制电压来控制，如图 3.1.5 所示。工作时将控制电压 U_2 加在电枢上，励磁绕组上加恒定的励磁电压 U_1（若为永磁式，则无需加 U_1），此种控制方式称为电枢控制。也可以将控制电压加在励磁绕组上，而将电枢接在恒定电源电压 U_1 上，这种控制方式称为励磁控制。由于电枢控制的机械特性线性度好，控制电压消失后，只有励磁绕组通电，损耗较小，另外，电枢回路电感小，响应迅速快（与励磁控制相比）。所以，大多数直流伺服电动机都采用电枢控制。

　　直流伺服电动机的机械特性方程式与他励电动机一样，即

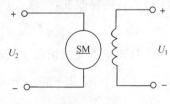

图 3.1.5　直流伺服电动机的
　　　接线原理图

$$n = \frac{U_2}{C_E \Phi} - \frac{R_a}{C_E C_T \Phi^2} T \tag{3.1.1}$$

由于直流伺服电动机的磁路不饱和,磁通 Φ 与励磁电压 U_1 成正比,即 $\Phi = C_\Phi U_1$。将其代入式(3.1.1),得

$$n = \frac{U_2}{C_E C_\Phi U_1} - \frac{R_a T}{C_E C_T C_\Phi^2 U_1^2} \tag{3.1.2}$$

由式(3.1.2)可知,当 U_1 不变,而负载转矩一定时,直流伺服电动机的转速 n 与控制电压 U_2 呈线性关系。图 3.1.6 是直流伺服电动机在不同控制电压下(图中 U_2 为额定控制电压)的机械特性曲线 $n = f(T)$。

与交流伺服电动机相比较,直流伺服电动机的优点是具有线性的机械特性,启动转矩大,可在很大范围内平滑地调节转速,单位容量的体积小、重量轻,可输出较大功率(一般为 $1 \sim 600\text{W}$)。其缺点是由于有换向器,工作可靠性较差,寿命短,换向器产生的火花对无线电干扰大。另外,它的转动惯量较交流伺服电动机大,灵敏度差,转速波动大,低速运转不够平稳。

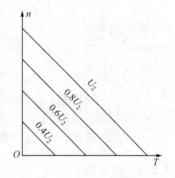

图 3.1.6　直流伺服电动机的 $n = f(T)$

近年来,由于自动控制系统对伺服电动机快速响应的要求越来越高,上述直流伺服电动机在使用上受到一定限制。目前,已在传统的直流伺服电动机的基础上,发展了低转动惯量的空心非磁性电枢和盘式电枢直流伺服电动机。这些电枢表面制作有印制绕组。随着电子技术的发展,还出现了不用换向器和电刷的晶体管整流子微型无刷伺服电动机。这些新型直流伺服电动机主要用在高精度的自动控制系统及测量设备中,如数控机床、X-Y 函数记录仪、摄像机录音机等。它们代表了直流伺服电动机的发展方向,应用也日趋广泛。

3.2　步进电动机

步进电动机是一种将电脉冲信号转换成输出轴的角位移或直线位移的特殊电动机。步进电动机在数控机床、自动记录仪表、绘图机等数字控制装置中作为驱动元件或控制元件。每输入一个电脉冲信号,步进电动机就转动一定的角度或前进一步,故又称脉冲电动机。

步进电动机按运动形式可分为旋转型和直线型两大类。按转矩产生的原理可分为反应式、永磁式和混合式(又称为永磁感应式或永磁反应式);按输出转矩的大

小还可分为伺服式和功率式。伺服式步进电动机的输出转矩通常在 1N·m 以下,只能驱动较小负载,而功率式步进电动机的输出转矩一般都在 5N·m 以上。目前应用较多的旋转型步进电动机是反应式(又称为磁阻式)和永磁式。永磁式步进电动机的转子是一个永久磁铁;反应式的转子由高磁导率的软磁材料制成。反应式步进电动机具有反应快、惯性小、结构简单等特点,应用较为普遍。所以,本节只介绍反应式步进电动机。

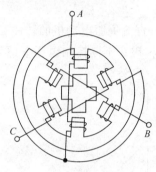

图 3.2.1　三相反应式步进
电动机简化结构图

图 3.2.1 是三相反应式步进电动机简化结构图。定子与转子都由硅钢片叠成,定子上装有沿圆周均匀分布的六个磁极,磁极上绕有控制(励磁)绕组。两个相对的磁极组成一相,绕组的接法如图 3.2.1 所示。步进电动机转子上没有绕组,为了分析方便,假定转子上具有四个均匀分布的齿。

控制转子转动的方式有许多种,按步进电动机通电顺序的不同,反应式步进电动机有单三拍、双三拍和六拍方式的区别。所谓一拍,是指步进电动机从一相通电换接到另一相通电。每一拍使转子在空间转过一个角度,前进一步,这个角度称为步距角。

3.2.1　单三拍

三相单三拍控制方式是,每次只给三相励磁绕组中的一相绕组通电。图 3.2.2 是三相反应式步进电动机单三拍方式时的原理图。当只给 A 相绕组通电时,产生 A-A′ 轴线方向的磁通。在图 3.2.2 中,由于磁通具有力图通过磁阻最小路径的特点,从而产生磁拉力,形成一反应转矩,使转子的 1、3 两个齿与定子的 A-A′ 轴线磁极对齐,如图 3.2.2(a)所示。再给 B 相绕组通电(A、C 两相不通电),产生 B-B′ 轴线方向的磁通,使转子顺时针方向转过 30°,使转子 2、4 两个齿与定子

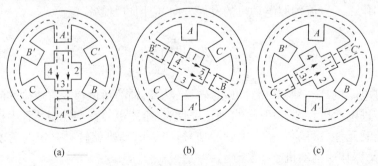

　　　　(a)　　　　　　　　　　　(b)　　　　　　　　　　　(c)

图 3.2.2　单三拍通电方式时转子的位置
(a) A 相通电;(b) B 相通电;(c) C 相通电

的 B-B' 轴线磁极对齐,如图 3.2.2(b)所示。随后给 C 相绕组通电(A、B 两相不通电),产生 C-C' 轴线方向的磁通,转子又顺时针方向转过 30°,使转子 1、3 两个齿与定子 C-C' 轴线磁极对齐,如图 3.2.2(c)所示。若电脉冲信号依次按顺序输入,三相定子绕组按 $A \rightarrow B \rightarrow C \rightarrow A \rightarrow$……的顺序轮流通电,则步进电动机按顺时针方向一步一步地转动,步距角为 30°。通电换接三次,使定子磁场旋转一周,而转子只转过一个齿距角(转子有四个齿时,齿距角为 90°)。若将通电顺序改为 $A \rightarrow C \rightarrow B \rightarrow A \rightarrow$……的顺序,则步进电动机转子按逆时针方向转动。步进电动机转子转动的快慢取决于输入电脉冲的频率。

上述方式称为三相单三拍。所谓"单三拍"是指每次只有一相绕组通电,经过三次换接,绕组的通电状态完成一个循环。这种控制方式在一相绕组断电另一相绕组刚刚开始通电的转换瞬间容易引起失步(电动机未能按输入脉冲信号一步一步地转动)。另外,单用一相绕组吸引转子,也容易使转子在平衡位置附近产生振荡,故运行平稳性较差。

3.2.2 双三拍

如果每次同时有两相绕组通电,即按照 A、$B \rightarrow B$、$C \rightarrow C$、$A \rightarrow A$、$B \rightarrow$……顺序通电,这种通电方式称为三相双三拍,如图 3.2.3 所示。

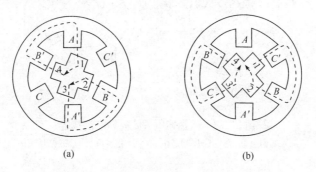

　　　　　　(a)　　　　　　　　　　　　　　　　(b)

图 3.2.3　双三拍通电方式时转子的位置

(a) A、B 相通电;(b) B、C 相通电

当 A、B 两绕组同时通电时,定子磁极 A-A' 对转子齿 1、3 产生了反应转矩,而定子磁极 B-B' 对转子齿 2、4 也产生了反应转矩。因此,转子就转到这两个反应转矩的平衡位置,如图 3.2.3(a)所示。接着 B、C 两相绕组通电,定子磁极 B-B' 对转子齿 2、4 有反应转矩作用,而定子磁极 C-C' 对转子齿 1、3 也有反应转矩作用。因此,转子再顺时针方向转 30°,步距角为 30°,如图 3.2.3(b)所示。随后,C、A 两相绕组同时通电,转子顺时针方向转动 30°。

若通电顺序改为 A、$C \rightarrow C$、$B \rightarrow B$、$A \rightarrow A$、$C \rightarrow$……则步进电动机按逆时针方

向转动。

　　由于双三拍每次都是两相绕组通电,在转换过程中始终有一相绕组保持通电,所以工作比较平稳。

3.2.3　六拍

　　三相六拍方式是上述两种的混合方式,如图 3.2.4 所示。

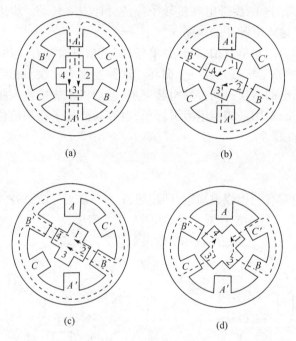

(a)　　　　　　　　　　　(b)

(c)　　　　　　　　　　　(d)

图 3.2.4　六拍通电方式时转子的位置

(a) A 相通电；(b) A、B 相通电；(c) B 相通电；(d) B、C 相通电

　　在图 3.2.4 中若按 $A \to A$、$B \to B \to B$、$C \to C \to C$、$A \to A \to$……顺序通电,则转子顺时针方向一步一步地转动,通电换接六次完成磁场旋转 $360°$,使转子前进一个步距角,步距角为 $15°$。定子三相绕组需经六次换接才能完成一个循环,故称为六拍。

　　若按 $A \to A$、$C \to C \to C$、$B \to B \to B$、$A \to A \to$……顺序通电,则步进电动机的转子按逆时针方向转动。

　　在这种控制方式下,始终有一相绕组通电,故工作也比较平稳。

　　由上述可知,采用单三拍和双三拍方式时,转子走三步前进一个齿距角,每走一步前进了三分之一齿距角；采用六拍方式时,转子走六步前进一个齿距角,每走一步前进了六分之一齿距角。故步距角 θ 为

$$\theta = \frac{360°}{Z_r m} \tag{3.2.1}$$

式中,Z_r 为转子齿数;m 为运行拍数。

如采用单三拍方式时,$Z_r = 4$,$m = 3$,则步距角为

$$\theta = \frac{360°}{4 \times 3} = 30°$$

如果步距角 θ 的单位是度,脉冲频率 f 的单位是 Hz,则步进电动机每分钟的转速 n 为

$$n = \frac{\theta f}{360°} \times 60 = \frac{60 f}{Z_r m} \text{ (r/min)} \tag{3.2.2}$$

可见,步进电动机的转速与脉冲频率成正比。

由于步进电动机的转子以及负载存在惯性,在启动、停止及正常运行时,输入电脉冲的频率不能过高,频率的变化率也不能太大。在使用时,实际的脉冲频率不能超过技术数据中规定的允许值,否则将会产生失步,进而影响其精度。

在实际应用中,为了保证自动控制系统所需要的精度,步进电动机的步距角应很小,通常为 3°或 1.5°。为此将转子做成许多齿(一般有 40 个齿,齿距角为 360°/40 = 9°),并在定子每个磁极上也做几个小齿(一般有 5 个)。为了让转子齿与定子齿对齐,两者的齿宽和齿距必须相等。因此,三相反应式步进电动机的结构图如图 3.2.5 所示。

综上所述,步进电动机具有结构简单,维护方便,无积累误差,精确度高,停车准确等性能。因此,步进电动机被广泛应用于数字控制系统中,如数控机床、自动记录仪表、检测仪表和数模变换装置等。

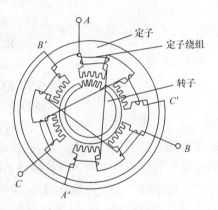

图 3.2.5 三相反应式步进电动机的结构图

3.3 力矩电动机

用一般电动机驱动低速机械负载时,通常要经过齿轮减速机构与负载连接。其原因是一般电动机的转矩较小而转速较高,需要经过减速传动机构降低转速并且增大转矩,才能满足负载的要求。但这种传动机构往往结构庞大,且由于齿轮系统的误差,使传动精度和稳定性降低。力矩电动机正是为解决上述问题而研制的一种特殊电动机。它具有转速低和转矩大的特点,因而可以直接带动低速机械负

载,而且可在任意低速和堵转情况下运行。它也分为交流力矩电动机和直流力矩电动机两类,下面分别予以介绍。

3.3.1　交流力矩电动机

　　交流力矩电动机以三相鼠笼式异步力矩电动机为主。它的结构与普通鼠笼式异步电动机相似,区别在于它用电阻较高的导电材料(如黄铜)作为鼠笼转子的导条及端环,转子径向尺寸较大,一般都做成扁平状;定子磁极对数较多,同步转速 n_1 较低。另外,由于力矩电动机允许长期低速甚至堵转运行,所以电动机的散热问题较普通电动机突出。为了解决这一问题,经常采用开启式结构,在转子上开有不少轴向通风道,以便用外加鼓风机吹风来散热,小容量的交流力矩电动机也有采用封闭式结构的。

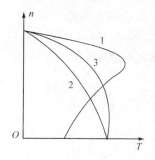

图 3.3.1　力矩电动机的机械特性

　　三相鼠笼式异步力矩电动机与一般鼠笼式异步电动机的工作原理完全相同,但由于前者转子电阻较大,因此二者的机械特性不同,图 3.3.1 中的曲线 1 是一般异步电动机的机械特性曲线,曲线 2 和曲线 3 是两种力矩电动机的机械特性曲线,其差别是由于采用不同的导体材料和不同的转子设计造成的。

　　由曲线 2 和曲线 3 可知,力矩电动机在 $n=0$ 到 n_1 的范围内都能稳定运行,而且转速越低,转矩越大(曲线 2),或转速较低时,转矩恒定不变(曲线 3)。

　　在自动控制系统中,常用交流力矩电动机作为低转速控制对象的执行元件。此外,也可将它用于纺织、冶金、橡胶、造纸等行业中对转矩特性有特殊要求的各种机械设备中。如卷绕纸张、布匹等的辊筒,以及传送这些产品的导辊。在这种场合,若使用普通异步电动机来驱动,由于其机械特性为硬特性,则在卷绕过程中,筒的直径不断地增大,辊筒的转速 n 变化不大,因此卷绕线速度 v 越来越大,产品所受张力 F 也随着增加,使卷绕松紧不一,甚至因张力过大而将产品拉断。若使用力矩电动机来拖动,产品卷绕直径加大,力矩电动机的负载转矩 T 相应增加,由机械特性曲线 2 可知,相应地转速 n 降低,从而可使卷绕线速度 v 与张力 F 保持不变。由于张力 F 与线速度 v 之乘积 P(功率)为常值,所以具有机械特性曲线 2 的力矩电动机为恒功率特性。在纺织、印染、电线电缆、造纸等需要把产品用恒定的张力与恒定的线速度卷绕在轴上或筒上的场合,使用恒功率特性的力矩电动机是较为合适的,经济性也好。

　　具有曲线 3 所示机械特性的力矩电动机,在转速较低时,转矩基本恒定。这种电动机常用在转速变化时仍要求恒转矩的场合。例如在印染厂里就是利用多台力矩电动机来驱动传送织物的若干辊轴,由于辊轴直径不变,张力 F 与半径 r 之乘

积 T(转矩)为常值,则可知在任何速度下传送织物的张力始终保持不变。

3.3.2　直流力矩电动机

直流力矩电动机也是可以长期处于堵转状态下工作的低转速、高转矩的直流电动机。

直流力矩电动机的工作原理与普通直流电动机完全相同,只是在结构、外形尺寸和机械特性上有所不同。普通直流电动机为了减小电动机的转动惯量,电枢大多做成较为细长的圆柱体,即直径较小,轴向长度较长。而直流力矩电动机为了在相同体积和电枢电压下产生较大的转矩、较低的转速,一般都做成扁平状,即直径较大,轴向长度较小。其结构如图 3.3.2 所示。定子是用软磁材料做成的带槽的圆环,槽中嵌入永久磁铁。转子铁心和绕组与普通直流电动机相同。

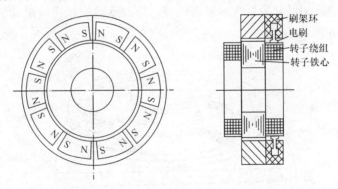

图 3.3.2　直流力矩电动机的结构示意图

直流力矩电动机的主要技术数据是连续堵转转矩($n=0$ 时对应的转矩 T_{st},单位为 N•m)值及空载转速,目前转矩可做到几百牛•米,空载转速 10r/min 左右。

使用直流力矩电动机时应注意:连续堵转转矩是电动机长时间堵转情况下,稳定温升不超过允许值时输出的最大堵转转矩,此时的电枢电流为连续堵转电流;连续堵转转矩主要受电动机发热的限制,较短时间内的电枢电流超过连续堵转电流,虽然不会损坏电动机,但有可能使永久磁铁退磁或减弱磁性,故需要重新充磁再使用。

如前所述,直流力矩电动机可以不经过减速机构而直接驱动负载。此外,它还具有反应速度快、机械特性的线性度好、能在极低的转速下稳定运行等优点,速度和转矩的波动也很小。因此,直流力矩电动机适用于对位置和速度的控制精度要求较高的系统中,如在数控机床进给系统、雷达天线控制系统中应用较多。

3.4 超声波电动机

超声波电动机是一种将超声频率范围内的往复机械振动通过机械转换而产生直线运动或旋转运动的装置。它是利用压电陶瓷的逆压电效应、由超声振动驱动的一种新型电动机，也是电机学、机械学、电子学、压电学和超精密加工等学科交叉的产物。

超声波电动机的结构由相对加压的定子（弹性体）与转子（移动体）两部分组成。电动机定子是由可以将输入电能转换为机械振动的压电陶瓷及与其黏合在一起的弹性体构成；转子是由装有摩擦材料的金属移动体构成。由于所利用的振动类型和波形差异，超声波电动机按运动方式可分为行波型、驻波型和复合型。行波型超声波电动机又分为直线型和旋转型。行波旋转型超声波电动机的结构，如图 3.4.1 所示。

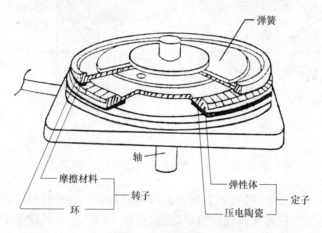

图 3.4.1 行波旋转型超声波电动机结构示意图

超声波电动机的工作原理实质上是将位于超声频域（20kHz 以上）内的机械振动转换为移动体单方向的直线或旋转运动。这里仅以行波型旋转超声波电动机为例，说明其工作原理。

行波超声波电动机的工作原理，如图 3.4.2 所示。图中做行波振动的物体表面上的质点都做椭圆运动。这种处于行波振动状态物体表面接触的物体被波峰托起，该物体在质点摩擦力的作用下，向着与行波前进方向相反的方向运动。定子由二片压电陶瓷紧压在一起，并黏结在弹性体上，如图 3.4.3 所示。电极在空间差 λ/4 波长，每片压电陶瓷上施加相位互差 90° 的交流电压，产生两组驻波，如图 3.4.4 所示。

在图 3.4.4 中，设驻波方程为

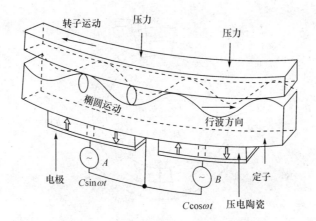

图 3.4.2　行波超声波电动机工作原理

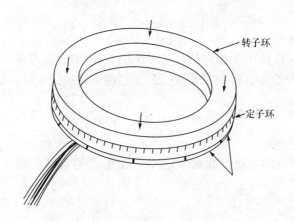

图 3.4.3　定、转子环结构

$$y_A = C\sin\omega_0 t \sin\left(\frac{2\pi}{\lambda}\right)x \tag{3.4.1}$$

$$y_B = C\cos\omega_0 t \cos\left(\frac{2\pi}{\lambda}\right)x \tag{3.4.2}$$

式中，λ 为行波的振动波长；C 为振动的纵向振幅；ω_0 为角速度。

两组驻波合成得到弹性体的行波方程为

$$y = y_A + y_B = C\sin\left[\left(\frac{2\pi}{\lambda}\right)x - \omega_0 t\right] \tag{3.4.3}$$

在式(3.4.3)中，行波沿着定子弹性体圆周进行，行进过程中表面质点做椭圆运动。弹性体表面任意一点的椭圆方程为

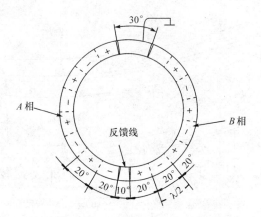

图 3.4.4　压电陶瓷的分布情况

$$\left(\frac{a}{C}\right)^2 + \left[\frac{b}{\pi C(H/\lambda)}\right]^2 = 1 \qquad (3.4.4)$$

式中,a 为纵向位移量;b 为横向位移量;H 为(定子)弹性体厚度。

可见,定子弹性体表面上任意一点 P 是按椭圆轨迹运动的。横向位移的速度 v 为

$$v = \frac{\mathrm{d}b}{\mathrm{d}t} = -\pi\omega_0 C \frac{H}{\lambda} \sin\left(\frac{2\pi}{\lambda}x - \omega_0\right)t \qquad (3.4.5)$$

速度与弹性体接触的弯曲行波到顶点时 v 最大,当移动体的滑动为零时,切向速度 v_0 为

$$v_0 = -\pi\omega_0 C \frac{H}{\lambda} \qquad (3.4.6)$$

式中,负号表示移动体向行波相反的方向移动。

与传统的电磁式电动机比较,超声波电动机具有许多优点:超声波电动机没有绕组和磁路,不依靠电磁相互作用传递能量,因此不受磁场的影响;结构简单、尺寸小、重量轻,其功率密度为电磁式电动机的数十倍;低速大转矩,无需减速装置;无噪声污染;响应速度快。

超声波电动机是理想的现代微型电动机,它不仅可用于工业设备、仪器仪表、计算机外设、办公自动化、家庭自动化,而且也可大量用于汽车、机器人、航空宇航和军事设备上。因此,超声波电动机也被誉为"21世纪的绿色驱动器"。

本 章 小 结

1. 伺服电动机的作用是利用输入的电信号控制机械轴上的转速或转角。在控制系统中用其作为执行元件。在有控制信号时,伺服电动机能迅速转动,其转速

与控制电压成正比或具有线性关系；控制信号一旦消失，伺服电动机能立即停转，这就决定了伺服电动机不论是直流的还是交流的，其结构与普通直流电动机或两相异步电动机都有所不同，这一点应当注意。伺服电动机结构上的特点确定了其运行特性。要注意区分交流和直流伺服电动机的性能特点及不同的适用场合，以便正确选用。

2. 步进电动机是一种数字式执行元件，可将输入的电脉冲信号转换成相应的角位移或线位移。它特别适用于数字控制系统。旋转型步进电动机的转速与输入的脉冲频率成正比，其角位移则与脉冲数成正比，步距角及转速和转子齿数，运行拍数，脉冲频率之间的关系，如式(3.2.1)和式(3.2.2)所示。

三相反应式步进电动机转子转动的控制方式有单三拍、双三拍和六拍三种，单三拍控制的工作稳定性较其他两种差。

3. 力矩电动机是一种高转矩、低转速电动机，可以不经减速传动机构而直接带动低速机械负载，并在任意低速甚至堵转情况下运行。力矩电动机也有直流和交流之分。直流力矩电动机的工作原理与特性和直流伺服电动机相似，定子一般都是永磁式。交流力矩电动机的工作原理和主要结构与普通鼠笼式异步电动机相似，但转子电阻较大。交流和直流力矩电动机的共同特征是外形呈扁平状、径向尺寸大，定子磁极数较多。交流力矩电动机的机械特性与普通异步电动机有显著区别，按照不同的转子导体材料和不同的转子设计，其机械特性可以是恒功率特性，也可以是恒转矩特性。

4. 超声波电动机和传统的电磁式电动机相比较，没有绕组和磁路，不依靠电磁感应而运动，而是利用压电陶瓷的逆压电效应激发超声振动，通过摩擦耦合驱动，将电能转换为机械能输出。超声波电动机具有低速大转矩、功率密度大、无电磁干扰、动态响应快、运行无噪声等特点。在非连续运动及精密控制领域比普通的电磁式电动机优越得多。在工业控制系统、汽车专用电器、精密仪器仪表、智能机器人等领域有着十分广泛的应用前景。

习　题

3.1　交流伺服电动机的结构和电容分相式单相异步电动机相似，那么它们是否可以相互替代使用？为什么？

3.2　何谓自转现象？交流伺服电动机是如何避免自转现象的？

3.3　将 $400Hz$ 的两相对称交流电流接入两极交流伺服电动机的两相绕组。试求：

(1) 旋转磁场的转速 n_1；

(2) 若转子转速 $n = 18000r/min$，则转子导条切割磁场的速度是多少？转差率 s 和转子电流的频率 f_2 各是多少？

(3) 若负载减小使转速升高到 20000r/min，转差率 s 和转子电流的频率 f_2 各是多少？

(4) 若转子的旋转方向与旋转磁场的方向相反，转速的大小仍为 $n = 18000r/min$，s 和 f_2 又是各多少?

3.4　为什么交流伺服电动机的转子电阻要比普通两相异步电动机的转子电阻大?

3.5　在直流伺服电动机的控制电压 U_2 与励磁电压 U_f 都不变的条件下,当负载转矩减小时,电枢电流 I_2、转速 n 及电磁转矩 T 将如何变化?

3.6　保持直流伺服电动机的励磁电压 U_f 不变。试求:

(1) 当控制电压 $U_2 = 50V$ 时,理想空载转速 $n_1 = 3000r/min$;当 $U_2 = 100V$ 时, n_1 筹于多少?

(2) 已知电动机的阻转矩 $T_c = T_0 + T_2 = 150g \cdot cm$,且不随转速大小而变。当控制电压 $U_2 = 50V$ 时,转速 $n = 1500r/min$,当 $U_2 = 100V$ 时, n 等于多少?

3.7　与普通的交流或直流电动机相比,步进电动机的转子运行有什么特点?解释三相单三拍、双三拍和六拍这三个术语。

3.8　什么是步进电动机的步距角?一台步进电动机可以有两个步距角,例如 $3°/1.5°$,这是什么意思?

3.9　图 3.2.5 所示的三相反应式步进电动机的转子齿数 $Z_r = 40$。试求:

(1) 采用六拍控制方式,步距角是多少度?

(2) 输入电脉冲信号的频率为 2000Hz,电动机的转速 n 等于多少?

3.10　力矩电动机的转速、转矩和外形有何特点(与电源类型相同的普通电动机相比较)?适用于哪些场合?

3.11　超声波电动机与普通电磁式电动机运行原理区别是什么?

3.12　超声波电动机主要有哪些优点?

第4章 电气自动控制技术

在现代工农业生产中,为了对生产机械和生产过程进行控制,往往要求对拖动生产机械或设备的电动机的启动、停车、正反转和调速等进行控制。生产设备实现自动控制有多种方法,例如,用继电器—接触器组成的有触点控制电路,是实现自动控制的一种简便方法。用继电器—接触器组成的控制系统,线路简单、抗干扰能力强,但是这种控制系统要改变控制程序时必须重新接线。另外,这种控制电路依靠触点的接触和断开进行通、断电完成控制要求。当触点在接通与断开电路时,触点间会产生电弧,影响触点的使用寿命,严重时会烧坏触点造成线路故障,影响控制系统工作的可靠性。本章主要介绍由继电器—接触器构成的电气控制技术。

4.1 几种常用低压控制电器

低压控制电器是一种可根据外界的信号和要求接通或断开电路,以实现对电路的切换、控制、保护、检测、变换和调节的电工设备。所谓的低压电器,是指工作在直流 1500V、交流电压 1200V 以下的各种电器。在继电器—接触器控制系统中常用低压控制电器主要有刀开关、组合开关、按钮、接触器、继电器和行程开关等。

4.1.1 刀开关

刀开关是一种结构简单的手动电器,又称闸刀开关。其主要由手柄、静插座(夹刀座)、刀片(触刀)和绝缘底板等组成,如图 4.1.1 所示。按极数不同分为三极(三刀)、二极(二刀)和单极(单刀)三种。

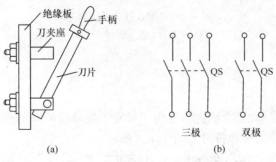

图 4.1.1 刀开关的结构及符号

(a)结构图;(b)符号

刀开关内部装有保险丝,当刀开关所控制电路发生短路故障时,保险丝能够迅速熔断,切断故障电路,保护电路中其他电器设备。刀开关的技术数据主要有两个,即额定电压和额定电流。两极式刀开关额定电压为 220V,三极式产品额定电压为 380V。额定电流一般分为 10、15、30 和 60A 四级。

在继电器—接触器控制电路中,刀开关作隔离电源用,不要用于带负载接通或断开电源。

4.1.2　组合开关

组合开关又称转换开关,由数层动、静触片组装在绝缘盒而成。动触点装在转轴上,用手柄转动转轴使动触片与静触片接通与断开。可实现多条线路和不同连接方式的转换。组合开关有单极、二极、三极和多极结构,三极组合开关结构原理,如图 4.1.2 所示。组合开关装有快速动作机构,使动、静触点迅速分开,电弧快速熄灭。组合开关常用作电源引入开关,也可用于小容量电动机的不频繁启动控制和局部照明电路。但组合开关用作电源开关时,触片通断电流能力有限,一般用于交流 380V、直流 220V,电流 100A 以下的电路。

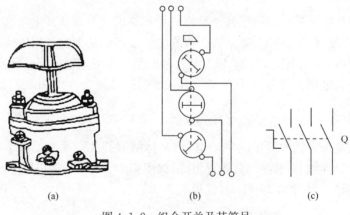

图 4.1.2　组合开关及其符号

(a)外形;(b)接线图;(c)符号

4.1.3　按钮

按钮是一种简单的手动开关,专门用来发出接通或断开电路信号,以控制电路的通或断。按钮的结构和符号如图 4.1.3 所示。

图 4.1.3(b)所示为启动按钮或常开按钮符号。当外力按下按钮时,该对触点接通;外力消失后,在弹簧作用下该对触点自动恢复到断开状态。因此,这对常开触点又称动合触点。

图 4.1.3(c)所示为停止按钮或常闭按钮符号,常闭按钮的工作情况与常开按钮相反。外力作用时该对触点断开;外力消失后该对触点自动恢复到闭合状态。这对常闭触点又称动断触点。

图 4.1.3(d)所示为一个常开按钮和一个常闭按钮通过机械机构联合动作的按钮符号,这两个按钮间的虚线表示它们之间是通过机械方式联动。因此,这种按钮组称为复合按钮。

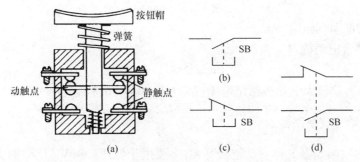

图 4.1.3　按钮的结构示意图及符号

(a)结构示意图;(b)启动按钮符号;(c)停止按钮符号;(d)复合按钮符号

4.1.4　熔断器

熔断器又称保险丝,是一种简便而又有效的短路保护电器。熔断器中的熔片或熔丝用电阻率较高的易融合金(如铅锡合金)等其他金属(如铜、银)制成。线路正常工作时,熔断器的熔丝或熔片不应熔断。当线路发生短路或严重过载时,熔断器的熔丝或熔片立即熔断。几种熔断器的结构,如图 4.1.4 所示。

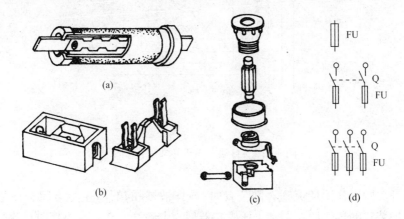

图 4.1.4　熔断器

(a)管式;(b)插入式;(c)螺旋式;(d)符号

熔体额定电流值的选择与负载有关。对于不出现启动电流的负载,如白炽灯、电阻炉、电动机等,熔丝的额定电流 I_{RN} 可按以下方法选择:

(1) 照明电路,I_{RN} 为

$$I_{RN} \geqslant I_{LZ}$$

式中,I_{LZ} 为所有照明负载工作电流之和。

(2) 单台电动机,I_{RN} 为

$$I_{RN} \geqslant (1.5 \sim 2.5) I_N$$

式中,I_N 为电动机额定电流。

(3) 多台电动机,I_{RN} 为

$$I_{RN} \geqslant (1.5 \sim 2.5) I_N + I_{NZ}$$

式中,I_N 为容量最大电动机额定电流;I_{NZ} 为其余电动机额定电流之和。

4.1.5 自动空气断路器

自动空气断路器又称自动空气开关,主要用于低压(500V 以下)的交、直流配电系统中。在正常供电情况作不频繁接通和切断电路,一旦电路发生过载、短路或失压故障,其保护装置立即动作切断短路。故障排除后无需更换零件,可迅速恢复供电。因而,使用起来非常方便。

自动空气开关由触点系统、灭弧室、操作机构及脱扣装置等几部分组成,如图 4.1.5 所示。

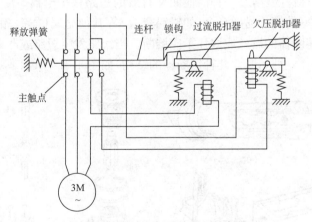

图 4.1.5　自动空气开关原理示意图

当开关的操作手柄扳到合闸位置时,连杆被锁扣扣住,主触点闭合使电源接通。保护装置的过流脱扣器和失压脱扣器均为电磁铁。在正常工作时过流脱扣器的衔铁不吸合,当发生严重过载或短路故障时,主电路串联的线圈产生较强的电磁

力将衔铁吸下,顶开锁钩,在释放弹簧的拉力下,主触点迅速断开,使电路切断;电流保护的动作电流可根据负载的情况整定,其最大值为额定电流的 10～12 倍。失压脱扣器的工作与过流脱扣器相反,正常电压时衔铁吸合,当电压过低或失压时,衔铁释放使主触点断开。当电源电压恢复正常时,必须重新合闸才能工作,从而实现了失压保护。

自动空气开关按极数分为单极、二极和三极;按组装形式分为塑料外壳(DZ)和框架(DW)系列两大类。

4.1.6　接触器

接触器是一种常用接通和断开电动机和其他设备的自动控制电器。按适用电路可分交流接触器和直流接触器。交流接触器的外形、结构和图形符号如图 4.1.6 所示。按照触点的功能,接触器的触点分为主触点和辅助触点两种。主触点通过的电流较大,接在电动机的主电路;辅助触点通过的电流较小,通常接在控制电路。接触器的电磁铁铁心分为静铁心和动铁心,静铁心固定不动,动铁心与主触点(动合)连接在一起可左右移动。

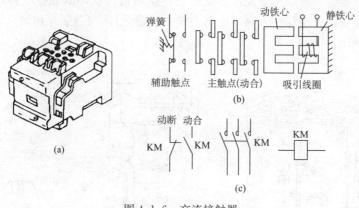

图 4.1.6　交流接触器
(a)外形;(b)结构;(c)图形符号

当电磁铁的吸引线圈通过额定电流时,静、动铁心间产生电磁吸力,动铁心带动主触点一起右移,使得动断触点断开,动合触点闭合;当吸引线圈断电时,电磁力消失,动铁心在弹簧的作用下带动动触点复位,使得动断触点和动合触点恢复原来状态。可见,利用接触器线圈的通电或断电,可以控制接触器的闭合或断开。

主触点在接通或断开大的电流时,会形成电弧使触点损伤,并使通、断时间延长,因此必须采取灭弧措施。交流接触器的主触点通常做成具有两个断点的桥式结构。以降低当触点断开时加在断点上的电压,从而使电弧容易熄灭。为了防止短路,相线间用绝缘隔板加以隔离。另外在大电流的接触器中还可设有专门的灭弧装置。

选用接触器时应注意其额定电流、吸引线圈电压和触点的数量等。CJ10 系列的交流接触器的主触点额定电流有 5A,10A,20A,40A,60A,100A,150A 等;吸引线圈额定电压有 36V,127V,220V,380V 等,应根据控制电路和电压选择。

4.1.7　中间继电器

中间继电器的结构和原理与交流接触器基本相同,所不同的是其电磁功率小些,触点较多。中间继电器主要用作传递信号和同时控制多个电路,也可用作控制小型电动机与其他电器执行机构。

常用的中间继电器有 JZ7,JZ8 和 JTX 系列,其中 JZ8 是交流、直流两用系列;JTX 系列常用自动控制装置之中。在选用中间继电器时,主要考虑电压等级和触点数量。

4.1.8　热继电器

热继电器是一种以感受元件热变形而使执行机构动作的保护电器,主要用做电动机等设备的过载保护。热继电器主要由发热元件、双金属片和触点等组成,如图 4.1.7 所示。

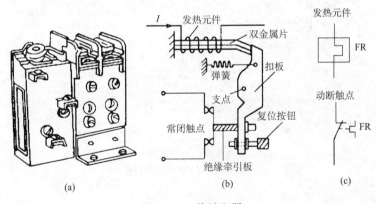

图 4.1.7　热继电器
(a)外形;(b)结构;(c)符号

发热元件串联在被保护电动机的主电路,接通电源后通过的电流就是电动机绕组的电流。常闭触点串联在电动机的控制电路,正常情况下该触点是闭合的。双金属片是由两层热膨胀系数不同的金属片碾压而成,上层的热膨胀系数小,下层的热膨胀系数大。当电动机的主电路中电流超过容许值,因发热元件受热,使双金属片受热向上弯曲而脱扣,扣板在弹簧的拉力下将动断触点断开。控制电路的断开使得接触器线圈断电,同时使得电动机的主电路断开,达到过载保护的目的。欲使热继电器重新工作,则需要按下复位按钮。

由于热惯性,电动机启动或短时过载时,热继电器不会动作,因此可避免不必要的电动机停车。这里要注意的是,热继电器只能保护过载,不能保护短路,短路保护通常由熔断器实现。

热继电器主要有 JR20 和 JR15 系列,主要技术数据是整定电流。所谓的整定电流,是指长期通过发热元件不动作时的最大电流。电流超过整定电流 20% 时,热继电器应当在 20min 内动作。超过的数值越多,则发生动作的时间越短。整定电流可在一定范围内调节,通常选择整定电流等于电动机的额定电流。

4.2　三相异步电动机常用控制系统

生产过程中的机械动作是各种各样的,而对这些生产机械动作的控制系统也各不相同,但控制生产机械动作的系统则大同小异。电动机的控制系统通常由主电路和控制电路构成。主电路是指直接连接电动机的电路,电流通常较大;控制电路是指继电接触器控制电路,电流通常较小。下面以三相异步电动机的常用控制系统为例,主要介绍控制电路的基本环节和工作原理。

4.2.1　点动控制系统

点动控制就是按下按钮时电动机转动,松开按钮时电动机停止转动。这种控制方法在生产机械试车或调整时经常使用。点动控制系统电路如图 4.2.1 所示。

主电路由三极刀开关 QS、熔断器 FU、交流接触器 KM 的主触点、热继电器 FR 的发热元件和电动机等构成。

控制电路由按钮 SB、交流接触器 KM 的线圈和辅助触点、热继电器 FR 的常闭触点等组成。

电路图中标示相同的文字符号的电器部件属于同一电器。接触器只画出了线圈和触点的图形符号,而与电路无关的铁心,弹簧等均未画出,其不会影响整个电器的动作。另外,在工程实践中因主电路通过的电流较大,可用较粗线绘制,控制电路电流较小,故可用较细线绘制(本书中不做区分)。

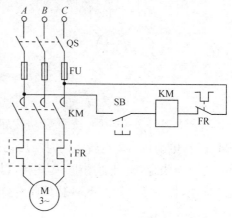

图 4.2.1　点动控制系统电路

当合上刀开关 QS,接通三相交流电源,按下按钮 SB,接触器 KM 的线圈通电(得电),使得衔铁吸合,三个常开触点吸合,三相电动机接通电源启动运转;当松开按钮 SB,接触器 KM 线圈断电(失电),主触点 KM 断开,电动机因失电而停转。

点动控制系统的动作次序可简述如下:

按下 SB→ KM 线圈得电→ KM 主触点闭合→ 电动机 M 运转;

松开 SB→ KM 线圈失电→ KM 主触点断开→ 电动机 M 停转。

4.2.2　连续控制系统

点动控制系统主要用在电动机容量不大且工作时间较短的场合,而实际上大多数的生产机械往往要求在较长时间内连续运行,例如拖动水泵和通风机等,仅有点动环节是满足不了要求的。要电动机连续工作,不能单靠按着按钮不动来工作,必须配上启动环节。电动机停转时,为不经常接通和断开刀开关,还必须配有电动机停转(停车)环节。由上述环节则可以组成电动机的连续工作控制系统(启停控制系统)电路,如图 4.2.2 所示。其主电路组成与点动控制的主电路相同。控制电路中多接一个停止按钮 SB_1,在启动按钮 SB_2 并联有接触器 KM 的常开辅助触点。

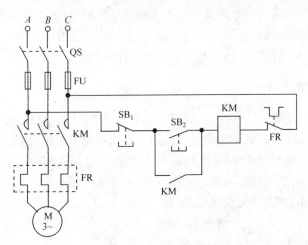

图 4.2.2　连续控制系统电路

当合上刀开关 QS 后,按下启动按钮 SB_2,接触器 KM 的线圈得电,主触点 KM 闭合,电动机启动运转。同时与启动按钮 SB_2 并联的接触器 KM 的常开辅助触点得电而闭合,将启动按钮 SB_2 短接,以便在松开按钮 SB_2 后,使接触器线圈 KM 继续通电,保持常开触点 KM 仍然闭合,电动机继续运转。常开辅助触点 KM 的该作用称为自锁。

按下按钮 SB_1 后,接触器线圈失电,其所有的常开触点全部断开,电动机停止运转,同时解除自锁。

连续控制系统的动作次序可简述如下:

按下 SB_2→KM 线圈得电→ $\begin{cases} \text{KM 主触点闭合} \rightarrow \text{电动机运转;} \\ \text{KM 辅助触点闭合} \rightarrow \text{自锁}。 \end{cases}$

按下 SB_1→KM 线圈失电→ $\begin{cases} \text{KM 主触点断开} \rightarrow \text{电动机停转;} \\ \text{KM 辅助触点断开} \rightarrow \text{取消自锁}。 \end{cases}$

值得注意的是,上述电路除自锁保护外,还具有短路保护、过载保护和失压(零压)保护。

(1) 短路保护 FU。当发生短路故障时,熔断器 FU 的熔丝立即熔断,主电路中的电动机将迅速停转(停车)。

(2) 过载保护 FR。当电动机过载时,热继电器 FR 的热元件发热,则动断触点断开,使得接触器 KM 线圈失电,主触点断开,主电路中的电动机立即停车。

(3) 失压保护。当电动机在运转过程突然断电,则要求控制短路能够切断电源与主电路中电动机的连接。一旦恢复供电时,不按启动按钮 SB_2,电动机不会运转。这样就避免了恢复供电时电动机的自行启动,造成人员和设备事故。

4.2.3　正反转控制系统

许多生产机械要求运动部件有正、反两个方向的运动,例如起重机的提升与下降,机床工作台的前进与后退等。这些方向相反运动的实现,只要将引入电动机定子三个接线端中的任意两端对调即可。因此,需要两个交流接触器完成上述控制任务。一个是控制电动机正转的接触器 KM_F,另一个是控制电动机反转的接触器 KM_R。反转接触器主触点 KM_R 将引入电动机的 A 与 C 相线相互对调。正反转控制系统电路,如图 4.2.3 所示。

当按下正转按钮 SB_F 时,电路中的正转接触器的常开触点 KM_F 得电,电动机正转;按下反转按钮 SB_R 时,电路中的反转接触器的常开触点 KM_R 得电,电动机则反转。

这里应强调的是:正转按钮 SB_F 和反转按钮 SB_R 不允许同时接通,否则会造成电源的两相线通过主触点而形成短路。因此,在设计正反转控制系统时,应保证两个接触器分步工作,这种在同一时间内仅允许一个接触器工作的控制作用,称为互锁或联锁,如图 4.2.3(b)所示。所谓的联锁是指将控制电路中正转接触器 KM_F 的常闭辅助触点串接在反转接触器 KM_R 的支路,而反转接触器 KM_R 的常闭反转触点串接在正转接触器 KM_F 的支路。这两个常闭触点称为联锁触点,利用接触器的常闭辅助触点实现的这种联锁控制称电气联锁。当按下正转启动按钮 SB_F 时,正转接触器 KM_F 得电,主触点 KM_F 闭合,电动机正转;同时串接在反转接触器 KM_R 支路中的 KM_F 常闭辅助触点断开,从而切断了反转接触器 KM_R 支路。因此,

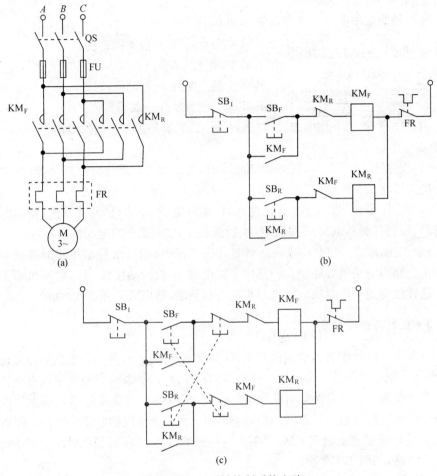

图 4.2.3　正反转控制系统电路
(a)主电路;(b)电气联锁控制电路;(c)机械联锁控制电路

即使误按了反转按钮 SB_R,反转接触器 KM_R 线圈也不会得电,电动机也不会误动作。要电动机反转时必须先按停车按钮 SB_1,然后再按反转按钮 SB_R。同样,因串接在正转支路的 KM_F 线圈电路中的 KM_R 常闭辅助触点断开,KM_F 线圈电路失电,保证了仅有反转接触器 KM_R 工作。

　　正反转控制系统的动作次序可简述如下:

正转

按下 SB_F→KM_F 线圈得电→
$\begin{cases} KM_F\text{主触点闭合→电动机正转;} \\ KM_F\text{常开触点闭合→自锁;} \\ KM_F\text{常闭辅助触点断开→联锁。} \end{cases}$

停车

按下 SB_1 →KM_F 线圈失电→主、辅助触点复位→电动机停车。

反转

按下 SB_R →KM_R 线圈得电→ $\begin{cases} KM_R \text{主触点闭合→电动机反转；} \\ KM_R \text{常开触点闭合→自锁；} \\ KM_R \text{常闭辅助触点断开→联锁。} \end{cases}$

停车

按下 SB_1 →KM_R 线圈失电→主、辅助触点复位→电动机停车。

图 4.2.3(b)所示电气联锁控制电路存在一个缺点,即在电动机正转过程中要求反转时,应先按停车按钮 SB_1 后,方可再按反转按钮 SB_R ,操作极为不方便。为解决此问题,可采用复式按钮(复式按钮有多对动合触点和动断触点)和触点联锁的控制电路,如图 4.2.3(c)所示。当电动机正转时,按下反转启动按钮 SB_R ,其常闭辅助触点断开,使正转接触器 KM_F 线圈失电,主触点 KM_F 断开。同时串接在反转控制支路中的常闭辅助触点 KM_F 恢复闭合,反转接触器 KM_R 的线圈得电,电动机就反转,同时串接在正转控制支路中常闭辅助触点 KM_R 断开,实现联锁保护。

4.3　三相异步电动机行程控制系统

生产中往往会遇到希望按照生产机械的位置不同而改变电动机的工作状况。例如刨床工作台的往复运动,提升机的上下运动等的自动控制,简称为行程(或限位)控制。行程控制通常利用行程开关实现。

4.3.1　行程开关

行程开关也称位置开关,其是反映生产机械运动部件行进位置的主令电器。所谓的主令电器,是指用来接通和断开控制电路的电器设备,用以发出操作指令或用于程序控制。行程开关广泛地使用在各类机床、起重机、生产线等设备的行程控制、限位控制和程序控制中作位置检测。行程开关主要有机械式和电子式两大类。机械式行程开关有直动式、滚轮式和微动式等,如图 4.3.1 所示。

行程开关作用原理与按钮相似,区别在于行程开关靠运动部件上撞块的撞压而实现电路的通断。当撞块压着行程开关时,使常闭触点断开,常开触点闭合;而撞块离开时,依靠弹簧作用使触点复位。

4.3.2　行程控制系统

利用行程开关控制工作台的前进与后退,实际上是控制电动机的正反转,其主

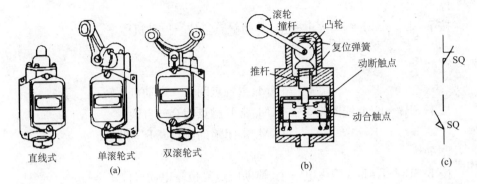

图 4.3.1　行程开关

(a)外形；(b)结构示意图；(c)符号

电路与图 4.2.3(a)相同,工作台前进、后退的示意图和控制电路,如图 4.3.2 所示。

当按下正转启动按钮 SB_F,接触器 KM_F 线圈得电,电动机正转,拖动工作台前进,工作台运动到规定位置时,撞块 a 碰到行程开关 SQ_1 的滚轮,于是串接在正转控制支路中的常闭触点 SQ_1 断开,接触器 KM_F 的线圈断电,电动机停止正转,工作台也停止前进。与此同时,行程开关 SQ_1 接在反转控制支路中的常闭触点闭合,接触器 KM_R 线圈得电,电动机反转,拖动工作台后退。撞块 a 离开后,行程开关 SQ_1 自动复位。当工作台后退到规定位置时,撞块 b 碰到行程开关 SQ_2 的滚轮,其常闭触点断开,接触器 KM_R 线圈得电,电动机停止反转,工作台停止后退。同时行程开关 SQ_2 的常闭触点闭合,接触器 KM_F 线圈得电,又接通正转控制支路,电动机重新正转,工作台又开始前进运动。因此,工作台便在规定的行程范围内自动往复运动。只有按下停车按钮 SB_1 时,工作台才停止运动。

行程控制电路的动作次序如下:

按下 SB_F→KM_F 得电→

KM_F 常开辅助触点闭合→自锁;

KM_F 常闭辅助触点断开→互锁;

KM_F 主触点闭合→电动机正转→工作台前进→撞块 a 压下 SQ_1→KM_F 线圈失电→KM_F 主、辅助触点复位→工作台停止前进。

按下 SB_R→KM_R 得电→

KM_R 常开辅助触点闭合→自锁;

KM_R 常闭辅助触点断开→互锁;

KM_R 主触点闭合→电动机反转→工作台后退→撞块 b 压下 SQ_2→KM_R 线圈失电→KM_F 主、辅助触点复位→工作台停止后退。

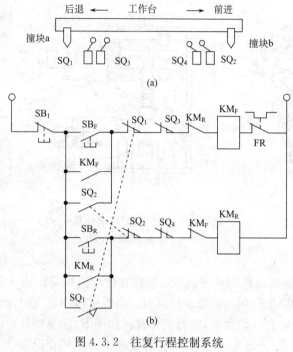

图 4.3.2 往复行程控制系统

(a)示意图;(b)控制电路

上述行程控制系统除对电动机行程进行控制外,还可实现终端保护。如工作台在往复移动控制中因故障使得行程开关 SQ_1 和 SQ_2 失效,将导致工作台继续移动而造成事故。因此,在控制系统中增加了两个行程开关 SQ_3 和 SQ_4,作为极限保护。

4.4 三相异步电动机时限控制系统

在生产机械的电气控制过程中,经常需要按照一定时间间隔接通或断开某些控制电路。例如三相异步电动机的星形-三角形(Y-△)降压启动;要求电动机一个动作完成后,间隔一定的时间再开始下一个动作等。这些对时间有规定要求的动作称为时限控制,完成时限控制主要依靠时间继电器实现。

4.4.1 时间继电器

时间继电器是按照整定的时间间隔长短来切换电路的自动电器。其种类主要有空气式、电动式和电子式等时间继电器。常用的空气式时间继电器结构简单,成本较低。但精度和稳定性较差,已逐步被电子式替代。空气式时间继电器如图

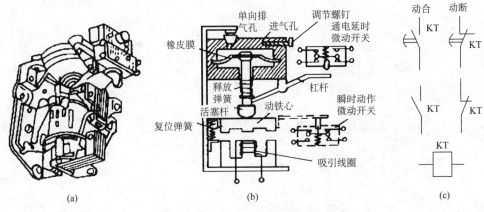

图 4.4.1　空气式时间继电器

(a)外形；(b)结构示意图；(c)符号

4.4.1 所示。其主要由电磁系统、触点、气室和传动机构等组成。空气式时间继电器是利用空气的阻尼作用而获得动作延时。当吸引线圈通电时，动铁心被吸下，使铁心与活塞杆中间有一段距离，在释放弹簧的作用下，活塞杆开始向下移动。由于活塞固定有橡皮膜，当活塞向下移动时，橡皮膜上方空气变稀薄，压力减小，而下方的压力加大，限制了活塞杆下移的速度。只有当空气从进气孔进入时，活塞杆才继续下移，直至压下杠杆，使微开关动作。可见，从线圈通电开始到触点（微动开关）动作需要间隔一段时间，该时间就是继电器的延时时间。旋转调节螺钉，可改变进气量的大小，即可调节延时时间的长短。线圈断电后复位弹簧使橡皮膜上升，空气从单向排气孔中迅速排出，不生产延时作用。因此，这种时间继电器也称通电延时式继电器，其有动合和动断两对通电延时触点，另外还可装设两对瞬时动作的微动开关。该空气式时间继电器经适当改装，可构成断电延时式时间继电器，即通电时其触点动作，而断电后要经过一段时间其触点才复位。

4.4.2　时限控制系统

1. Y-△启动控制系统

　　Y-△启动原理是将正常运行△形接法的三相异步电动机，在启动时将其定子绕组采用 Y 形接法，经过一定延时（即启动）后再换接为正常的△形接法运行。这种常用的降压启动方式，可采用时间继电器组成自动控制系统，如图 4.4.2 所示。

　　电动机启动时按下启动按钮 SB_2，接触器线圈 KM、KM_Y 和时间继电器线圈 KT 得电，将电动机定子绕组接成 Y 形，电动机降压启动。经过一定时间之后，时间继电器的延时断开常闭触点 KT 断开，接触器线圈 $KM_△$ 得电，于是电动机定子

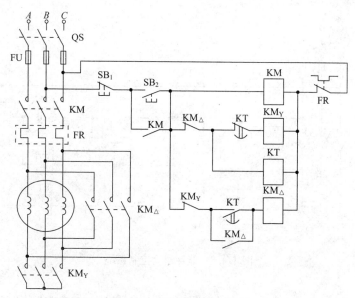

图 4.4.2　Y-△启动控制系统

绕组改接为△形则正常运行,同时接触器 KM$_\triangle$ 的常闭辅助触点断开,使时间继电器线圈 KT 失电。

Y-△启动控制电路的动作次序可简述如下:

按下 SB$_2$→$\begin{cases}\text{KM、KM}_\text{Y}\text{、KT 得电}\\\text{KM}_\triangle\text{ 失电}\end{cases}$ →KM$_\text{Y}$ 失电→$\begin{cases}\text{KM}_\text{Y}\text{、KT 失电}\\\text{KM、KM}_\triangle\text{ 得电}\end{cases}$

　　（Y 启动）　　　　　　　　　（延时）　　　　　（△运行）

在 Y-△启动控制电路中,接触器 KM$_\text{Y}$ 和 KM$_\triangle$ 的常闭辅助触点还可起到互锁作用,以防止接触器 KM$_\text{Y}$ 和 KM$_\triangle$ 同时接通而造成主电路短路;接触器 KM$_\triangle$ 的常开辅助触点在控制电路中还起到自锁作用。

2. 能耗制动控制系统

利用时间继电器可实现三相异步电动机能耗制动控制,制动时所需的直流电源由半导体桥式整流电路供给,如图 4.4.3 所示。制动方法是,在断开三相电源的同时,接通直流电源,使直流电进入定子绕组,产生制动转矩。

正常运行时,合上刀开关 QS 后,按下启动按钮 SB$_2$,运行接触器 KM$_1$ 得电,其常开主触点闭合,电动机运行。常闭辅助触点断开,制动接触器 KM$_2$ 线圈不能得电,其触点不会动作,桥式整流电路不会接通电源。

当按下 SB$_1$ 后,KM$_1$ 线圈失电,其常开触点断开,电动机与三相电源脱离,其常

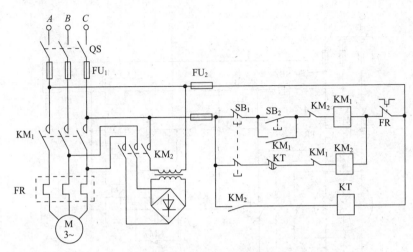

图 4.4.3　能耗制动控制系统

开辅助触点断开,取消自锁;其常闭辅助触点闭合,对 KM$_1$ 和 KM$_2$ 线圈的互锁失去作用。同时由于 SB$_1$ 的常开触点闭合,KM$_2$ 和 KT 得电。KM$_2$ 的常开触点闭合,桥式直流电路投入工作,直流电流通入电动机的定子绕组,能耗制动开始。经过一定时间电动机停车。

　　能耗制动控制电路的动作次序可简述如下:

$$按下\ SB_1 \rightarrow \begin{cases} KM_1\ 失电 \rightarrow \begin{cases} 电动机脱离交流电源 \\ KM_2\ 得电 \end{cases} \\ KT\ 得电 \rightarrow (延时后)KM_2\ 失电 \rightarrow 电动机停车 \end{cases}$$

4.5　三相异步电动机顺序联锁控制系统

　　许多生产机械往往需要多台电动机在启动和停车时按一定顺序工作。例如,机床在主轴电动机启动前,油泵电动机必须先启动,以保证润滑系统有足够的润滑油。停车时应先停主轴电动机,然后再停油泵电动机。所谓的顺序控制系统,就是指在一个控制系统中有多台电动机,控制电路中由串、并联其他电动机控制接触器的触点来实现。

1. 按顺序先后启动

　　某机床主轴与油泵电动机联锁控制系统,如图 4.5.1 所示。M$_1$ 为油泵电动机,用接触器 KM$_1$ 控制;M$_2$ 为主轴电动机,用接触器 KM$_2$ 控制。电路中有短路和过载保护。

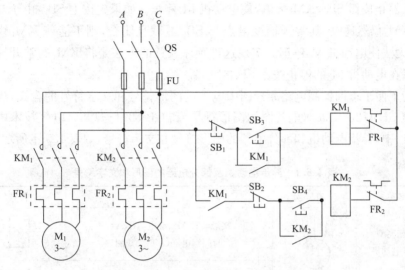

图 4.5.1　按先后顺序启动控制系统

控制电路的工作原理如下：合上刀开关 QS，按下 SB$_3$，接触器 KM$_1$ 得电，主触点闭合，接通电动机 M$_1$ 的电源，即油泵电动机先启动，同时 KM$_1$ 的常开辅助触点闭合，为接触器 KM$_2$ 通电做好准备。当按下 SB$_4$、KM$_2$ 方可得电，使得主轴电动机 M$_2$ 启动。在没有启动油泵电动机之前，由于 KM$_1$ 的常开辅助触点串联在主轴电动机控制支路，即使按下 SB$_4$，主轴电动机也不能启动。

在两台电动机工作时，如果按下 SB$_1$，则 KM$_1$ 失电，其常开辅助触点断开，使得 KM$_2$ 也失电，故 M$_1$、M$_2$ 同时停车；如果按下 SB$_2$，则 KM$_2$ 失电，电动机 M$_2$ 单独停车。

2. 按顺序先后停车

机床主轴电动机在工作时，油泵电动机是不允许停车的，只有当主轴电动机停车后，油泵电动机才能停车，即两台电动机的停车要有先后顺序。两台电动机同时启动，按先后顺序停车的控制路，如图 4.5.2 所示。

控制电路的工作原理如下：当按下复式按钮 SB$_3$ 时，KM$_2$、KM$_1$ 同时得电，则两台电动机同时启动。停车时，先按下停车按钮 SB$_2$，KM$_2$ 失电，使电动机 M$_2$ 停车；

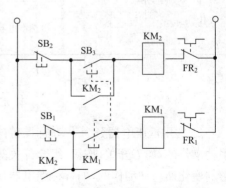

图 4.5.2　按先后顺序停车控制短路

再按下停止按钮 SB_1，KM_1 失电，使电动机 M_1 停车。如果先按下 SB_1，由于与其并联的 KM_2 仍然通电，其常开辅助触点与 SB_1 并联且闭合，则不能使 KM_1 线圈断电，故无法使电动机 M_2 停车。实现这种顺序联锁的方法是将 KM_2 的常开辅助触点并联在电动机 M_2 的停止按钮 SB_1 的两端。

　　为了便于查询控制电路原理图中电器的图形符号和文字符号的含义，现将国家标准 GB 4728－1985《电气图用图形符号》和 GB 5094－1985《电气技术中的项目代号》中，异步电动机和部分电器的图形符号和文字符号，如表 4.5.1 所示。

表 4.5.1　异步电动机及部分电器的图形和文字符号

名称	符号	名称		符号
三相笼型异步电动机		接触器(KM)、继电器(KA)、时间继电器(KT)的线圈		
三相绕线型异步电动机		接触器触头 KM	常开(动合)	
			常闭(动断)	
		接触器(KM)的辅助触头和继电器(KA)触头	常开(动合)	
			动断(常闭)	
三极开关 Q (隔离开关 QS)		时间继电器的触头 KT	通电时触头延时动作	常开延时闭合
				常闭延时断开
熔断器 FU			断电时触头延时动作	常开延时断开
				常闭延时闭合
指示灯 L		行程开关 ST	常开(动合)	
按钮 SB	常开(动合)		常闭(动断)	
	常闭(动断)	热继电器 FR	常闭触头	
			发热元件	

本 章 小 结

　　1. 常用低压电器分为手动电器和自动电器两大类。手动电器是由工作人员手动操作的，如刀开关、按钮、组合开关等；自动电器是按照指令、信号或某个物理量的变化而自动动作的，如各种继电器、接触器、行程开关等。

　　2. 将手动电器和自动电器元件按一定的要求组合起来，可对电动机或某些工艺过程进行控制,即所谓的继电器—接触器控制。其中控制电动机运行的电路可分主电路和控制电路两部分。

阅读主电路时,应了解主电路有哪些用电设备,它们的工作原理如何,有何特点,怎样满足生产工艺要求等;阅读控制电路时,应熟悉控制电路中都有哪些基本环节和基本电路,它们之间有何联系。一个电器动作后,其触头控制了哪些电器,尤其应注意控制电路与主电路各元件触头的配合动作。

3. 继电器—接触器控制电路的基本环节有点动、自锁、联锁和保护等。点动环节应用于车床主轴的调整、试车等场合;自锁环节广泛用于电动机的启动、停车控制电路中;联锁环节主要用于电动机的正反转、两台电动机不允许同时运行的控制电路中;保护环节主要包括短路保护、过载保护和失压保护等。

4. 继电器—接触器控制电路除基本环节外,还有由基本环节和一些实现特殊要求的控制电路组合而成的基本电路。基本电路主要有行程控制、时限控制和速度控制等。它们分别通过行程开关、时间继电器和速度继电器等实现对电动机特殊要求的运行控制。行程控制主要用于车床工作台和其他运动部件的限位控制;时限控制主要用于时间顺序控制电路以及一些自动切换控制,如异步电动机的Y-△启动控制电路。

习　题

4.1　试画出三相鼠笼式电动机既能连续工作、又能点动工作的继电接触器控制线路。

4.2　如果一台交流接触器工作时出现下列情况,该接触器将会出现什么问题?

(1) 短路铜环断开;

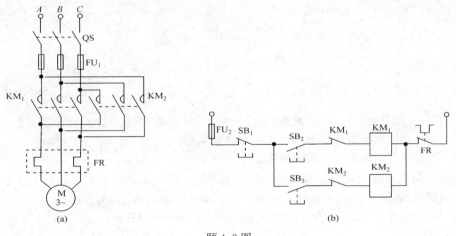

题 4.3 图

(a)主电路;(b)控制电路

(2) 衔铁被卡死,不能吸合。

4.3　题 4.3 图所示电路要实现电动机正反转控制。

(1) 该电路存在哪几个错误?

(2) 如果按照题 4.3 图所示电路连接线路,并通电实验,这样的错误表现出来的现象是怎样的?

4.4　某机床由一台鼠笼式电动机带动,润滑油泵由另一台鼠笼式电动机带动。试按下列要求画出控制电路图:

(1) 主轴必须在油泵开动后,才能开动;

(2) 主轴要求能用电器实现正反转,并能单独停车;

(3) 有短路、零压及过载保护。

4.5　设计一个能够两地点控制电动机正反转的电路。

4.6　设计一个运物小车控制电路,要求如下:每按一次启动开关后,小车从起始地出发向目的地行进,到达目的地后自动停车,停车 30s 后自动返回出发位置,并停车。

4.7　设计一顺序控制电路,要求三台鼠笼式电动机 M_1、M_2、M_3 按照一定顺序启动,即 M_1 启动后 M_2 才可启动,M_2 启动后 M_3 才可启动。

4.8　在题 4.8 图中,要求按下启动按钮后能顺序完成下列动作:

(1) 运动部件 A 从 1 到 2;

(2) 接着 B 从 3 到 4;

(3) 接着 A 从 2 回到 1;

(4) 接着 B 从 4 回到 3。

试画出控制线路(提示:用四个行程开关,装在原位和终点,每个行程开关有一个常开触点和一常闭触点)。

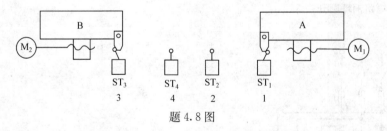

题 4.8 图

4.9　根据下列五个要求,分别画出控制电路(M_1、M_2 都是三相鼠笼式电动机):

(1) 电动机 M_1 先启动后,M_2 才能启动,M_2 并能单独停车;

(2) 电动机 M_1 先启动后,M_2 才能启动,M_2 并能点动;

(3) M_1 先启动,经过一定延时后 M_2 能自行启动;

(4) M_1 先启动,经过一定延时后 M_2 能自行启动,M_2 启动后,M_1 立即停车;

(5) 启动时,M_1 启动后 M_2 才能启动,停止时,M_2 停止后 M_1 才能停止。

第 5 章　可编程序控制器原理与应用

继电接触器控制系统作为一种传统的控制方式,长期在工业控制领域中得到广泛应用。但由于继电接触器控制系统使用了大量的机械触点,连线复杂,触点在开闭时易受电弧的损害,寿命短、功耗高、可靠性低、通用性和灵活性较差,适应不了日益发展的、复杂多变的生产过程的控制要求。随着微电子技术的发展,人们将微电子技术与继电接触器控制技术结合起来,形成了一种新的工业控制器——可编程序控制器。

可编程序控制器(programmable logic controller)简称可编程控制器,诞生于20 世纪 60 年代末。随着功能不断地加强,后来被正式命名为 Programmable Controller,简称 PC,为了与个人计算机(Personal Computer,PC)区别开来,故简写为 PLC。国际电工委员会(IEC)定义 PLC 是一种数字运算的电子系统,专为在工业环境下应用而设计。其采用可编程序存储器,用在内部存储执行逻辑运算、顺序控制、定时和算术运算等操作指令,并通过数字和模拟的输入和输出,控制各种类型的机械生产过程。

PLC 是在继电接触器控制的基础上开发出来的,并逐渐发展成以微处理器为核心,将自动化技术、计算机技术、通信技术融为一体的新型工业控制器。它具有功能完善、通用性强、可靠性高、接线简单、编程灵活、体积小、功耗低等特点,已被广泛应用于机械、冶金、轻工、化工、电力、汽车等行业,PLC 的应用程度已成为衡量一个国家工业先进水平的重要标志。

5.1　PLC 组成与工作原理

5.1.1　PLC 的组成

PLC 实质上是以中央处理器为核心的工业控制专用计算机。PLC 硬件系统主要由主机、输入/输出接口、外设接口、I/O 扩展接口、编程器、电源等部分组成,如图 5.1.1 所示。其控制过程主要是外部的各种开关信号或模拟信号作为输入量,经输入接口输入到主机,经 CPU 处理后的信号以输出变量形式由输出接口送出,去驱动所控制输出设备。PLC 主要部分的基本结构包括以下几个方面。

1. 主机

主机主要是一个单片微型计算机系统。由中央处理器(CPU)、只读存储器

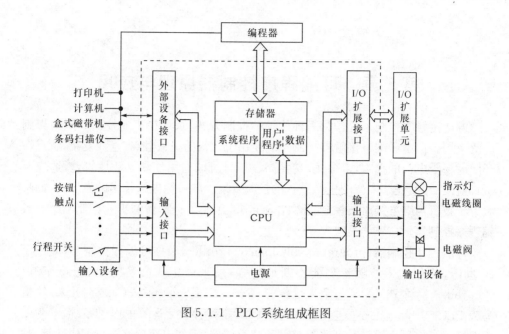

图 5.1.1　PLC 系统组成框图

(ROM)、随机存储器(RAM)、输入/输出(I/O)接口、编程器接口和其他专用扩展接口电路等组成。

CPU 是 PLC 的核心,主要用来实现运算和控制。ROM 用来存放系统管理和监控程序,其内部的管理程序由 PLC 制造厂商在出厂前固化在 ROM 中,用户不可更改。RAM 是用户存储器,其分程序区和数据区。程序区用来存放用户编写的控制程序,该程序可根据用户需要随时修改和增删。数据区用来存放中间变量、输入和输出数据,提供计数器、定时器和寄存器空间等。

2. 输入/输出接口

输入接口的作用是将生产现场的各种开关、触点的状态信号从输入端口引入,经过处理转换成主机接口要求的电平信号。如果输入的是电压、电流等模拟信号,还需经过模/数(A/D)转换电路转换成数字信号,再送入到主机接口。

输出接口的作用是将主机对生产过程或设备的控制信号通过输出端口送到现场执行机构,如继电器线圈、信号灯和电磁阀等。现场执行机构运作的电源各不相同,有电压源或电流源,以及直流电源和交流电源。PLC 的输出接口形式多样,一般采用继电器输出型,也有采用双向晶闸管或晶体管输出型。

为防止现场的强电磁干扰引起 PLC 的误动作,通常在主机 I/O 接口与现场的输入、输出信号之间采用光电耦合电路。

3. 电源

电源是为 CPU、存储器、I/O 接口等内部电子电路提供所需的直流电源,保证
PLC 正常工作。因此,电源是 PLC 控制系统的重要组成部分。PLC 内部电源是
将交流电转换为直流电,为主机、输入、输出模块提供工作电源。为保证 PLC 安全
可靠工作,通常采用高性能开关稳压电源供电,用锂电池作交流电停电时的备用
电源。

4. 编程器

编程器是 PLC 的人机对话重要工具,其由键盘、显示器和工作方式选择开关
等组成,在编程方式下,用户用编程器输入、检查、调试和修改控制程序,也可以用
它在线监视 PLC 的工作环境。

5.1.2　PLC 工作方式

PLC 是采用顺序扫描、不断循环的方式进行工作,PLC 的 CPU 根据用户程序
作周期性循环扫描。在无跳转指令的情况下,CPU 从第一条指令开始顺序逐条执
行用户程序,直到用户程序结束,然后重新返回第一条指令,开始新的一轮扫描。
在每次扫描过程中还要对输入信号进行采集和对输出状态进行刷新。PLC 就这
样周而复始地重复上述的扫描循环。

PLC 的工作过程可分为输入采样、程序执行、输出刷新三个阶段,并进行周期
性循环扫描,如图 5.1.2 所示。

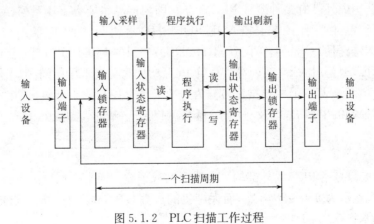

图 5.1.2　PLC 扫描工作过程

1. 输入采样阶段

PLC 在输入采样阶段,首先按顺序采样所有的输入端口,并将输入端口的状

态或输入数据存入内存中对应的输入状态寄存器,即输入刷新。随后立即关闭输入状态寄存器。接着进入程序执行阶段。当 PLC 工作在程序执行阶段时,即使输入状态发生变化,输入状态寄存器的内容也不会发生改变。输入信号变化的状态只能在下一个扫描周期的输入采样阶段才可被读入。

2. 程序执行阶段

在程序执行阶段 PLC 按用户程序指令的存放顺序,逐条扫描,在扫描每一条指令时,所需的输入状态可从输入状态寄存器中读入,从输出状态寄存器读入当前的输出状态,然后按程序进行相应的运算和处理后,并将结果再存入输出状态寄存器中。因此,输出状态寄存器中的内容会随着程序的执行过程而改变。

3. 输出刷新阶段

PLC 将所有指令执行完毕,输出状态寄存器中所有输出继电器的状态(接通或断开)在输出刷新阶段转存到输出锁存器中,并通过一定方式(继电器、晶体管或晶闸管)输出,驱动外部相应的负载,这才是 PLC 的实际输出。

经过上述三个阶段的工作,完成一个扫描周期,然后又重新执行上述过程,周而复始进行。全部输入、输出状态的改变,需要一个扫描周期。PLC 的循环扫描周期是重要的指标之一。扫描周期的长短,主要取决于 CPU 执行指令的速度、每条指令占用时间和执行指令的数量,也就是用户程序的长短,一般不超过 100ms。

5.1.3 PLC 类型和性能

目前,国内外已有多种型号 PLC 产品。国内产品主要有 KB 系列、MPC 系列等。国外产品主要有日本三菱(MITSUBISHI)电机公司的 F 系列,日本立石(OMRON)公司的 C 系列,美国歌德(GOUID)公司的 MICRO 84 系列,德国西门子(SIEMENS)公司的 S5 系列等。尽管 PLC 型号和功能不尽相同,但工作原理基本相同。PLC 按其以下主要指标可分为适用于逻辑控制的小型机、适用于开闭控制和过程控制的中型机,以及适用于过程控制网络主站的大型机。

1. I/O 点数

I/O 点数是指 PLC 的外部输入和输出的端子数。通常小型机的点数小于 256 点,中型机点数为 256~2048 点,而大型机的点数多于 2048 点。I/O 点数是 PLC 的重要技术指标之一。

2. 用户程序内存容量

其指 PLC 所能存储用户程序的多少。PLC 中程序是按"步"存储,一"步"占一个地址单元,一条指令可能不止一"步"。一个地址单元一般占两个字节(KB)。如一个内存容量为 1000 步的 PLC,其内存为 2KB。通常小型机的少于 2KB,中型机为 5~64KB,大型机为 64~2MKB。

3. 扫描速度

扫描速度是指每执行 1000 步指令所用时间,用 ms/k 表示。小型机为 20~40ms/k,中型机为 5~20ms/k,大型机低于 5ms/k。

4. 指令系统条数

PLC 具有基本指令和高级指令。某种型号的 PLC 其指令的种类和数量越多,其软件功能越强。

5. 继电器和地址分配

PLC 内部所用各种继电器和第 4 章介绍的继电器十分相似,也有"线圈"和"触点"。但它们不是"硬"继电器,而是 PLC 内部的存储器的存储单元。所以,PLC 内部用于编程的继电器也被称为"软"继电器。

本书主要介绍 OMRON 公司的 CPM1A 型 PLC,每个 I/O 通道或每个继电器分配一个地址号,以便 PLC 能够识别。每个 I/O 通道由 16 个点组成(00~15),用 5 位十进制数来识别一个 I/O 点。前 3 位表示通道号,后 2 位表示该通道中的某一个 I/O 点。例如,01002 表示 010 通道的 02 接点,即 010 通道的第 3 个接点。CPM1A 型 PLC 的通道地址分配,如表 5.1.1 所示。

表 5.1.1　继电器通道地址分配

名　称	点　数	通道号	继电器地址	功　能
输入继电器	160 点(10 字)	000~009CH	00000~00915	继电器号与外部的输入输出端子相对应。(没有使用的输入通道可用作内部继电器号使用)
输出继电器	160 点(10 字)	010~019CH	01000~01915	
内部辅助继电器	512 点(32 字)	200~231CH	20000~23115	在程序内可以自由使用的继电器
特殊辅助继电器	384 点(24 字)	232~255CH	23200~25507	分配有特定功能的继电器
暂存继电器(TR)	8 点	TR0~7		回路的分支点上,暂时记忆 ON/OFF 的继电器

名　称	点　数	通道号	继电器地址	功　能
保持继电器(HR)	320 点(20 字)	HR00～19CH	HR0000～HR1915	在程序内可以自由使用,且断电时也能保持断电前的 ON/OFF 状态的继电器
辅助记忆继电器(AR)	256 点(16 字)	AR00～15CH	AR0000～AR1515	分配有特定功能的辅助继电器
链接继电器(LR)	256 点(16 字)	LR00～15CH	LR0000～LR1515	1∶1 链接的数据输入输出用的继电器(也能用作内部辅助继电器)
定时器/计数器	128 点	TIM/CNT 000～127		定时器、计数器,它们的编程号合用
数据存储器 DM　可读/写	1002 字	DM0000～0999 DM1022～1023		以字为单位(16 位)使用,断电也能保持数据。在 DM1000～1021 不作故障记忆的场合,可作为常规的 DM 使用。DM6144～6599、DM 6600～6655 不能用程序写入(只能用外围设备设定)
故障履历储存区	22 字	DM1000～1021		
只读	456 字	DM6144～6599		
PC 系统设定区	56 字	DM6600～6655		

5.1.4　PLC 的主要技术性能

1. PLC 主要功能

目前在工业控制中使用的 PLC 把自动化技术、计算机技术、通信技术融为一体,能完成以下功能。

1) 条件控制(逻辑控制)

用 PLC 代替传统继电器进行逻辑控制。

2) 定时控制

PLC 对某个操作进行限时或延时控制,以满足生产工艺要求。

3）步进控制

PLC 用步进指令控制在一道工序完成之后，再进行下一步工序的操作。

4）计数控制

PLC 根据用户设定的计数值对某个输入信号计数，或对某个操作进行计数控制，以满足生产要求。

5）A/D、D/A 转换

有些 PLC 具有 A/D、D/A 转换功能，能完成对模拟量的检测、控制和调节。

6）数据处理

有些 PLC 具有数据并行运算、并行传送功能和算术运算、逻辑运算、数据检索、数制转换、编码、译码等功能。

7）通信联网

有些 PLC 具有远程 I/O 控制和数据交换功能，可实现多台 PLC 的同位链接，或实现与上位计算机的链接，能完成较大规模的复杂控制。

8）运动控制

PLC 通过高速计数模块和位置控制模块，进行单轴或多轴控制，用于数控机床、机器人等控制。

9）监控功能

能实时监测 PLC 各系统的运行情况，可在线修改控制程序和设定值。

2. PLC 主要特点

1）通用性好，可靠性高，抗干扰能力强

PLC 通过软件实现控制，可适用于不同的控制对象。PLC 的功能模块品种多，可灵活组合成各种大小、功能不同的控制装置。PLC 采用了微电子技术，并采取了屏蔽、滤波、隔离等抗干扰措施，可靠性很强。具有完善的自诊断功能，维修采用插入式模块，非常方便。

2）编程简单、使用方便、功能强

PLC 使用面向控制过程的梯形图语言编程方式，易于编程修改。PLC 的输入/输出端口可直接与控制现场的用户设备连接，既可实现开关量控制，又可对模拟量进行控制；即可现场控制，又可远距离控制；即可控制简单系统，又可控制复杂系统。

3）体积小、重量轻、功耗低

PLC 体积小，结构紧凑，可装入机械设备内部，有较强的环境适应性和抗干扰能力，是实现机电一体化的理想控制设备。

5.2　PLC 编程语言与基本指令

PLC 的程序有系统程序和用户程序两种。系统程序类似计算机的操作系统，用于 PLC 的运行过程控制和诊断，以及对用户程序的编译等，其通常由制造厂商直接固化在存储器中，用户不能更改。用户程序是用户根据控制要求，利用 PLC 厂商提供的程序编制语言和指令而编写的应用程序。可见，PLC 编程就是用户编制自己的应用程序。

PLC 的编程语言有梯形图语言、指令语句表语言和计算机高级语言。对于一般中小型 PLC 多用梯形图语言和指令语句表语言。

1. 梯形图

梯形图是从继电接触器控制原理演变而来，PLC 梯形图与继电接触器控制图元件符号对照表，如表 5.2.1 所示。值得注意的是，虽然两者图形符号较相似，但元件构造有着本质区别。PLC 的内部器件，如定时器、计数器、控制继电器等均是用数字电路构成的所谓软器件。例如，以高电平状态作为常开触点，以低电平状态作为常闭触点。用户程序的执行过程就是按控制要求使某些软器件启动、连接的过程，以电平的变化完成各种操作。

表 5.2.1　继电接触器控制和梯形图符号对照

元件名称	继电接触器控制符号	梯形图符号
常开触点	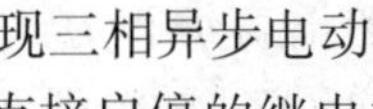	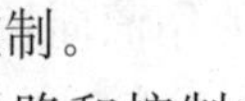 ‖
常闭触点		‖
线圈	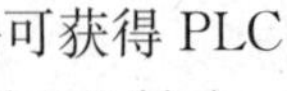 ▢	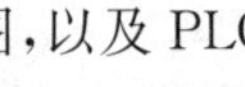 ○

例 5.2.1　试用 PLC 实现三相异步电动机的直接启停控制。

解　三相异步电动机的直接启停的继电接触器控制主电路和控制电路，分别如图 5.2.1(a)和(b)所示。

根据继电接触器控制电路可获得 PLC 控制电路的梯形图，以及 PLC 输入/输出接线图，分别如图 5.2.1(c)和(d)所示。

需要注意的是，采用 PLC 控制时主电路与继电接触器控制主电路相同，区别仅在于采用 PLC 编程实现控制。PLC 控制实现过程：在 PLC 的输入端口 00000 接启动按钮 SB_1，00001 接停止按钮 SB_2；在输出端口 01000 接接触器线圈 KM；这些外部输入、输出器件要与相应的外部驱动电源连接，COM 为输入与输出的公共

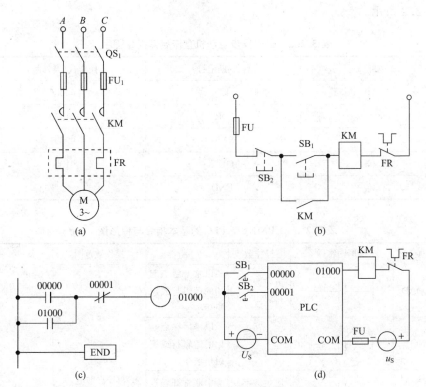

图 5.2.1 三相电动机直接启停控制

(a)主电路;(b)继电接触器控制电路;(c)PLC 控制梯形图;(d)PLC 输入/输出接线图

端;用编程器将图 5.2.1(c)所示的梯形图写入 PLC 的存储区内,PLC 可按这一控制程序工作。PLC 的控制过程:当按下按钮 SB₁ 时,内部常开触点 00000 闭合,内部输出继电器线圈 01000 接通,其常开触点 01000 闭合产生自锁,保证 KM 的持续通电,使电动机运行;当按下按钮 SB2 时,内部常闭触点 00001 断开,输出继电器线圈 01000 断电,常开触点 01000 断开,电动机停机。

从例 5.2.1 可见,继电接触器是将各个独立的器件和触点按固定连接的方式而实现控制要求;PLC 是将控制要求以程序形式写入存储器,这些程序就相对于继电接触器控制的各个器件、触点和连接线。当需要改变控制要求时,只需要修改程序和少量外部接线。因此,PLC 控制具有很好的方便性和灵活性。

2. 指令语句表语言

指令语句表和计算机汇编语言相似,其是用 PLC 指令助记符按控制要求组成语句表的一种编程方式。梯形图和语句表间可相互转换,如图 5.2.1 所示的 PLC 实现的三相异步电动机直接启停控制电路,其用指令语句编写的程序,如

表 5.2.2 所示。

表 5.2.2 三相异步电动机直接启停指令程序

地址	指令（助记符）	操作数（器件号）
00000	LD	00000
00001	OR	01000
00002	AND NOT	00001
00003	OUT	01000
00004	END	

表 5.2.3 CPM1A 型 PLC 的基本指令与梯形图

指令助记符	梯形图符号	操作数	功　　能	操作数范围	备　　注
LD(LOAD)		五位数字（器件号）	以常开触点起始的逻辑行或逻辑块指令	输入/输出继电器号：00000～01915 内部辅助继电器号：20000～23115 保持继电器号：HR0000～HR1915 暂存继电器号：TR0～TR7 定时/计数器号：TIM/CNT000～127	这里的器件号是 C 系列 P 型机继电器的最大范围。各种机型配置的输入和输出继电器数量不同
LD NOT		五位数字（器件号）	以常闭触点起始的逻辑行或逻辑块指令		
AND		五位数字（器件号）	串联常开触点指令（逻辑与）		
AND NOT		五位数字（器件号）	串联常闭触点指令（逻辑与非）		
OR		五位数字（器件号）	并联常开触点指令（逻辑或）		
OR NOT		五位数字（器件号）	并联常闭触点指令（逻辑或-非）		
AND LD			两个逻辑块串联指令		
OR LD			两个逻辑块并联指令		
OUT		五位数字（器件号）	输出驱动指令		

续表

指令助记符	梯形图符号	操作数	功　能	操作数范围	备　注
TIM	TIM N #×××× N为定时器号	三位数字（定时器号） 四位数字（定时设定值）	定时器指令	定时器号： 000～127 定时设定值： #0000～#9999 单位:0.1s	C 系列 P 型机内部定时器、计数器总共 128 个不能重号使用
CNT	CP R　CNT N #×××× N为计数器号	三位数字（计数器号） 四位数字（计数设定值）	计数器指令当计数器 CP 端每来一个脉冲信号时，计数器数值减一，减至零时产生输出信号，R 为复位端	计数器件： 000～127 计数设定值： #0000～#9999	
END	END		程序结束指令		

可见，每条语句由地址、指令（助记符）和操作数（器件号）部分组成。所谓的指令（助记符），就是各条指令功能的英文名称简写。目前，各 PLC 厂商采用的指令（助记符）不统一，但编程的方法是一致的。操作数（器件号）是 PLC 内部继电器编号或立即数。

CPM1A 型 PLC 具有逻辑运算、定时、计数、联锁、加法、减法、比较和移位等功能，适用于较复杂的开关量控制系统。其指令按功能可分为基本指令和专用指令两类，基本指令 14 条，专用指令 78 条，共有 92 条指令。基本指令有逻辑运算指令，如 LD、AND、OR、NOT、OUT 等；定时器、计数器指令，如 TIM、CNT；程序结束指令 END。基本指令功能与对应的梯形图，如表 5.2.3 所示。

CPM1A 型 PLC 的其他一些专用指令，如跳转指令、分支指令、移位指令、减法指令等，读者可参考相关书籍，这里不再赘述。

5.3　PLC 的编程原则与方法

5.3.1　编程原则

在编制程序（梯形图）时应遵循以下原则：

(1) PLC 编程元件触点的使用次数无限制。

(2) PLC 梯形图的每一逻辑行都是从左母线开始，终止于线圈。如果线圈右边不能有触点，线圈也不能直接接在左母线上。

（3）在一个程序中，不允许同一编号的线圈使用两次，以免引起误操作。不同编号的线圈可并联输出，如表 5.3.1 所示。

表 5.3.1　线圈并联输出

地址	助记符	操作数
00000	LD	00002
00001	OR	01101
00002	AND NOT	00003
00003	OUT	01101
00004	OUT	01102

（4）编制梯形图时，应尽量做到"上重下轻、左重右轻"，使其符合"从左到右，自上到下"的执行程序的顺序，并易于编写指令程序表。

例 5.3.1　试写出图 5.3.1 所示梯形图变换前后的指令程序。

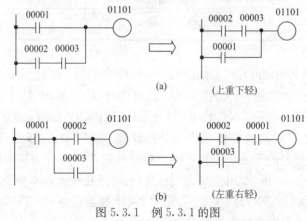

图 5.3.1　例 5.3.1 的图

(a)两个串联逻辑块并联；(b)两个并联逻辑块串联

解　（1）图 5.3.1(a)两个串联逻辑块并联等效转换前后的指令程序，如表 5.3.2 所示（为简单起见，例题中梯形图和指令程序中均省略了 END 指令）。

表 5.3.2　等效变换前后指令程序

变换前指令程序		变换后指令程序	
LD	00001	LD	00002
LD	00002	AND	00003
AND	00003	OR	00001
OR LD		OUT	01101
OUT	01101		

　　(2) 图 5.3.1(b)两个并联逻辑块串联等效变换前后的指令程序,如表 5.3.3 所示。

表 5.3.3　等效变换前后指令程序

变换前指令程序		变换后指令程序	
LD	00001	LD	00002
LD	00002	OR	00003
OR	00003	AND	00001
AND LD		OUT	01101
OUT	01101		

　　上述原则也可解释为:当几个逻辑块串联相并联时,可按"先串后并"的原则将触点多的逻辑块放在梯形图的最上端;当几个并联逻辑块相串联时,可按"先并后串"的原则将触点多逻辑块放在梯形图的最左端。

　　(5) 在梯形图中应避免将触点画在垂直线上,这种不规范梯形图无法用指令语句编程,应将其作适当的变换后才能编程。不规范梯形图的变换,如图 5.3.2 所示。

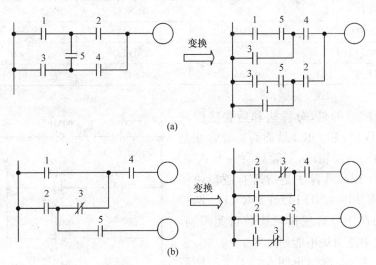

图 5.3.2　不规范梯形图变换

(a)桥式梯形图变换;(b)不规范梯形图变换

5.3.2　PLC 指令编程举例

　　例 5.3.2　试写出图 5.3.3 所示梯形图的指令程序。

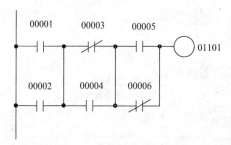

图 5.3.3　例 5.3.2 的图

解　该梯形图有三个逻辑块串联，可采用 AND LD 对逻辑块进行"与"操作。每个逻辑块都以 LD 或 LD NOT 开始；AND LD 单独使用，后面没有操作数。使用 AND LD 指令时有两种方法，即分置法和后置法。两种方法得到的运算结果完全相同，指令程序如表 5.3.4 所示。

表 5.3.4　例 5.3.2 的指令程序

分置法程序		后置法程序	
指令	操作数	指令	操作数
LD	00001	LD	00001
OR	00002	OR	00002
LD NOT	00003	LD NOT	00003
OR	00004	OR	00004
AND LD		LD	00005
LD	00005	OR NOT	00006
OR NOT	00006	AND LD	
AND LD		AND LD	
OUT	01101	OUT	01101

　　需要注意的是，分置法和后置法仅对指令 AND LD 和 OR LD 而言。分置法是指每增加一个逻辑块，就随后写一个 AND LD 或 OR LD；后置法是指所有逻辑块都写完后，再使用 AND LD 或 OR LD。两种方法区别在于分置法逻辑块数目无限制，而后置法中逻辑块不能超过 8 个。

　　例 5.3.3　试写出图 5.3.4 所示梯形图的指令程序。

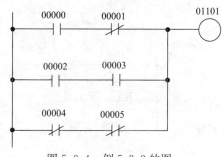

图 5.3.4　例 5.3.3 的图

　　解　该梯形图有三个逻辑块并联，可采用 OR LD 对逻辑块进行或操作。每个逻辑块都以 LD 或 LD NOT 开始；OR LD 单独使用，后面没有操作数。指令程序如表 5.3.5 所示。

表 5.3.5　例 5.3.3 的指令程序

分置法程序		后置法程序	
指令	操作数	指令	操作数
LD	00000	LD	00000
AND NOT	00001	AND NOT	00001
LD	00002	LD	00002
AND	00003	AND	00003
OR LD		LD NOT	00004
LD NOT	00004	AND NOT	00005
AND NOT	00005	OR LD	
OR LD		OR LD	
OUT	01101	OUT	01101

例 5.3.4　某控制电路的梯形图和控制时序如图 5.3.5 所示,试写出该控制电路的指令程序。

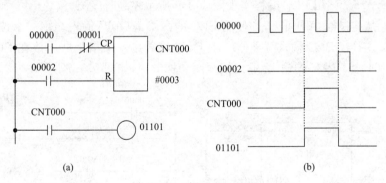

图 5.3.5　例 5.3.4 的图

(a) 梯形图；(b)时序图

解　指令程序如表 5.3.6 所示。

表 5.3.6　例 5.3.4 的指令程序

地　址	指　令	操作数
00000	LD	00000
00001	AND NOT	00001
00002	LD	00002
00003	CNT	000

续表

地　址	指　令	操作数
		♯ 0003
00004	LD	CNT 000
00005	OUT	01101

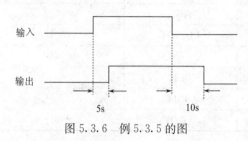

图 5.3.6　例 5.3.5 的图

注意,PLC 时序图是根据输入、输出的关系画出的状态变化波形图,表示触点或线圈按一定时间顺序动作的先后次序。画时序图时首先分析输入对输出的控制要求,并假设输入状态(如输入按钮动作被按下,波形对应高电平;松开时波形对应低电平)。其次按照输入与输出的关系画出输出波形,如 PLC 内部继电器吸合画成高电平,继电器释放画出低电平。

例 5.3.5　试用 PLC 编程实现图 5.3.6 所示控制时序图。

解　从控制时序图可见,须使用 PLC 的两个 I/O 点:输入端用一个按钮开关 SB 控制,连接在 PLC 输入端子 00001 上;输出端接一个指示灯连接在 PLC 输出端子 01101 上。PLC 的输入/输出接线图和梯形图,如图 5.3.7 所示。

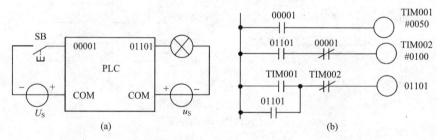

图 5.3.7　例 5.3.5 的图
(a)输入输出接线图;(b)梯形图

指令程序如表 5.3.7 所示。

表 5.3.7　例 5.3.5 的指令程序

地址	助记符	操作数
00000	LD	00001
00001	TIM	001

续表

地址	助记符	操作数
		♯0050
00002	LD	01101
00003	AND NOT	00001
00004	TIM	002
		♯0100
00005	LD	TIM001
00006	OR	01101
00007	AND NOT	TIM002
00010	OUT	01101

例 5.3.6 试写出图 5.3.8 所示梯形图的指令程序。

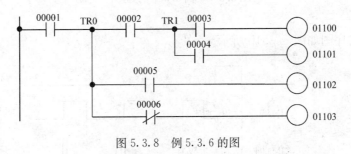

图 5.3.8 例 5.3.6 的图

解 TR 被称为暂存继电器,主要用来暂存程序运行中间结果。TR 与 LD 和 OUT 指令配合,在编程中可使用的 TR 共有 8 个,分别编号为 TR0~TR7。故图 5.3.8 的指令程序如表 5.3.8 所示。

表 5.3.8 例 5.3.8 的指令程序

指令	操作数	指令	操作数	指令	操作数
LD	00001	OUT	01100	AND	00005
OUT	TR0	LD	TR1	OUT	01102
AND	00002	AND	00004	LD	TR0
OUT	TR1	OUT	01101	AND NOT	00006
AND	00003	LD	TR0	OUT	01103

例 5.3.7 有一台异步电动机,要求用可编程控制器实现以下要求:按下启动按钮(00000),电动机(01101)运行 10s 后停止 5s;重复 3 次后自动停止;按下停止

按钮(00001)后,电动机立即停转。试画出梯形图及控制时序图。

　　解　梯形图如图 5.3.9 所示。

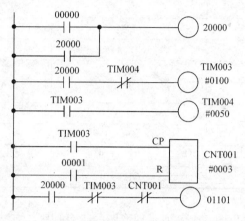

图 5.3.9　例 5.3.7 的梯形图

控制时序图如图 5.3.10 所示。

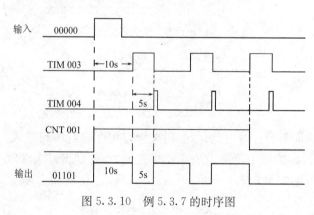

图 5.3.10　例 5.3.7 的时序图

5.4　PLC 的应用设计

　　在对 PLC 的工作原理和编程技术掌握之后,就可以结合实际问题,用 PLC 进行应用控制系统设计。PLC 一般设计方法和步骤流程,如图 5.4.1 所示。

5.4.1　确定系统控制任务

　　(1) 详细了解和分析被控对象的控制过程与要求。熟悉工艺流程,列出该控制系统的全部功能和要求。画出工作流程图。

（2）确定系统控制方案。在满足控制要求的前提下，尽可能地保证系统简单、经济、安全、可靠。

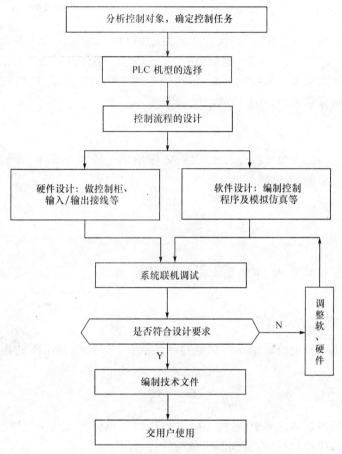

图 5.4.1　PLC 控制系统设计流程图

5.4.2　选择 PLC 机型

1. 确定 PLC 的 I/O 点数

由被控系统的输入输出量来确定 PLC 的 I/O 点数，并考虑留有约 10% 的余量。

2. 确定用户存储程序的存储量

一般粗略的估计方法为

（输入点数＋输出点数）×（10～12）＝ 指令步数

被控系统的控制过程越复杂，处理的数据量就越大，会出现存储容量不够的问题。确定内存大小时，可留有一定的余量。

3. 确定 PLC 的功能、结构

在确定选用 PLC 的功能特性时，要考虑到被控对象是否以开关量为主，是否有模拟量，需提供什么的运算、控制功能等。需要定时器、计数器的多少、被控对象对响应速度的要求等。从结构上来说，选用整体式结构还是插件式结构等。应根据控制系统的要求来确定 PLC 的功能和结构。

4. 输入/输出功能及负载能力

选择 PLC 时，需根据被控对象的输入/输出信号的种类要求、参数等级、负载大小等选择合适的 PLC 机型。

5.4.3　系统设计

1. 控制流程设计

根据被控系统要求，画出控制系统流程图，并进一步说明各信息流之间的关系。

2. 硬件设计

进行外围控制电路及操作控制柜的设计及安装，输入/输出线的连接，PLC 的安装等。

3. 软件设计

首先根据控制要求对 PLC 的 I/O 端进行定义和分配，然后按照控制流程将控制过程划分程序控制模块，并编制出相应的梯形图。

4. 系统联机调试

用编程器将程序送入 PLC 中，可进行模拟调试，并对程序进行修改和调试，不满足要求的可修正相应的软、硬件，直到满足要求为止。

5. 编制技术文件

调试完成后，需编制控制系统的技术文件：说明书、电器图（电器原理图、电器布线图、电器安装图、I/O 连接图、梯形图等）、电器元件明细表等，交付用户使用。

5.4.4　设计举例

例 5.4.1　试用 PLC 实现三相异步电动机的正反转控制。设 SB$_1$、SB$_2$分别正反转启动按钮,SB$_3$为停止按钮,KM$_F$、KM$_R$分别为正反转接触器。控制要求:当按下 SB$_1$ 或 SB$_2$ 时电动机运转,运转 5s 后自动换为反转,再反转 5s 后又换为正转,如此反复循环;当按下 SB$_3$ 时电动机停止运转。

　　解　根据控制,设计电动机主电路图、PLC 外部 I/O 接线图和梯形图,如图

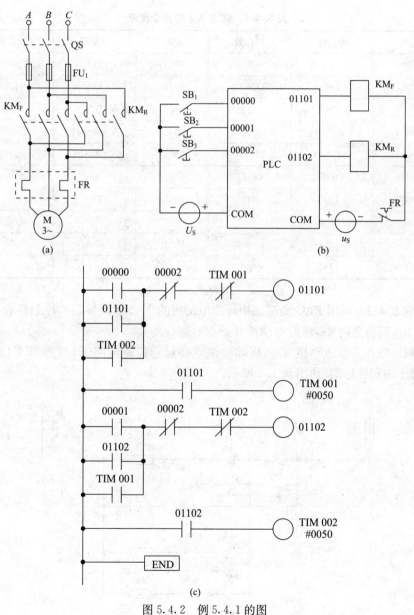

图 5.4.2　例 5.4.1 的图

(a)主电路图;(b)I/O 接线图;(c)梯形图

5.4.2 所示。I/O 口的分配如下：按钮 SB_1、SB_2、SB_3 分别接输入口 00000、00001、00002；正反转接触器线圈分别接输出口 01001、01002；当按下 SB_1 或 SB_2 时，电动机运转；运转 5s 后，自动换为反转运行，再运转 5s 后又换为正转运行，如此反复循环；当按下 SB_3 时，电动机停止运行。该系统控制的指令程序，如表 5.4.1 所示。

表 5.4.1　例 5.3.5 的指令程序

地址	助记符	操作数	地址	助记符	操作数
00000	LD	00000	00009	OR	TIM001
00001	OR	TIM002	00010	OR	01102
00002	OR	01101	00011	AND NOT	0002
00003	AND NOT	00002	00012	AND NOT	TIM002
00004	AND NOT	TIM001	00013	OUT	01102
00005	OUT	01101	00014	LD	01002
00006	LD	01101	00015	TIM	002
00007	TIM	001			# 0050
		# 0050	00016	END	
00008	LD	00001			

　　例 5.4.2　试用 PLC 实现三相异步电动机的 Y-△启动控制。控制要求：Y 形启动 10s 后再延时 2s，然后电动机开始△形运行。

　　解　三相异步电动机 Y-△启动的继电接触器控制电路、PLC 外部 I/O 接线图、时序图和梯形图，如图 5.4.3 所示。

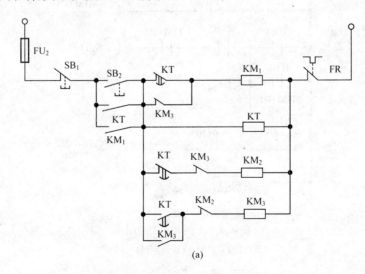

(a)

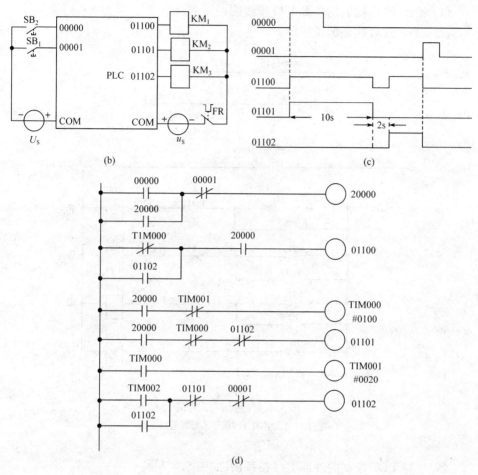

图 5.4.3　例 5.4.2 的图

(a)继电接触器控制电路;(b)I/O 接线图;(c)时序图;(d)梯形图

三相鼠笼式异步电动机启动时,按下 SB_1,PLC 的输入继电器 00000 的常开触点闭合,使辅助继电器 20000 和输出继电器 01100、01101 接通,即 KM_1 和 KM_2 同时接通,电动机进行 Y 形连接的降压启动。在同一时刻,定时器 TIM000 接通,延时 10s(即 Y 形启动 10s)后,常闭触点断开,使 01100 和 01101 断开(即 KM_1 和 KM_2 断开),停止 Y 形启动,定时器 TIM000 的常开触点接通,使定时器 TIM001 在延时 2 s 后动作。输出继电器 01102 和 01100 先后接通,即 KM_3 和 KM_1 接通,电动机转接成△形运行。Y-△启动过程结束。请读者控制要求写出指令程序。

例 5.4.3　试用 PLC 实现加热炉自动上料的控制。加热炉的自动上料控制过程和继电器控制器控制电路,如图 5.4.4 所示。要求:

（1）给出 PLC 控制的外部 I/O 接线图；

（2）设计 PLC 控制的梯形图。

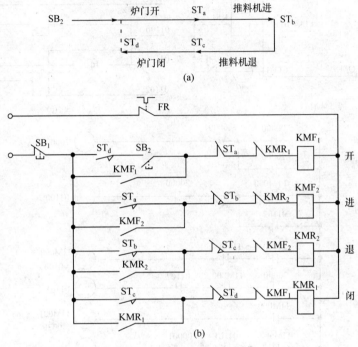

图 5.4.4　例 5.4.3 的图

(a)控制过程示意图；(b)继电接触器控制电路

解　（1）PLC 控制的外部 I/O 接线图，如图 5.4.5 所示。

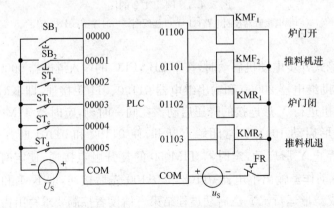

图 5.4.5　例 5.4.3 的 PLC 控制 I/O 接线图

（2）PLC 控制的梯形图,如图 5.4.6 所示。

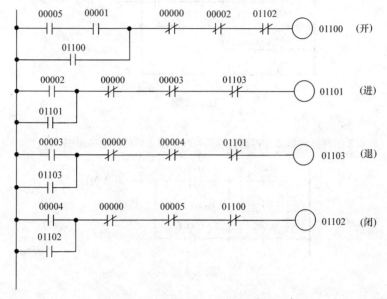

图 5.4.6　例 5.4.3 的 PLC 控制梯形图

本 章 小 结

1. PLC 是在继电接触器控制的基础上开发出来,并逐渐发展成以微处理器为核心,把自动化技术、计算机技术、通信技术融为一体的新型工业控制器。它具有功能完善、通用性强、可靠性高、接线简单、编程灵活、体积小、功耗低等特点。

2. PLC 控制过程为:外部的各种开关信号或模拟信号作为输入变量,经输入接口输入到主机,经 CPU 处理后的信号以输出变量形式由输出接口送出,去驱动所控制输出设备。

3. PLC 采用循环扫描方式进行工作,可分为输入采样、程序执行、输出刷新三个阶段,并进行周期性循环。

4. PLC 常使用梯形图和指令语句表。梯形图是一种图形语言,沿用了继电接触器控制系统的触点、线圈、串联、并联等术语和图形符号,形象直观、编程方便。

5. 用户程序在用梯形图编程后,需将相应的梯形图转换为助记符形式的指令表程序。再用编程器将其送入 PLC 内,各种指令的集合就是指令系统。

习　题

5.1　试写出题 5.1 图所示梯形图的指令程序。

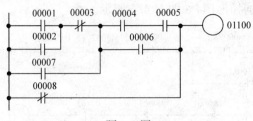

题 5.1 图

5.2　题 5.2 图所示梯形图可否直接编程? 画出改进后的等效梯形图。

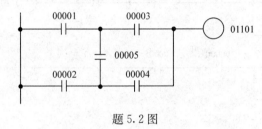

题 5.2 图

5.3　试画出题 5.3 图所示梯形图的控制时序图。

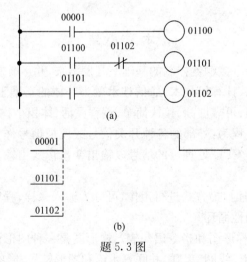

(a)

(b)

题 5.3 图

5.4　试编写出能实现题 5.4 图所示控制时序的梯形图。

题 5.4 图

5.5　利用编程技巧,将题 5.5 图所示梯形图变成指令最少的形式。

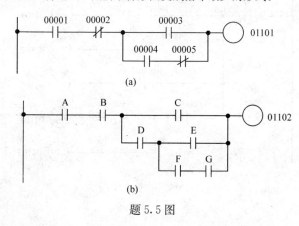

(a)

(b)

题 5.5 图

5.6　试画出题 5.6 图所示变换后的梯形图,并写出指令程序。

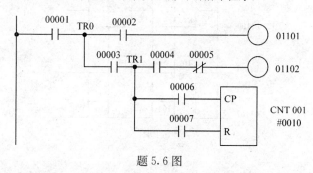

题 5.6 图

5.7　改正题 5.7 图所示梯形图的错误,写出指令程序。

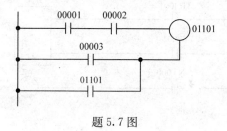

题 5.7 图

5.8　试写出题 5.8 图所示梯形图的指令程序。

5.9　试根据题 5.9 图所示的 PLC 输入/输出时序图画出相应梯形图。

5.10　试写出题 5.10 图所示梯形图的程序,并计算需多长时间输出线圈才可以接通?

5.11　利用 PLC 实现下述的控制功能,并画出梯形图。

(1) 电动机 M_1 先启动后,M_2 才能启动,M_2 并能点动。

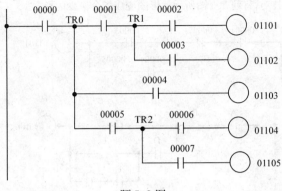

题 5.8 图

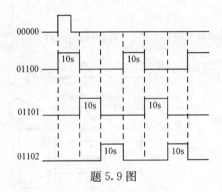

题 5.9 图

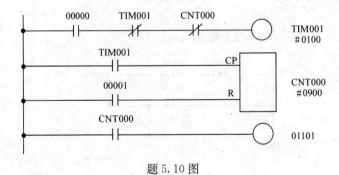

题 5.10 图

(2) 电动机 M_1 先启动后，M_2 才能启动；M_2 启动后，M_1 立即停车。

(3) 电动机 M_1 先启动，经过 10s 延时后，M_2 自行启动。

(4) 电动机 M_1 先启动，经过 10s 延时后，M_2 自行启动；当 M_2 启动 5s 后，M_1 停车。

5.12　电动葫芦起升机构工作时的控制要求如下：

(1) 可手动上升、下降。

（2）自动运行时,上升 10s→停 5s→下降 10s→停 5s,反复运行 1h,然后指示灯亮,运行停止;

（3）用 PLC 实现上述控制要求,并编写程序。

5.13　有 4 个彩灯排成一行组成闪烁电路,闪烁的控制流程如下:(1)4 个彩灯从左到右依次点亮,每次点亮 1 个灯,每个灯亮 1s 后熄灭;(2)最后一个灯熄灭 1s 后,4 个彩灯全部点亮 2s 再全部熄灭 2s;重复(1)到(2)的控制流程。用 PLC 实现上述彩灯的控制要求,画出梯形图。

5.14　送料车由电动机拖动,电动机正转,车子前进;电动机反转,车子后退。对送料车的控制要求如下:车子在装料处停 10s 装满料后自动前进送料,在卸料处停 5s 卸完料后,车子自动后退返回送料处,重复以上过程。

（1）用 PLC 实现对送料车的控制。

（2）画出梯形图。

第6章 电力电子技术基础

电子技术包括信息电子技术和电力电子技术两大分支。通常所说的模拟电子技术和数字电子技术都属于信息电子技术。电力电子技术是应用于电力领域的电子技术。具体地说,就是使用电力电子器件对电能尤其是较大的电功率进行变换和控制的技术。目前所用的电力电子器件均用半导体制成,故也称电力半导体器件或功率半导体器件。电力电子技术所变换的"电力",功率可以大到数百兆瓦甚至吉瓦,也可以小到数瓦甚至1瓦以下。信息电子技术主要应用于信息处理,而电力电子技术则主要应用于电力变换。

通常所用的电力有直流和交流两种。电力变换通常可分为四大类,即交流变直流、直流变交流、直流变直流和交流变交流。交流变直流称为整流,直流变交流称为逆变。直流变直流是指一种电压(或电流)的直流,变为另一种电压(或电流)的直流,可用直流斩波电路实现。交流变交流可以是电压或电力的变换,称为交流电力控制,也可以是频率或相数的变换。进行上述电力变换的技术称为变流技术。

通常把电力电子技术分为电力电子器件的制造技术和变流技术两个分支。变流技术也称为电力电子器件的应用技术,它包括用电力电子器件构成各种电力变换电路和对这些电路进行控制的技术,以及由这些电路构成电力电子装置和电力电子系统的技术。

如果没有晶闸管、电力晶体管等电力电子器件,也就没有电力电子技术,而电力电子技术主要用于电力变换,因此可以认为,电力电子器件的制造技术是电力电子技术的基础,而变流技术则是电力电子技术的核心。

本章首先介绍常用的电力电子器件,接着分别讲述它们的基本应用电路:可控整流电路、交流调压电路、直流斩波电路、以直流斩波电路为基础构成的直流电动机PWM调速系统;然后叙述变频和逆变电路的原理,并在此基础上简述异步电动机变频调速系统的基本原理和电路。

6.1 电力电子器件

电力电子器件具有弱电控制、强电输出(用小功率输入信号控制大功率电力输出)的特点。依据其弱电对强电通断的控制能力可分为三类:

1) 不可控器件

这类器件通常是二端器件,除改变加在器件两端间的电压极性外,无法控制其开通和关断,如整流二极管等。

2) 半控型器件

这类器件通常是三端器件,通过控制信号能够控制其开通而不能控制其关断。普通晶闸管及其派生器件属于这一类。

3) 全控型器件

这类器件也是三端器件,通过控制信号既可控制其开通又能控制其关断,所以也称之为自关断器件。这类器件有电力晶体管(GTR)[1]、可关断晶闸管(GTO)[2]、电力场效应晶体管(VDMOS)[3]、绝缘栅双极型晶体管(IGBT)[4]和 MOS 控制晶闸管(MCT)[5]等。

另外,也可根据控制信号的形式将电力电子器件分为如下两类:

1) 电流控制型

普通晶闸管(SCR)[6]、GTR 和 GTO 等。

2) 电压控制型

VDMOS、IGBT 和 MCT 等。

上述电力电子器件中,电力晶体管与普通晶体管的原理、结构及性能比较相似,所以,本节只介绍普通晶闸管、可关断晶闸管、双向晶闸管、电力场效应晶体管和 MOS 控制晶闸管。

6.1.1　普通晶闸管

普通晶闸管简称晶闸管,又称为可控硅(SCR),是最早问世的可控型电力半导体器件,广泛应用于可控整流、无触点开关、变频和交流调压等许多电路中。

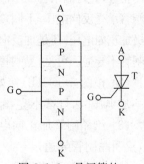

图 6.1.1　晶闸管的
结构与符号

1. 基本结构

晶闸管是一种具有四层三结的半导体器件,其结构与符号如图 6.1.1所示。从最外层的 N 型区和 P 型区各引出一个电极,分别称为阴极 K 和阳极 A,由内层的 P 型区引出的电极称为控制极 G(也称

---

① GTR—giant transistor。

② GTO—gate turn-off thyristor。

③ VDMOS—vertical double-diffused MOSFET。

④ IGBT—insulated gate bipolar transistor。

⑤ MCT—MOS controlled thyristor。

⑥ SCR—silicon controlled rectifer。

为门极）。晶闸管的内部结构如图 6.1.2(a) 所示，图 6.1.2(b) 是其外形图。由图 6.1.2 可以看出，晶闸管的一端是一个螺栓，这就是阳极引出端，同时可以利用它固定散热片；另一端有一粗一细两根引出线，粗的一根是阴极引线，细的一根是控制极引线。

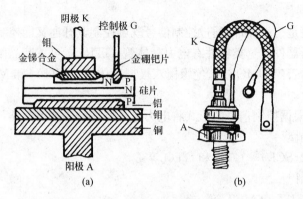

图 6.1.2　晶闸管的内部结构与外形

2. 工作原理

为了说明晶闸管的工作原理，可按图 6.1.3 所示的电路做一个简单的实验。

(1) 如图 6.1.3(a) 所示，将晶闸管的阳极经灯泡接直流电源的负极，阴极接直流电源的正极，此时晶闸管的阳极和阴极间承受反向电压（"阳极和阴极间"可略去，简称为晶闸管承受反向电压，下同）。在这种情况下，无论给控制极加正向电压（控制极相对于阴极加正向电压）还是加反向电压（控制极相对于阴极加反向电压），灯泡都不亮，说明晶闸管不导通。可见，晶闸管和普通二极管一样，当承受反向电压时截止。

(2) 按图 6.1.3(b) 接好电路，则晶闸管承受正向电压，但控制极加反向电压或不加电压时，灯都不亮，晶闸管截止。

(3) 给晶闸管加正向电压，控制极也加正向电压，如图 6.1.3(c) 所示。此时灯亮，说明晶闸管导通。

从上述实验不难得出晶闸管导通的必要条件是：阳极和阴极间加正向电压，同时控制极（相对于阴极）也加正向电压。这说明晶闸管与普通二极管不完全一样，可以用控制极的信号来控制晶闸管的导通。

(4) 晶闸管导通以后，若再断开控制极电路中的开关 S，灯仍然亮，如图 6.1.3(d) 所示。这说明晶闸管一旦导通，便能自行维持，控制极就不再起作用。因此，实际应用中，控制极只要加正脉冲触发信号即可。

(5) 如图 6.1.3(e) 所示，在灯亮之后，若增大电阻 R_A 值，灯泡就会变暗，说明该回路电流下降。当电流下降到一定程度时，灯泡就会熄灭，晶闸管截止。这说明，晶闸管导通以后,要使其截止(关断),必须将阳极电流降到一定数值以下。

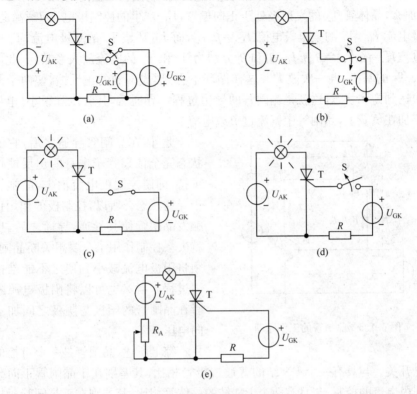

图 6.1.3　晶闸管的导通与阻断

上述实验说明晶闸管具有单向可控导电的特性。

下面我们用双晶体管模型来解释晶闸管的单向可控导电的机理。

如图 6.1.4 所示,把晶闸管看成由 PNP 型和 NPN 型两个晶体管连接而成,每一个晶体管的基极都与另一个晶体管的集电极相连。阳极 A 相当于 PNP 型晶体管 T_1 的发射极,阴极 K 相当于 NPN 型晶体管 T_2 的发射极。

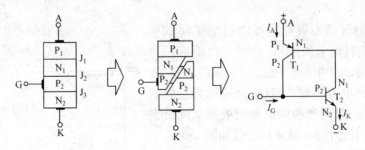

图 6.1.4　晶闸管相当于两个晶体管的组合

　　如果给晶闸管阳极和阴极间加正向电压,控制极也加正向电压,如图 6.1.5 所示,那么,晶体管 T_2 的发射极处于正向偏置,E_G 产生的控制极电流 I_G 就是 T_2 的基极电流 I_{B2},T_2 的集电极电流 $I_{C2} = \beta_2 I_G$,而 I_{C2} 又是 T_1 的基极电流,T_1 的集电极电流 $I_{C1} = \beta_1 I_{C2} = \beta_1 \beta_2 I_G$($\beta_1$ 和 β_2 分别为 T_1 和 T_2 的电流放大系数)。此电流又流入 T_2 的基极,再一次放大。这样循环下去,形成强烈的正反馈,使两个晶体管很快达到饱和状态,这就是晶闸管的导通过程。导通后,其管压降很小,电压几乎全部加在负载上,晶闸管中就流过负载电流。

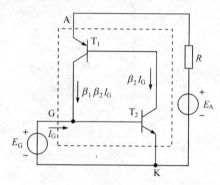

图 6.1.5　晶闸管的工作原理

　　此外,在晶闸管导通之后,它的导通状态完全依靠管子本身的正反馈作用来维持,即使控制极电流消失,晶闸管仍处于导通状态。所以,控制极的作用仅仅是触发晶闸管使其导通,导通之后,控制极就失去控制作用了。要想关断晶闸管,必须将阳极电流减小到使之不能维持正反馈过程。当然也可以将阳极电源断开或者在晶闸管的阳极与阴极之间加一个反向电压。

　　综上所述,晶闸管是一个可控的单向导电开关。与具有一个 PN 结的普通二极管相比,其差别在于晶闸管正向导电受控制极电流的控制;与具有两个 PN 结的晶体管相比,其差别在于晶闸管对控制极电流没有放大作用。

　　3. 伏安特性

　　晶闸管阳极与阴极间的电压 U 和阳极电流 I 之间的关系,称为晶闸管的伏安特性。在实际应用中一般用实验曲线来表示。图 6.1.6 是当控制极电流 $I_G = 0$ 时的伏安特性曲线。

　　当晶闸管的阳极和阴极之间加正向电压时,如果控制极未加电压,晶闸管内便有一个 PN 结(图 6.1.4 中的 J_2)处于反向偏置,因此管子中流过的电流非常小,这个电流称为正向漏电流。此时,晶闸管的阳极与阴极间呈现出很高的电阻,处于阻断(截止)状态,如图 6.1.6 中的第一象限下部的曲线所示。当正向电压升高到某一数值时,正向漏电流突然急剧增加到很

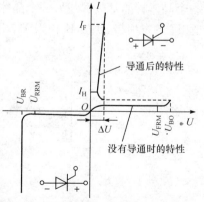

图 6.1.6　晶闸管的伏安特性曲线

高的数值,晶闸管由阻断状态突然导通。导通后的特性曲线和普通二极管的正向
特性曲线相似,即流过很大的阳极电流,而晶闸管本身的管压降却很小,仅 0.8V
左右,因此,特性曲线靠近纵轴并且很陡。晶闸管由阻断状态转变为导通状态所对
应的电压称为正向转折电压 U_{BO}。晶闸管导通以后,如果将阳极与阴极间所加正
向电压降低,阳极电流就逐渐减小。当此电流小到某一数值时,晶闸管又从导通状
态转为阻断状态,此时所对应的最小电流称为维持电流 I_H。

晶闸管的反向伏安特性与普通二极管的反向特性类似。当控制极不加电压而
阳极与阴极间加反向电压时,阳极电流也会反向,其数值也很小,称为反向漏电流。
当反向电压增加到某一数值时,反向漏电流急剧增大,使晶闸管反向导通,这时所
对应的电压称为反向转折电压 U_{BR}。

从图 6.1.6 所示的晶闸管正向伏安特性曲线可以看出,当阳极与阴极间正向
电压超过转折电压时,晶闸管就会导通。但是用这种导通方法很容易造成晶闸管
的不可恢复性击穿而使元件损坏,故一般不予采用。晶闸管的正常导通受控制极
电流 I_G 的控制。为了正确使用晶闸管,还必须了解其控制极特性。

当控制极加正向电压时,控制极回路中就有电流 I_G 流过,晶闸管就容易导
通,其正向转折电压减小,特性曲线左移。控制极电流越大,正向转折电压越低,如
图 6.1.7 所示。

4. 主要参数

1) 正向重复峰值电压 U_{FRM}

在控制极断路和晶闸管正向阻断的条
件下可以重复加在晶闸管两端的正向峰值
电压,称为正向重复峰值电压(也称为正向
阻断峰值电压),用符号 U_{FRM} 表示,这个电压
为正向转折电压的 80%。正向阻断是指
晶闸管两端加正向电压,但它并未进入导通状态。

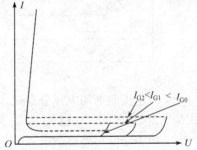

图 6.1.7　控制极电流对晶闸管的影响

2) 反向重复峰值电压 U_{RRM}

在控制极断路时,可以重复加在晶闸管两端的反向峰值电压,称为反向重复峰
值电压(也称为反向阻断峰值电压),用符号 U_{RRM} 表示,此电压为反向转折电压
的 80%。

3) 额定正向平均电流 I_F

在环境温度不高于 40℃和标准散热及全导通的条件下,晶闸管可以连续通过
的工频正弦半波电流(在一个周期内的)平均值,称为额定正向平均电流 I_F,简称
正向电流。通常所说多少安的晶闸管,就是指这个电流。设正弦半波电流的最大
值为 I_m,则

$$I_F = \frac{1}{2\pi}\int_0^\pi I_m \sin\omega t\, d(\omega t) = \frac{I_m}{\pi}$$

然而,这个电流并非一成不变,晶闸管允许通过的最大工作电流还受环境温度、冷却条件、元件导通角、元件每个周期内的导电次数等因素的影响。

4) 维持电流 I_H

在规定的环境温度和控制极断路的条件下,维持晶闸管连续导通的最小电流称为维持电流 I_H。如果通过晶闸管的正向电流小于这个数值,晶闸管就会自动关断。

5. 型号命名

目前国产晶闸管的型号命名方法如下:

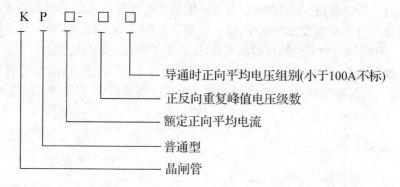

（1）额定正向平均电流分系列。可分为 1,5,10,20,30,50,100,200,300,400,500,600,800,1000A 共 14 个系列。

（2）按正反向重复峰值电压分级。在 1000V 以下,每 100V 为一级,在 1000V 以上到 3000V 以下每 200V 为一级,用百位数和千位数表示级数（取 U_{FRM} 和 U_{RRM} 中较小的一个）。

（3）按导通时正向平均电压分组,分为九组,见表 6.1.1。

表 6.1.1　正向平均电压分组表

组别	正向平均电压/V	组别	正向平均电压/V	组别	正向平均电压/V
A	$U_T<0.4$	D	$0.6<U_T<0.7$	G	$0.9<U_T<1.0$
B	$0.4<U_T<0.5$	E	$0.7<U_T<0.8$	H	$1.0<U_T<1.1$
C	$0.5<U_T<0.6$	F	$0.8<U_T<0.9$	I	$1.1<U_T<1.2$

例如,KP200-18F 表示额定正向平均电流为 200A,重复峰值电压为 1800V,正

向平均管压降为 $0.8 \sim 0.9\text{V}$ 的普通型晶闸管。

晶闸管制造技术提高很快,已制造出电流在千安以上,电压高达上万伏的晶闸管,工作频率也已达到几十千赫。此外,各种具有特殊功能的新型晶闸管也相继出现并得到广泛应用。

6.1.2　两种特殊晶闸管

1. 可关断晶闸管(GTO)

可关断晶闸管又称门极(控制极)关断晶闸管,简称 GTO。它也是一种四层三端半导体元件,但与普通晶闸管在结构和工艺上有所不同。图 6.1.8 是它的图形符号。

图 6.1.8　可关断晶闸管的图形符号

它的伏安特性与普通晶闸管相同,因而具有普通晶闸管的全部特性,同时又有自己独特的优点,即用控制极信号既可以控制其导通,又可以控制其关断。当控制极加正脉冲时导通,当控制极加负脉冲时则关断,因而属于全控型器件。与 SCR 相比,GTO 的控制方法简单,控制功率小,而且 GTO 的关断时间比 SCR 短,故工作频率高。小容量 GTO 的工作频率可达 100kHz 以上。所以,它是一种较理想的直流开关元件,常用在斩波器和各种逆变电路中,简化了它们的主电路,省去了其中复杂的换流电路,减少了故障率,从而提高了电路的可靠性。

2. 双向晶闸管(TRIAC)[①]

双向晶闸管具有 NPNPN 五层结构,其基本结构如图 6.1.9(a)所示。它的外形与普通晶闸管相似,也有三个电极,分别称为第一阳极 A_1(相当于普通晶闸管的阳极),第二阳极 A_2(相当于普通晶闸管的阴极)与控制极 G。图 6.1.9(b)是双向晶闸管的图形符号。无论从结构还是从特性方面看,双向晶闸管都可以看成一对反向并联的普通晶闸管,其等效电路如图 6.1.9(c)所示。

从图 6.1.9(a)可以看出:双向晶闸管的三个电极 A_1、A_2 和 G 都同时跨在硅片的 P 型区和 N 型区上。因此,双向晶闸管具有如下的导电特性:在两个阳极 A_1 与 A_2 之间所加的电压无论是正向电压(A_1 的电位高于 A_2 的电位)还是反向电压(A_1 的电位低于 A_2 的电位),在控制极上所加的触发脉冲无论是正脉冲(G 的电位高于 A_2 的电位)还是负脉冲(G 的电位低于 A_2 的电位),均能够使它正向导通或反向导通。因此不难推知,双向晶闸管共有四种触发方式:

(1) A_1 与 A_2 间加正向电压,G 和 A_2 间加正脉冲;

---

① TRIAC——triode AC switch。

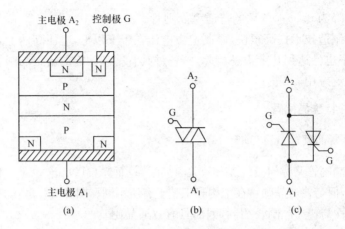

图 6.1.9　双向晶闸管

(a)基本结构；(b)图形符号；(c)等效电路

(2) A_1 与 A_2 间加正向电压，G 与 A_2 间加负脉冲；

(3) A_1 与 A_2 间加反向电压，G 与 A_2 间加正脉冲；

(4) A_1 与 A_2 间加反向电压，G 与 A_2 间加负脉冲。

前两种触发方式使双向晶闸管正向导通，即电流从 A_1 流向 A_2，而后两种触发方式则使它反向导通，电流从 A_2 流向 A_1。这四种触发方式的灵敏度各不相同，在实际应用时一般只在第一与第四或第二与第四种方式中任选一组。

双向晶闸管常用于交流电路，因而其额定电流不用平均值而用有效值来表示。例如，一个 200A 的双向晶闸管，其电流最大值为 $200\sqrt{2} = 283(\text{A})$，平均值为 $283/\pi = 90(\text{A})$，可见一个 200A(有效值)的双向晶闸管可以代替两个 90A(平均值)的普通晶闸管。

6.1.3　电力场效应晶体管

电力场效应晶体管(power MOSFET，又译为功率场效应晶体管)的工作原理与普通的小功率绝缘栅型 MOSFET 相似，只是在早期 MOS 工艺的基础上作了一些重大改进，使之可以通过大电流和承受高电压。在结构上，电力场效应晶体管以 N 沟道增强型为主，它与小功率绝缘栅型 MOS 管的主要区别是：小功率绝缘型 MOS 管是由一次扩散形成的器件，其栅极 G、源极 S 和漏极 D 位于芯片同一侧，导电沟道平行于芯片表面，是横向导电器件。要使其流过很大的电流，必须增大芯片面积和厚度，很难制成大功率管。电力场效应晶体管是由两次扩散形成的器件，一般 100V 以下的器件是横向导电的，称为横向双扩散(lateral double diffused)器件，简称 LDMOS。而电压较高的器件制成垂直导电型的，称为垂直双扩散

(virtical double diffused)器件,简称 VDMOS。这种器件把漏极移到芯片的另一个表面上,如图 6.1.10 所示,使从漏极到源极的电流垂直于芯片表面流过,因而可承受较大的电流和较高的电压。

电力场效应晶体管是一种功率集成电路,一个器件是由成千上万个"元胞"并联而成。图 6.1.10 是 VDMOS 中一个元胞的截面图,用一块高掺杂的 N^+ 型硅片作为衬底,外延生长 N^- 型高阻层,两者共同组成漏区。在 N^- 型区内,扩散 P 型沟道体区,漏区与沟道体区的交界面就是漏区 PN 结。在 P 型体区内,又扩散 N^+ 型源区。图中斜线部分是生成的一层薄薄的二氧化硅绝缘层。和普通的 N 沟道增强型绝缘栅 MOS 管一样,当 $U_{GS} > U_{GS(th)}$ 时,在二氧化硅绝缘层下的 P 型体区表层产生反型层,它就是沟通源区和漏区的 N 型导电沟道。此时,如果施加正的漏—源电压 U_{DS},将会产生漏极电流 I_D,其路径如图中虚线所示。

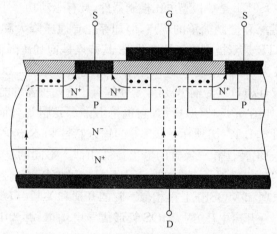

图 6.1.10　VDMOS 场效应管结构示意图

VDMOS 管具有以下优点:

(1) 由于垂直导电,硅片面积得以充分利用,可获得较大电流(漏极电流可达几百安);

(2) 由于设置了高电阻率的 N^- 型区,耐压水平得以提高(漏—源电压可达几百伏);

(3) 由于导电沟道较短,能降低沟道电阻和栅沟电容,有利于提高工作效率和开关速度。

N 沟道增强型 VDMOS 的等效电路和符号如图 6.1.11 所示。其中的二极管是由 VDMOS 结构本身形成的寄生二极管。由于它的存在,使得 VDMOS 无反向阻断能力,亦具有逆导特性,当漏极与源极间加反向电压时器件必定导通。这一点在使用时应加以注意。

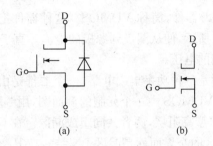

图 6.1.11　VDMOS 等效电路和图形符号

6.1.4　绝缘栅双极型晶体管

　　绝缘栅双极型晶体管(IGBT)是由双极型电力晶体管和绝缘栅 MOSFET 构成的新型复合器件。MOSFET 是单极型电压控制器件,具有驱动功率小、开关速度快、输入阻抗高、热稳定性好和控制简单的优点,但却存在导通压降大和载流密度小的缺点。电力晶体管 GTR 是双极型电流控制器件,其特点是饱和压降低和载流密度大,但存在驱动功率较大,开关速度不高和控制电路复杂等缺点。IGBT 在结构上以 MOSFET 为输入极,以 GTR 为输出极,于是便综合了这两种器件的优点。

　　IGBT 的符号如图 6.1.12(a)所示,它也是由许多元胞集合而成,每个元胞的简化等效电路如图 6.1.12(b)所示。IGBT 的输入特性和 N 沟道增强型 MOS 管的转移特性相似,输出特性和三极管的输出特性相似。不同的是,IGBT 的集电极电流 I_C 是受栅—射间电压 U_{GE} 控制的。IGBT 是一种电压控制器件(也称为场控器件),它的驱动原理和 MOSFET 很相似。它的开通和关断由 U_{GE} 决定,当 U_{GE} 为正并且 $U_{GE} > U_{GE(th)}$(开启电压)时,MOS 管形成导电沟道,并为 PNP 三极管提供基极电流,进而使 IGBT 导通。当栅—射极间开路或加反向电压时,MOS 管内导电沟道消失,三极管的基极电流被切断,IGBT 即关断。

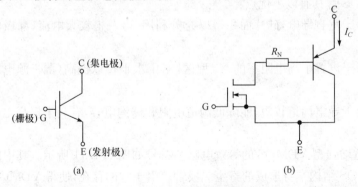

图 6.1.12　绝缘栅双极性晶体管 IGBT

(a)图型符号;(b)等效电路

IGBT 的电压与电流等级已接近 GTR 的水平，也实现了模块化，市场占有率上升较快，已有取代 GTR 的趋势。

6.1.5　MOS 控制晶闸管

MOS 控制晶闸管(MCT)是用 SCR 与 MOSFET 复合而成的新型全控型器件，其输入侧是 MOSFET 结构，输出侧为 SCR 结构。因此兼有 MOSFET 的高输入阻抗、低驱动功率和开关速度快以及 SCR 耐压高、电流容量大的优点。同时，它又克服了 SCR 不能自关断和 MOSFET 通态压降大的缺点。图 6.1.13(a)、(b)分别为 P-MCT 和 N-MCT 的符号。目前应用较多的为 P-MCT。

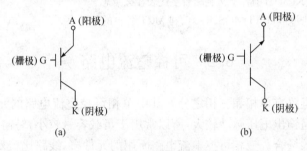

图 6.1.13　MOS 控制晶闸管 MCT 的符号

(a)P-MCT；(b)N-MCT

一个 MCT 器件由数以万计的 MCT 元胞所组成，图 6.1.14 是 P-MCT 的一个元胞的等效电路图。它在 SCR 结构中集成一对 MOSFET，其作用是控制 SCR 的开通和关断，使 SCR 开通的 MOSFET 称为 ON-FET，使 SCR 关断的 MOSFET 称为 OFF-FET，这两个 MOSFET 的栅极连在一起构成 MCT 的门极 G。MCT 是电压控制器件，对 P-MCT 而言，当门极相对于阳极加一负触发脉冲时，ON-FET 导通，它的漏极电流使 NPN 三极管导通，后者的集电极电流又使 PNP 三极管导通，而 PNP 管的集电极电流反过来又维持 NPN 管的导通，形成正反馈自锁效应，MCT 保持导通状态。当门极与阳

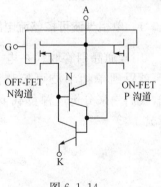

图 6.1.14

极之间加一正触发脉冲时，OFF-FET 导通，使 PNP 三极管的发射结短路而立即截止，导致正反馈自锁效应不能继续维持而使 MCT 关断。

N-MCT 的工作原理与 P-MCT 相似，只是用正脉冲使之开通，用负脉冲使之关断。

练习与思考

6.1.1　不可控、半控、全控型电力电子器件的主要区别是什么?

6.1.2　电流型、电压型器件的主要区别是什么?

6.1.3　晶闸管与普通二极管、三极管有什么不同?

6.1.4　晶闸管导通条件是什么? 导通后的阳极电流由什么决定? 晶闸管截止时承受电压的大小由什么决定?

6.1.5　为什么晶闸管导通之后,控制极就失去控制作用?

6.1.6　晶闸管导通后如何关断它?

6.1.7　型号 KP5-7B 中各个文字和数字代表什么意思?

6.1.8　试说明 GTO、VDMOS、IGBT、和 MCT 各自的优缺点。

6.2　可控整流电路

可控整流电路有单相和三相之分。其中单相可控整流电路的元件少、线路简单、容易调整,但输出电压脉动较大,所以常用于负载容量较小,对输出电压脉动程度要求不太高的场合。三相可控整流电路所用的元件多,线路比较复杂,但它的输出电压脉动较小,并且能使三相交流电网负荷平衡,因而一般用于负载容量较大的场合。单相和三相可控整流的工作原理基本相同,下面仅以单相可控整流电路为例来说明其工作原理。

6.2.1　单相半波可控整流电路

用普通晶闸管取代在电子技术课程中学过的单相半波整流电路中的二极管,就得到单相半波可控整流电路,如图 6.2.1 所示。图中接的是电阻性负载,我们先来分析这种负载下电路的工作情况,然后再讨论接电感性负载时的情况。

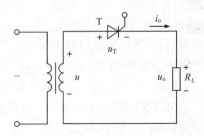

图 6.2.1　接电阻性负载的单相半波可控整流电路

1. 电阻性负载

由图 6.2.1 可见,在输入交流电压 u 为正半周时,晶闸管 T 承受正向电压。若在 t_1 时刻(图 6.2.2(a))给控制极加上触发脉冲(图 6.2.2(b)),则晶闸管导通,负载上得到电压。当交流电压 u 下降到接近零值时,晶闸管因正向电流小于维持电流而关断。在电压 u 为负半周时,晶闸管承受反向电压,此时无论有无触发脉冲,晶闸管都不会导通,负载电压和电流均为零。在第二个正半周内,再在相应的 t_2 时刻加入触发脉冲,晶闸管重新导通。如此周而复始,在负载 R_L 上就可以得到如图 6.2.2(c)所示的可控整流电压波形。图 6.2.2(d)所示波形为晶闸管所承受的正向和反向电压,其最高正向和反向电压均为输入交流电压的幅值 $\sqrt{2}\,U$。

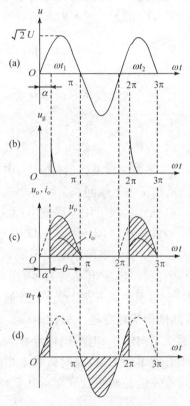

图 6.2.2　图 6.2.1 所示电路的
电压与电流波形

显然,如果在晶闸管承受正向电压的时间内,改变控制极触发脉冲的输入时刻(移相),负载上得到的电压波形就随之改变,这样就控制了负载上输出电压的大小。

晶闸管在正向电压下不导通的范围称为控制角(又称移相角),用 α 表示,而导电范围则称为导通角,用 θ 表示 ,$\theta = \pi - \alpha$。显然,对图 6.2.1 所示电阻性负载电路来说,θ 越大,输出电压就越高。

整流输出电压的平均值与控制角 α 的关系为

$$U_\circ = \frac{1}{2\pi}\int_\alpha^\pi \sqrt{2}\,U\sin\omega t\,\mathrm{d}(\omega t) = \frac{\sqrt{2}}{2\pi}U(1 + \cos\alpha)$$

$$= 0.45U\left(\frac{1 + \cos\alpha}{2}\right) \tag{6.2.1}$$

从式(6.2.1)可以看出,当 $\alpha = 0°$($\theta = 180°$)时,晶闸管在正半周全导通,$U_\circ = 0.45V$,输出电压最高,相当于二极管单相半波整流电压。当 $\alpha = 180°$ 时($\theta = 0°$),晶闸管全关断。

根据欧姆定律,电阻负载中整流电流的平均值为

$$I_o = \frac{U_o}{R_L} = 0.45 \frac{U}{R_L}\left(\frac{1+\cos\alpha}{2}\right) \qquad (6.2.2)$$

此电流即为通过晶闸管的平均电流,α 越大,导通角 θ 就越小,I_o 也越小,当 $\alpha = 0°$ 时,I_o 最大。输入电流的有效值为

$$I = \frac{U}{R_L}\sqrt{\frac{1}{4\pi}\sin 2\alpha + \frac{\pi-\alpha}{2\pi}} \qquad (6.2.3)$$

2. 电感性负载与续流二极管

上面介绍了接电阻性负载的情况,但实际中较多的是接电感性负载,如各种电感线圈、电机的励磁绕组等,它们既含有电感又含有电阻。有时负载虽然是纯电阻的,但串了电感滤波器后,也变为电感性的了。整流电路接电感性负载和接电阻性负载的情况大不相同。

电感性负载可用串联的电感元件 L 和电阻元件 R 表示(图 6.2.3)。当晶闸管刚触发导通时,电感元件中产生阻碍电流变化的感应电动势(其极性在图 6.2.3 中为上正下负),电路中电流不能跃变,将由零逐渐上升(图 6.2.4(a))。当电流到达最大值时,感应电动势为零,而后电流减小,电动势 e_L 也就改变极性(其极性在图 6.2.3 中为下正上负)。此后,在交流电压 u 到达零值之前,e_L 和 u 极性相同,晶闸管当然导通。即使电压 u 经过零值变负之后,只要 e_L 大于 u,晶闸管继续承受正向电压,电流仍将继续流通(图 6.2.4(a))。只要电流大于维持电流,晶闸管就不会关断,此时负载上出现了负电压。当电流下降到维持电流以下时,晶闸管才能关断并且立即承受反向电压,如图 6.2.4(b)所示。

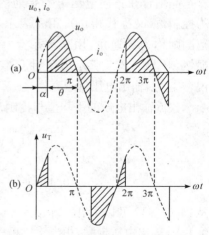

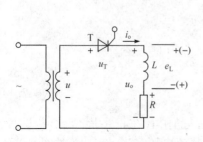

图 6.2.3　接电感性负载可控
　　　　　整流电路

图 6.2.4　图 6.2.3 所示电路
　　　　　电压与电流波形

　　由以上分析可以看出,在单相半波可控整流电路接电感性负载时,晶闸管导通角 θ 将大于($\pi-\alpha$)。负载电感越大,导通角 θ 越大,在一个周期中负载上负电压所占的比重就越大,整流输出电压和电流的平均值就越小。为使晶闸管在电源电压 u 降到零值时能及时关断,使负载上不出现负电压,必须采取相应措施。

　　我们可以在电感性负载两端并联一个二极管 D 来解决上述出现的问题。如图 6.2.5 所示,当交流电压 u 过零值变负后,二极管因承受正向电压而导通,于是负载上由感应电动势 e_L 产生的电流经过这个二极管形成回路。因此这个二极管称为续流二极管。这时负载两端电压近似为零,晶闸管因承受反向电压而关断。负载电阻上消耗的能量是电感元件释放的能量。

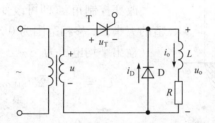

图 6.2.5　电感性负载并联续流二极管

6.2.2　单相半控桥式整流电路

　　单相半波可控整流电路虽然有电路简单、调整方便、使用元件少的优点,但却有整流电压脉动大、输出整流电流小的缺点。较常用的是单相半控桥式整流电路(简称半控桥),其电路如图 6.2.6 所示。与单相桥式整流电路相似,只是其中两个臂中的二极管被晶闸管所取代。图 6.2.7 所示是单相半控桥式整流电路的电压与电流波形。

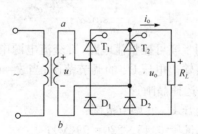

图 6.2.6　接电阻性负载的单相半控桥式整流电路

　　在变压器副边电压 u 的正半周(a 端为正)时,T_1 和 D_2 承受正向电压。这时如对晶闸管 T_1 引入触发信号,则 T_1 和 D_2 导通,电流的通路为

$$a \rightarrow T_1 \rightarrow R_L \rightarrow D_2 \rightarrow b$$

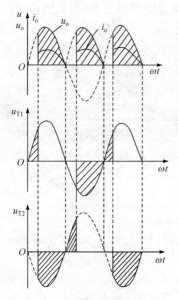

图 6.2.7　图 6.2.6 所示电路
的电压与电流波形

这时 T_2 和 D_1 都因承受反向电压而截止。同样，在电压 u 的负半周时，T_2 和 D_1 承受正向电压。这时，如对晶闸管 T_2 引入触发信号，则 T_2 和 D_1 导通，电流的通路为

$$b \rightarrow T_2 \rightarrow R_L \rightarrow D_1 \rightarrow a$$

这时 T_1 和 D_2 处于截止状态。正常工作时，处于电桥对边的晶闸管和二极管同时导通，每隔半周，轮换一次。负载得到双半波（全波）脉动电压。负载电阻上电流波形与电压波形相似。

改变控制角 α，即可改变输出电压和电流平均值的大小。α 移相范围为 $0° \sim 180°$。

输出平均电压为

$$U_\circ = \frac{1}{\pi} \int_\alpha^\pi \sqrt{2} U \sin\omega t \, \mathrm{d}(\omega t)$$

$$= 0.9U \left(\frac{1 + \cos\alpha}{2} \right) \qquad (6.2.4)$$

显然，其输出平均电压为单相半波可控整流的两倍。其电流平均值为

$$I_\circ = \frac{U_\circ}{R_L} \qquad (6.2.5)$$

流过晶闸管和二极管的电流平均值为负载电流平均值的 1/2。晶闸管可能承受的最大正、反向电压为交流电源电压的幅值 $\sqrt{2}U$，二极管承受的最大反向电压也是 $\sqrt{2}U$，输入电流的有效值为

$$I = \frac{U}{R_L} \sqrt{\frac{1}{2\pi} \sin 2\alpha + \frac{\pi - \alpha}{\pi}} \qquad (6.2.6)$$

例 6.2.1　有一单相半波可控整流电路，其交流电源电压有效值 $U = 220\text{V}$，负载电阻 $R_L = 10\Omega$。试求：输出电压 $U_\circ$ 的调节范围；当 $\alpha = 60°$ 时，输出电压的平均值 $U_\circ$、电流平均值 $I_\circ$，并选择晶闸管。

解　（1）输出平均电压 $U_\circ$ 的调节范围：
当 $\alpha = 0°$ 时，$U_\circ = 0.45U = 0.45 \times 220 = 99(\text{V})$；
当 $\alpha = 180°$ 时，$U_\circ = 0\text{V}$；
当 α 为 $0° \sim 180°$ 时，$U_\circ$ 在 $99 \sim 0\text{V}$ 之间变化，故 $U_\circ$ 在 $99 \sim 0\text{V}$ 之间连续可调。
（2）当 $\alpha = 60°$ 时

$$U_\circ = 0.45U \left(\frac{1 + \cos 60°}{2} \right) = 74.4\text{V}$$

$$I = \frac{U_o}{R_L} = \frac{74.4}{10} = 7.44(\text{A})$$

根据已知数据选择晶闸管。晶闸管可能承受的最大正、反向电压为

$$U_{\text{FRM}} = U_{\text{RRM}} = \sqrt{2}\,U = \sqrt{2} \times 220 = 310(\text{V})$$

考虑要有 1.5～2 的安全系数，可选 500V 的晶闸管，又考虑要有一定的电流余量，可选 10A 的晶闸管，则所选为 KP10-5。

例 6.2.2　一纯电阻负载，需要可调直流电压 $U_o = 0\sim60\text{V}$，电流 $I_o = 0\sim10\text{A}$，现选用单相半控桥式整流电路。如果采用电源变压器，求变压器副绕组的电压和电流的有效值，并计算整流元件的容量。

解　假设 $\theta = 180°(\alpha = 0°)$，$U_o = 60\text{V}$，那么，由式(6.2.4)算出输入电压为

$$U = \frac{U_o}{0.9} = \frac{60}{0.9} = 66.7(\text{V})$$

由式(6.2.6)算出输入电流的有效值为

$$I = \frac{U}{R_L}\sqrt{\frac{1}{2\pi}\sin2\alpha + \frac{\pi - \alpha}{\pi}} = \frac{66.7}{60/10} = 11.1(\text{A})$$

式中

$$R_L = \frac{U_o}{I_o} = \frac{60}{10} = 6(\Omega)$$

实际应用时，还要考虑电网电压的波动、晶闸管的管压降等因素。变压器副边的电压比上述计算结果应加大 10% 左右，可取 $U = 75\text{V}$。

晶闸管承受的最大正向、反向电压为

$$U_{\text{FRM}} = U_{\text{RRM}} = \sqrt{2}U = \sqrt{2} \times 75 = 106(\text{V})$$

流过晶闸管和二极管的平均电流为

$$I_{\text{T}} = I_{\text{D}} = \frac{1}{2}I_o = 5\text{A}$$

在选择元件时要留有一定余量，可以选择 10A，200V 的晶闸管和二极管。

6.2.3　单结晶体管触发电路

向晶闸管供给触发脉冲的电路，称为触发电路。触发电路一般应满足下述要求：

(1) 应有足够的触发功率(电压和电流)，为确保晶闸管可靠地触发，一般要求触发电压在 4～10V 以内，触发电流为数十至数百毫安；

(2) 触发信号应有一定的宽度，晶闸管从截止到导通大于 $6\mu s$，触发宽度必须

在 10μs 以上,才能保证晶闸管可靠地触发;

(3) 触发脉冲应与主电路同步,以保证每一个周期晶闸管的控制角相等;

(4) 触发脉冲的相位应该能前后移动,移相的范围要足够宽,以满足输出电压调节的需要。

此外,还要求触发电路工作可靠、体积小、重量轻等。

触发电路的种类很多,不同容量的晶闸管元件,选用的触发电路也不同。本书只介绍常用的单结晶体管触发电路。

1. 单结晶体管

单结晶体管只有一个 PN 结,但有三个电极,其中一个发射极 E,两个基极 B_1、B_2,故又称为双基极二极管,其结构和符号分别如图 6.2.8(a)、(b)所示。它是在一块 N 型硅片的一侧做一个 PN 结,并从 P 区引出发射极 E,在硅片的另一侧引出两个基极,分别称为第一基极 B_1 和第二基极 B_2。其等效电路如图 6.2.8(c)所示,PN 结等效为二极管 D;R_{B2} 为上部基区体电阻,无论管子导通与否,R_{B2} 均为常数,约数千欧;R_{B1} 为下部基区体电阻,它是一个特别的可变电阻,当 E 与 B_1 间未导通时,它也为数千欧的常数,但 E 与 B_1 间一旦导通,R_{B1} 急剧下降到几十欧。

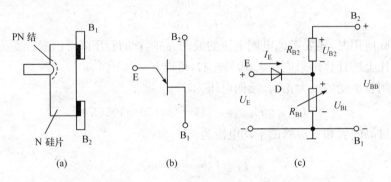

图 6.2.8　单结晶体管
(a)结构示意图;(b)符号;(c)等效电路

如果在 B_1 和 B_2 间加直流电压 U_{BB},当等效二极管 D 未导通时,电压 U_{B1} 与 U_{B2} 有下述关系

$$\frac{U_{B1}}{U_{B2}}=\frac{R_{B1}}{R_{B2}}$$

可见,此时的单结晶体管相当于一个分压器,等效二极管 D 的阴极电位取决于电阻 R_{B2} 和 $R_{B1}+R_{B2}$ 的比值,该比值称为单结晶体管的分压比,用 η 表示为

$$\eta = \frac{R_{B1}}{R_{B1} + R_{B2}} = \frac{U_{B1}}{U_{BB}} \qquad (6.2.7)$$

在 E 与 B_1 间未导通时，η 为一常数，其值为 0.4～0.6。

单结晶体管的特性可用图 6.2.9 所示的实验电路测出。在 B_1、B_2 间加上固定的电压 U_{BB}，B_2 端为正、B_1 端为负，在发射极 E 和第一基极 B_1 之间加上一个电压 U_{EE}（极性如图 6.2.9 所示），R 是限流电阻。调节电位器 R_P，就可调节 u_E 和 I_E，测得 u_E、I_E 的关系曲线，即单结晶体管的特性曲线，如图 6.2.10 所示。由图 6.2.10 可见，单结晶体管的特性曲线具有如下特点：

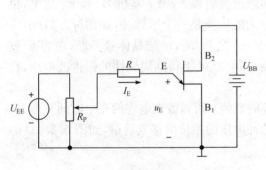

图 6.2.9　实验电路

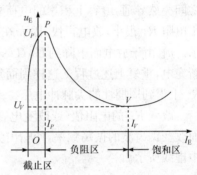

图 6.2.10　单结晶体管的特性曲线

（1）截止区：图中的 P 点称为峰点，当 u_E 增加并且小于峰点电压 U_P 时，单结晶体管处于截止区。在该区中，I_E 很小，为微安级，单结晶体管可视为断开的开关。随着 u_E 的上升，I_E 上升，当 I_E 上升到峰值电流 I_P 时，u_E 上升到峰值电压 U_P。这时

$$U_P = \eta U_{BB} + U_D \approx \eta U_{BB} \qquad (6.2.8)$$

式中，U_D 为二极管 D 的导通压降。至此，单结晶体管便脱离截止区而进入导通状态。

（2）负阻区：当 $u_E = U_P$ 时，单结晶体管导通，I_E 迅速增加，随着 I_E 的上升，u_E 下降，在该区中，动态电阻 $\Delta U / \Delta I < 0$，表现出负阻特性，故称负阻区。当 I_E 上升到 I_V，u_E 下降到 U_V（对应于曲线中的 V 点）时，I_E 再增加，u_E 也随之增加，曲线脱离了负阻区而进入饱和区。图中 V 点称为谷点。通常 I_P 为微安级，而 I_V 为毫安级，故单结晶体管的负阻区很广阔。

（3）饱和区：当 $I_E > I_V$ 时，单结晶体管处于饱和区。在该区中，随着 I_E 的增加，u_E 也缓慢上升。该区域 I_E 很大，u_E 很小，单结晶体管相当于接通的开关。

综上所述，当单结晶体管发射极上的电压 u_E 高于峰点电压 U_P 时，单结晶体管导通。单结晶体管导通后，如发射极上的电压降到谷点电压 U_V 以下时，又会恢复到截止状态。利用单结晶体管的这个开关特性和 RC 的充放电作用，便可组成

振荡电路,产生触发脉冲。

2. 触发电路

将单结晶体管按图 6.2.11(a)所示电路连接起来,就得到一个自激振荡电路,可以向晶闸管输出触发脉冲。电路的工作情况如下:

直流电源 U_{BB} 经过 R_2 和 R_1 使单结晶体管的 B_2 和 B_1 之间加正向电压,同时又通过 R_P 和 R 向电容 C 充电。假定在接通电源之前,电容上电压为零,接通电源后,电容上电压(单结晶体管发射极电压)按指数曲线上升,当 $u_E = U_P$ 时,E 和 B_1 之间突然导通,电容上积累的电荷立即通过发射极 E、第一基极 B_1 和 R_1 放电,由于电阻 R_1 很小,放电很快,因而在 R_1 上的压降是一个窄脉冲,如图 6.2.11(b)所示。u_E 由于放电而下降到 U'_V (U_V 与 $R_1 I_V$ 之和)时,单结晶体管关断,电容 C 重新充电,重复上述过程。这样周而复始,在电容 C 上得到周期性的锯齿波电压,在 R_1 上得到周期性的尖脉冲电压。

改变 R_P 的电阻值(或改变电容 C 的数值),可以改变电容的充电时间常数,从而改变锯齿波的振荡频率,使输出尖脉冲电压的相位前移或后退,如图 6.2.11(b)中虚线所示。

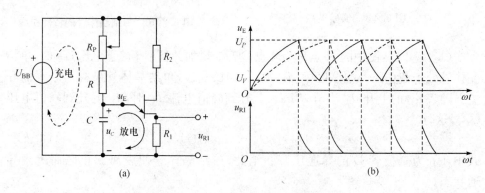

图 6.2.11　单结晶体管振荡器
(a)单结晶体管振荡电路;(b)振荡电路波形

要用单结晶体管振荡电路作晶闸管触发电路,必须使它与主电路同步,如图 6.2.12 所示。图中上部为可控整流主电路,R_L 为负载电阻。下部是触发电路,两者用同一个电源变压器供电,u_1、u_2 完全同步,波形如图 6.2.13 所示。

u_2 经桥式整流和稳压削波后,得到梯形波电压 u_Z,用 u_Z 作为触发电路的电源。u_Z 与电压 u_1 也同步,在同一时刻通过零点。当 u_Z 通过零点时,单结晶体管两个基极的电压为零,峰点电压 U_P 为零,电容上的电压通过单结晶体管放电到零,这就保证了电容在交流电源的每半个周期内,都是从零开始充电。

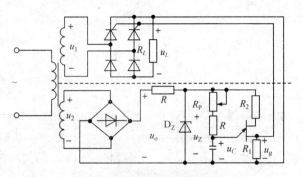

图 6.2.12   同步触发整流电路

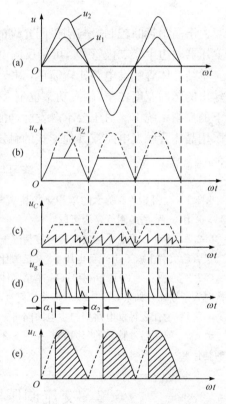

图 6.2.13   同步触发整流电路的电压波形

当充电时间常数远小于正弦电压的半周期时,在一个梯形波下,电容要经过多次充放电的过程,因此,在 R_1 上输出的是一系列的尖脉冲,如图 6.2.13 中的 u_C、u_g 所示,但只有每半个周期中的第一个尖脉冲有用,当晶闸管被其触发而导通后,后面的尖脉冲就不起作用了。因此,控制角 α 的大小,由第一个脉冲出现的时间所决定。减小 R_P,可缩短电容充电时间,使第一个脉冲前移、控制角 α 减小,导通角增大,从而提高整流输出的直流电压。反之,加大 R_P,会使第一个脉冲后移,降低输出电压。因此,调节 R_P 可使输出脉冲移相,调节输出直流电压的大小,从而达到可控整流的目的。

实际上常用的单结晶体管触发电路如图 6.2.14 所示,带有放大器。T_1 和 T_2 构成直接耦合的放大电路,U_i 是触发电路的输入电压,由各种信号叠加在一起而得。T_1 将 U_i 放大后输给 T_2。当 U_i 增大时,I_{C1} 增大,使得 T_1 的集电极电位 V_{C1} 亦即 T_2 的基极电位 V_{B2} 下降,引起 I_{C2} 的增加,这相当于 T_2 的静态电阻变小。同理,U_i 减小会使 T_2 的静态电阻变大。因此,T_2 起着可变电阻的作用,其阻值随着 U_i 而变化。这和图 6.2.12 中改变电位器 R_P 阻值的作用是一样的,对输出脉冲起移相作用。输出脉冲可以直接从电阻 R_1 引出,也可如图 6.2.14 所示通过脉冲变压器输出。

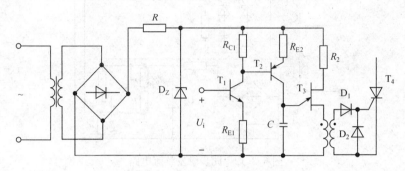

图 6.2.14　单结晶体管触发电路

由于晶闸管的控制极与阴极间允许的反向电压很小,为了防止反向击穿,在脉冲变压器副边串联二极管 D_1,可将反向电压隔开,而并联 D_2 能将反向电压短路。

单结晶体管触发电路比较简单,调节方便,功率损耗小,温度补偿性也较好,但它输出的脉冲宽度较窄,触发功率也不大,移相范围达不到 $180°$,目前多用于 60A 以下的控制系统中。对于要求触发脉冲的宽度和功率较大、移相范围较宽的场合,可采用晶体管触发电路或其他形式的触发电路。

练习与思考

6.2.1　在图 6.2.6 所示的单相半控桥式整流电路中,变压器副边交流电压的有效值为 300V,选用 400V 的晶闸管是否可以?

6.2.2　为什么接电感性负载的可控整流电路(图 6.2.3)的负载上会出现负电压?而接续流二极管后负载上就不出现负电压了,又是为什么?

6.2.3　设 $U_{BB}=20V$,$U_D=0.7V$,单结晶体管的分压比 $\eta=0.6$,试问发射极电压升高到多少伏时管子导通?如果 $U_{BB}=15V$,则又如何?

6.2.4　为什么触发电路要与主电路同步?在本书中是如何实现同步的?

6.2.5　何谓触发脉冲的"移相"?在图 6.2.12 和图 6.2.14 中是如何实现移相的?移相的目的是什么?

6.3　交流调压器与直流斩波器

6.3.1　交流调压器

用电力电子器件组成的交流调压器,可以方便地调节输出交流电压,在电炉温控、灯光调节、异步电动机的启动和调速等场合应用较广。与常规的调压变压器相比,交流调压器的体积和重量都要小得多。交流调压器的输出仍是交流电压,但不是正弦波形,其谐波分量较大,功率因数也较低。

　　交流调压器采用电力电子开关器件来控制交流电源和负载的接通与断开,通常有两种方式:

　　1) 通断控制

　　将负载与交流电源接通几个周期,然后再断开若干周期,通过改变通断时间之比来达到调压的目的。这种控制方式电路简单,功率因数高,适用于有较大时间常数的负载,缺点是输出电压或功率调节不平滑。

　　2) 相位控制

　　使开关器件在电源电压的每个周期内的某个选定时刻将负载与电源接通,改变选定的时刻即可达到调压的目的。

　　在交流调压器中,相位控制应用较多。下面介绍以普通晶闸管为开关器件,采用相位控制的单相交流调压器的工作原理。

　　由晶闸管组成的单相交流调压器如图 6.3.1(a)所示(图中未画出触发电路),两个晶闸管反并联后串接于电路中,两组独立的触发脉冲分别作用于晶闸管 T_1 和 T_2 的控制极。在交流电源电压 u 的正半周使 T_2 触发导通,负载中有正半周电流通过。当 u 下降过零时,T_2 自行关断。在 u 的负半周使 T_1 触发导通,负载中有负半周电流通过。因此,在 u 交变时,依次交替触发 T_1 和 T_2,就会有正负交变的电流通过负载 R_L,R_L 上的电压波形如图 6.3.1(b)所示。

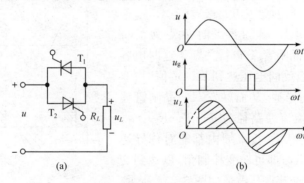

(a)　　　　　　　　　　　　(b)

图 6.3.1　晶闸管单相交流调压器

　　图 6.3.2 所示是另一种交流调压器,其中只用一个晶闸管,跨接在由四个二极管组成的电桥的对角线上。晶闸管不承受反向电压,在电源电压的正、负半周都应将它触发导通。由于晶闸管在正、负半周都要导通,所以这种交流调压器的负载能力要低一些。

　　双向晶闸管可以代替两个反向并联的普通晶闸管,所以双向晶闸管常被用在交流调压器、可逆直流调速电路及交

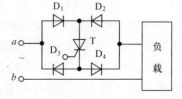

图 6.3.2　一个晶闸管的单相交流调压器

流开关电路中,使电路结构得以简化。由于它只有一个控制极(两个普通晶闸管有两个控制极),而且无论是正脉冲还是负脉冲都能触发导通,所以触发电路的设计也比较灵活。

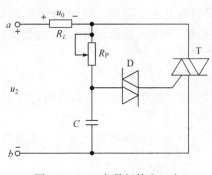

图 6.3.3 双向晶闸管和双向
二极管交流调压器

图 6.3.3 是一个用双向晶闸管实现的交流调压器。其中的触发电路采用双向二极管 D。双向二极管和双向晶闸管一样,也是一个五层半导体器件,但没有控制极。在其两端加上一定值的正、反向电压均能使它导通。利用双向二极管的这一特性便可产生正、负两种触发脉冲,组成比单结晶体管触发电路更为简单的触发电路。

图 6.3.3 所示电路的工作原理可简述如下:

当交流电源电压 u_2 为正半周(设 a 点为正,b 点为负)时,在晶闸管导通前,u_2 经负载 R_L 和电位器 R_P 给电容 C 充电。当电容两端电压增大到某一定值时,双向二极管 D 导通并触发双向晶闸管 T 导通,其负载电流流通路径为 $a \rightarrow R_L \rightarrow T \rightarrow b$。双向晶闸管 T 导通后,触发电路被短接。

当交流电源电压 u_2 过零反向(b 点为正,a 点为负)时,双向晶闸管 T 自行关断。这时电容 C 被反向充电,当反向电压达到某一定值时,双向二极管 D 反向导通,从而触发双向晶闸管反向导通,负载电流流通路径为 $b \rightarrow T \rightarrow R_L \rightarrow a$。双向晶闸管在交流正、负半周内都能对称导通一次,只要调节 R_P,即可改变控制角,以达到交流调压的目的。交流调压波形如图 6.3.4 所示。

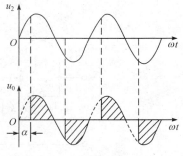

图 6.3.4 交流调压波形

6.3.2 直流斩波器

上述交流调压器可以实现交流电压的调节,前面讲过的可控整流电路可实现对输出直流电压的调节。但是,采用相位控制的可控整流也存在一些缺点,其主要是电网侧功率因数低和电流的谐波分量大(在控制角 α 较大时尤甚),这两点构成了所谓的"电力公害",影响邻近用电设备的正常运行。因此,随着全控型电力电子器件的发展,要获得可调节的直流电压,越来越多的采用不可控整流加直流斩波器的方案来取代相位控制的可控整流电路。

所谓直流斩波器,就是接在恒定直流电源与负载电路之间,将直流电源电压断续加在负载上,用以改变加到负载电路上的直流电压平均值的一种装置,如图 6.3.5(a)所示(其中的直流开关可用全控型电力电子器件实现),它的波形如图 6.3.5(b)所示。其中 t_{on} 为直流开关导通的时间,T 为通断周期。从图 6.3.5 中可以看出,斩波器将一系列幅度等于电源电压的矩形电压脉冲加到负载电路。负载电压的平均值 U_d 低于电源电压 U_i。为了调节 U_d 的大小,一般采用保持通断周期 T 不变而改变导通时间即矩形电压脉冲宽度 t_{on} 的方法,这种定频调宽的调节方法称为脉冲宽度调制(PWM)法。

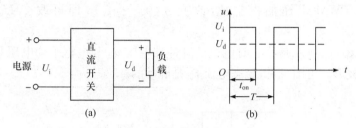

图 6.3.5　直流斩波器的工作原理

在开关电源、直流电动机的调速、交流发电机的励磁、蓄电池的充电以及电火花加工等场合,这种斩波器已得到广泛的应用,并且取得了良好的节能效果。

6.4　直流电动机 PWM 调速系统

6.4.1　脉宽调制变换器

直流电动机 PWM 调速系统是一种性能优良的调压调速系统,其主电路采用脉宽调制式变换器,简称 PWM 变换器。它就是采用脉冲宽度调制(PWM)法的一种直流斩波器。直流斩波调速最早用在直流供电的电动车辆和机车中,以取代变电阻调速,获得了显著的节能效果。但由于存在某些缺点,未能在工业中得以推广。随着全控型电力电子器件的问世和迅速发展,才使得这种 PWM 调速系统不断发展和完善。在中小功率的系统中,它正在取代原来占据统治地位的晶闸管相控整流调速系统。随着器件的发展,它的应用领域必将日益扩大,例如 GTO 的生产水平已达 4500W/2500A,用它组成 PWM 变换器,可以用来驱动数千千瓦的电动机。

PWM 变换器有可逆和不可逆两类,可逆变换器又有双极式、单极式等多种电路。下面仅介绍简单不可逆 PWM 变换器和双极式 H 型 PWM 变换器。

1. 简单不可逆 PWM 变换器

图 6.4.1(a)所示是这种变换器的主电路原理图,电源电压 U_s 一般由不可控整流电源提供,采用大电容 C 滤波,二极管 D 在晶体管 T 关断时为直流电动机的

电枢回路提供释放电感储能的续流回路。

晶体管 T 的基极由脉宽可调的脉冲电压 U_b 来驱动。在一个开关周期内,当 $0 \leqslant t \leqslant t_{on}$ 时,U_b 为正,T 饱和导通,电源电压经 T 加到电动机的电枢两端。当 $t_{on} \leqslant t < T$ 时,U_b 为负,T 截止,电枢失去电源,经二极管 D 续流(释放电枢回路中电感上的储能)。电动机电枢两端得到的平均电压为

$$U_d = \frac{t_{on}}{T} U_S = \delta U_S \tag{6.4.1}$$

式中,δ 是 PWM 电压的占空比,改变 $\delta(0 \leqslant \delta \leqslant 1)$ 即可改变 U_d,实现调压调速。

图 6.4.1(b)所示是稳态时电枢的脉冲端电压 u_d 与电枢平均电压 U_d 及电枢电流 i_d 的波形。由图可见,稳态电流 i_d 是脉动的。

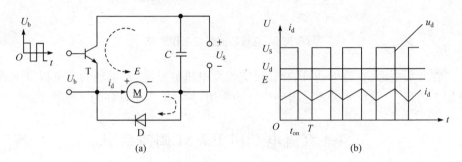

图 6.4.1　简单不可逆 PWM 变换器
(a)主电路原理图;(b)电压和电流波形

由于晶体管 T 在一个周期内具有开、关两种状态,电路的电压平衡方程式也应分为两个。在 $0 \leqslant t < t_{on}$ 期间

$$U_S = Ri_d + L \frac{di_d}{dt} + E \tag{6.4.2}$$

在 $t_{on} \leqslant t < T$ 期间

$$0 = Ri_d + L \frac{di_d}{dt} + E \tag{6.4.3}$$

式中,R、L 为电枢电路的电阻和电感;E 为电动机的反电动势。

当开关频率较高且有足够的电枢电感 L 时,电流脉动的幅值不大,再影响到转速 n 和反电动势 E 的波动就更小了。

2. 双极式可逆 PWM 变换器

采用不可逆 PWM 变换器的直流电动机调速系统无法实现电动机的反转。要

使电动机能够可逆运行,就必须采用可逆 PWM 变换器。其主电路的结构型式有 H 型、T 型等,下面只介绍常用的 H 型变换器。

H 型变换器的主要电路如图 6.4.2 所示。它的主电路接成桥式,直流电源 U_S 和电动机 M 分别接到桥的两个对角线上,桥的四个臂是晶体管 T_1、T_2、T_3 和 T_4,起电子开关作用。四个二极管 D_1、D_2、D_3 和 D_4 分别与四个晶体管反向并联,起续流和过压保护作用。

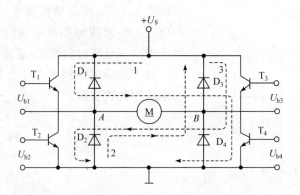

图 6.4.2　双极式 H 型 PWM 变换器主电路

根据加在四个晶体管基—射极间驱动信号的不同,H 型变压器可分为双极式、单极式和受限单极式三种工作制。在双极式工作制下,四个晶体管分为两组,T_1 和 T_4 为一组,T_2 和 T_3 为另一组。每组的两个管子同时导通和关断,而两组之间则交替导通和关断。为此,所加驱动电压满足 $U_{b1}=U_{b4}$,而 $U_{b2}=U_{b3}=-U_{b1}$,它们的波形如图 6.4.3 所示。

在一个开关周期内,当 $0\leqslant t\leqslant t_\mathrm{on}$ 时,U_{b1} 和 U_{b4} 为正,T_1 与 T_4 饱和导通;而 U_{b2} 和 U_{b3} 为负,T_2 与 T_3 截止,U_S 加在电枢 AB 两端,$U_{AB}=U_\mathrm{S}$,电枢电流 i_d 沿回路 1 流通。当 $t_\mathrm{on}\leqslant t<T$ 时,U_{b1} 和 U_{b4} 变负,T_1 和 T_4 截止;U_{b2}、U_{b3} 变正,但 T_2 和 T_3 并不能立即导通,因为在电枢电感释放储能的作用下,I_d 沿回路 2 经 D_2 和 D_3 续流,在 D_2、D_3 上的压降使 T_2 和 T_3 的集—射极间承受反压,这时,$U_{AB}=-U_\mathrm{S}$。U_{AB} 在一个周期内正负相间,这是双极式 PWM 变换器的特征。

由于电压 U_{AB} 的正、负变化,使电流波形存在两种情况,如图 6.4.3 中的 i_{d1} 和 i_{d2}。i_{d1} 相当于电动机负载较重的情况,这时平均负载电流大,在续流阶段电流仍维持正方向,电机始终工作在机械特性的第一象限,亦运行于正向电动状态。i_{d2} 对应于负载很轻的情况,平均电流很小,在续流阶段电流迅速衰减到零,于是 T_2 和 T_3 的集—射极两端失去反压,在负的电源电压($-U_\mathrm{S}$)和电枢反电势的合成作用下导通($E>U_\mathrm{S}$),电枢电流反向,沿回路 3 流通,电机运行于正向制动状态,亦工作于机械特性的第二象限。与此相仿,在 $0\leqslant t<t_\mathrm{on}$ 期间,当负载较轻时,电流也有

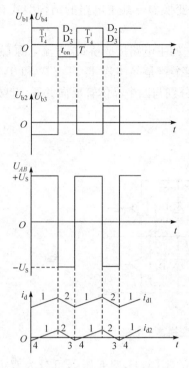

图 6.4.3　变换器电压和电流波形

一次倒向。

电枢两端平均电压 U_d 的正负由正、负脉冲电压的宽窄决定。当正脉冲较宽时，$t_{on} > T/2$，则电枢两端的平均电压为正，电动机正转。当正脉冲较窄时，$t_{on} < T/2$，平均电压为负，电动机反转。如果正、负脉冲宽度相等，$t_{on} = T/2$，平均电压为零，则电动机停止。图 6.4.3 所示的电压与电流波形都是电动机正转时的情况。对于电动机反转时的波形，请读者自行画出。

对于双极式可逆 PWM 变换器，电枢平均端电压用公式表示为

$$U_d = \frac{t_{on}}{T}U_S - \frac{T - t_{on}}{T}U_S$$

$$= \left(\frac{2t_{on}}{T} - 1\right)U_S \qquad (6.4.4)$$

若仍以 $\delta = U_d/U_S$ 来定义 PWM 电压的占空比，则 δ 与 t_{on} 的关系与前面不同了，现在成为

$$\delta = \frac{2t_{on}}{T} - 1 \qquad (6.4.5)$$

调速时，δ 的变化范围变成 $-1 \leqslant \delta \leqslant 1$。当 δ 为正时，电动机正转；当 δ 为负时，电动机反转；当 $\delta = 0$ 时，电动机停止。在 $\delta = 0$ 时，虽然电动机不动，电枢两端的瞬时电压和瞬时电流却都不是零，而是交变的。这个交变电流平均值为零，不产生平均转矩，只是增大电机的损耗。但它的好处是使电机带有高频的微振，起着所谓"动力润滑"的作用，清除正、反转时的静摩擦死区。

双极式 PWM 变换器的优点如下：①电流不会断续；②可使电动机在机械特性的四个象限中运行，也就是既可实现正转的电动与制动，又可实现反转的电动与制动；③电动机停止时有微振电流，能消除静摩擦死区；④低速时，每个晶体管的驱动脉冲仍较宽，有利于晶体管可靠导通；⑤低速平稳性好，调速范围可达 20000 左右。

双极式 PWM 变换器的缺点是：在工作过程中，晶体管都处于开关状态，开关损耗大，而且容易发生上、下两管直通（同时导通）的事故，降低了装置的可靠性。为了防止上、下两管直通，在一管关断和另一管导通的驱动脉冲之间，应设计逻辑延迟。

6.4.2　脉宽调速系统的机械特性

在稳态情况下，脉宽调速系统中的电动机所承受的仍为脉冲电压，因此，尽管

有电感的平波作用,电枢电流和转速仍然是脉动的。所谓稳态,只是指电机的平均电磁转矩与负载转矩相平衡,电枢电流实际上是周期性变化的,只能算作是准稳态。脉宽调速系统在准稳态下的机械特性是其平均转矩(电流)与平均转速之间的关系。

从前面的分析可知,对于双极式可逆 PWM 电路而言,由于电路中具有反向电流通路,在同一转向下电流可正可负,无论是轻载还是重载,电流波形都是连续的,因而机械特性呈简单的线性关系。

双极式可逆电路的电压方程为

$$U_S = R i_d + L \frac{\mathrm{d}i_d}{\mathrm{d}t} + E \qquad (0 \leqslant t < t_{on}) \qquad (6.4.6)$$

$$-U_S = R i_d + L \frac{\mathrm{d}i_d}{\mathrm{d}t} + E \qquad (t_{on} \leqslant t < T) \qquad (6.4.7)$$

由于一个周期内电枢两端的平均电压是 $U_d = \delta U_S$,平均电流用 I_d 表示,平均电磁转矩 $T_d = K_T \Phi I_d$,而电枢回路电感两端电压 $L \frac{\mathrm{d}i_d}{\mathrm{d}t}$ 的平均值为零。于是,用平均值表示的电压方程可写成

$$\delta U_S = R I_d + E = R I_d + K_E \Phi n$$

则机械特性方程式为

$$n = \frac{\delta U_S}{K_E \Phi} - \frac{R}{K_E \Phi} I_d = n_{0S} - \frac{R}{K_E \Phi} I_d$$
$$(6.4.8)$$

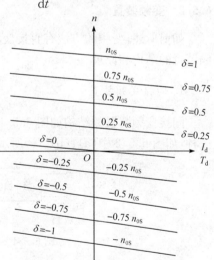

或用转矩表示为

$$n = \frac{\delta U_S}{K_E \Phi} - \frac{R T_d}{K_E K_T \Phi^2} = n_{0S} - \frac{R}{K_E K_T \Phi^2} T_d$$
$$(6.4.9)$$

式中,理想空载转速 $n_{0S} = \delta U_S / (K_E \Phi)$,与占空比 δ 成正比。

图 6.4.4 所示是双极式可逆电路的机械特性。

图 6.4.4　双极式可逆电路的机械特性

*6.5　变频与逆变电路

6.5.1　概述

在生产实际中经常需要不同频率的交流电源。感应加热、金属冶炼、淬火等需

要中频和高频电源;交流电动机调速需要变频电源;搅拌、振动等设备需要低于50 Hz 的交流电源,这些都需要一个改变频率的电路——变频电路(在不少应用场合,还需要在变频的同时调节交流电源的电压,实现"变压变频"(VVVF))[①]。

变频有两种方法:一种称为直接变频,就是将频率为 50 Hz 的工频交流电经过变频装置直接变成另一种频率的交流电,也称为交—交变频。另一种是间接变频,就是先将工频交流电经过整流变成直流电,然后再将直流电变成某一频率的交流电,这就是所谓的交—直—交变频。整流电路完成变交流为直流的任务。逆变电路完成变直流为交流的电路。逆变是整流的逆过程。如果把直流电变成交流电后返送到交流电源上去,称为有源逆变。有源逆变应用于直流电动机的可逆调速系统、交流绕线式异步电动机的串级调速系统和高压直流输电等。如果把直流电变成某一频率或频率可调的交流电供给负载,称为无源逆变。还可按逆变电路的不同功能来分类:按逆变电路的输出电压相数可分为单相和三相逆变器;按逆变电路电源输入型式可分为电压型和电流型逆变器;按其输出交流电的波形可分为矩形波、阶梯波和正弦波逆变器。

6.5.2　变频装置

如前所述,变频的方法有直接变频和间接变频两种。下面分别简介这两种变频装置的结构和原理。

1. 间接变频装置

间接变频装置的结构如图 6.5.1 所示。按照控制方式的不同,它又可以分成三种,如图 6.5.2 中(a)、(b)、(c)所示。

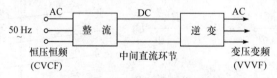

图 6.5.1　间接变频装置的结构

1) 用可控整流器变压、逆变器变频的交—直—交变频装置(图 6.5.2(a))

这种结构的调压和调频分别在两个环节上进行,两者要在控制电路上协调配合。这种装置结构简单、控制方便。但是,由于输入环节采用可控整流器,当电压和频率较低时,电网端的功率因数较小;输出环节多用由晶闸管组成的三相六拍逆变器(每周换流六次),输出的谐波较大。这是这类变频装置的主要缺点。

2) 用不可控整流器整流、斩波器变压、逆变器变频的交—直—交变频装置(图

---

① 　VVVF—variable voltage variable frequency。

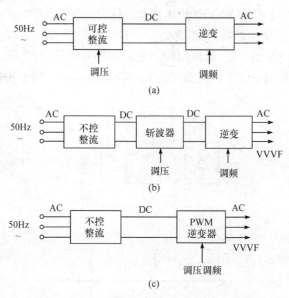

图 6.5.2　间接变频装置的三种结构形式

6.5.2(b))

这种结构的整流环节采用二极管不控整流器,再增设斩波器,用脉宽调压。这样虽然多了一个环节,但输入功率因数高,克服了图 6.5.2(a)所示装置的第一个缺点。输出逆变环节不变,仍有谐波较大的问题。

3)用不可控整流器整流、PWM 逆变器同时变压变频的交—直—交变频装置(图 6.5.2(c))

这种结构用不可控整流,则功率因数高;用 PWM 逆变,则谐波可以减少。这样,图 6.5.2(a)所示装置的两个缺点都解决了。谐波能够减少的程度取决于开关频率,而开关频率则受器件开关时间的限制。如果仍采用普通晶闸管,开关频率比六拍逆变器也高不了多少。只有采用全控型器件以后,开关频率才得以大大提高,输出波形几乎可以得到非常逼真的正弦波,因而又称为正弦波脉宽调制(SPWM)逆变器。对此,在 6.6 节将作专门讨论。

2. 直接变频装置

直接变频装置的结构如图 6.5.3 所示。它只用一个变换环节就可以把恒压恒频的

图 6.5.3　直接变频装置的结构

交流电源变换成变压变频(VVVF)电源,因此又称为周波变换器(cycle converter)。

　　直接变频装置输出的每一相,都是一个两组晶闸管整流装置反并联的可逆线路,如图 6.5.4(a)所示。正、反两组按一定周期相互切换,在负载上获得交变的输出电压 u。u 的幅值决定于两组整流装置的控制角 α,u 的频率决定于两组整流装置的切换频率。

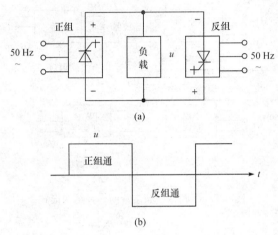

图 6.5.4　直接变频装置一相电路及波形

(a)原理电路图;(b)输出电压波形(方波型)

　　直接变频装置根据其输出电压波形,可以分为方波型和正弦波型两种。

1) 方波型

　　如果控制角 α 一直不变,则输出平均电压是方波,如图 6.5.4(b)所示。

2) 正弦波型

　　如果在每一组整流器导通期间适当改变其控制角 α,则可使整流的平均输出电压 u 由零变到最大值,再变到零,呈正弦规律变化。

　　例如,在正组导通的半个周期中,使控制角 α 由 $\pi/2$(对应于平均电压 $u_0=0$)逐渐减小到 0(对应于平均电压 u_0 最大),然后再逐渐增加到 $\pi/2$,也就是使 α 角在 $\pi/2 \sim 0 \sim \pi/2$ 之间变化,则整流的平均输出电压 u_0 由零变到最大值再变到零,呈正弦规律变化,如图 6.5.5 所示。图中,在 A 点 $\alpha=0$,平均整流电压最大,然后在 B、C、D、E 点 α 逐渐增大,平均电压减小,直到 F 点 $\alpha=\pi/2$,平均电压为零。半周中,平均输出电压为图中虚线所示的正弦波。对反组负半周的控制也是一样。

　　上面只介绍了交—交变频的单相输出,对于三相负载,其他两相也各有一套反并联可逆电路,输出平均电压相位依次相差 120°。在图 6.5.4 中,如果正组和反组整流器都采用三相半波整流,则一套三相交—交变频装置共需要 18 个晶闸管。如果整流器都采用三相桥式整流,则一套三相交—交变频装置共需要 36 个晶闸

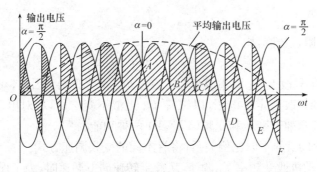

图 6.5.5 正弦波型交—交变频装置的输出电压波形

管。可见,这种变频方法所需元件数量较多。

由图 6.5.5 可知,电压反向时最快也只能沿着电源电压的正弦波形变化,所以最高输出频率不超过电网频率的 1/3~1/2(由整流相数而定),否则输出波形畸变太大,将影响变频调速系统的正常工作。鉴于上述元件数量多、输出频率低等原因,交—交变频一般只用于低转速、大容量的调速系统,如轧钢机、球磨机、水泥回转窑等。这类机械用交—交变频装置供电的低速电机直接传动,可以省去庞大的齿轮减速箱。

*6.6 异步电动机的变频调速

异步电动机的变频调速是通过改变其定子绕组的供电电源频率 f_1 来改变同步转速而实现调速的。如果能均匀的改变 f_1,则电动机的同步转速 n_1 及转速 n 将可以平滑的改变。在异步电动机的诸多调速方法中,变频调速的性能最好,其特点是调速范围大,稳定性好,运行效率高。目前已有多种系列的通用变频装置推向市场,变频装置的容量已可达 10000kW 以上。由于其使用方便,可靠性高且经济效益显著,因此得到广泛应用。在价格和性能上,变频调速系统已完全可与直流调速系统相竞争,已经在取代直流调速系统。

6.6.1 变频调速的基本控制方法

在对异步电动机进行调速时,总希望电动机的主磁通保持额定值不变。这是因为:如果磁通太弱,铁心利用率不充分,在同样的转子电流下,电磁转矩减小,电动机带负载能力下降,其最大转矩也将降低,严重时会使电动机堵转;如果磁通太强,则可能造成电动机的磁路过饱和,使励磁电流大为增加,这将使电动机的功率因数降低,铁心损耗剧增。因此磁通过高或过低都会给电动机带来不良后果。

我们知道,三相异步机定子每相绕组的感应电动势为

$$E_1 = 4.44 f_1 N_1 \Phi_m$$

如果忽略定子阻抗压降,则

$$U_1 \approx E_1 = 4.44 f_1 N_1 \Phi_m$$

可见,如果只改变 f_1 而不改变 U_1,磁通 Φ_m 就会变化。因此,在许多场合,要求在调频的同时,改变定子电压,以维持 Φ_m 近似不变。所以,对电动机供电的变频器,一般都要求兼有变压和变频(VVVF)两种功能。

根据 U_1 和 f_1 的不同比例关系,将有不同的变频调速方式。

当异步电动机改变频率 f_1 调速,从额定转速向下调速时,为了保持磁通量 Φ_m 恒定不变,则要求在降低频率 f_1 的同时也降低供电电压 U_1 的数值,且使 $U_1/f_1 = C$(常数)。这种控制方式称为恒磁通控制方式。当电动机的主磁通 Φ_m 保持不变时,转子电路参数和电磁转矩都将保持恒定不变,所以这种控制方式又称为恒转矩控制方式。在这种工作方式下,电动机变频降速后的人为机械特性与其在额定频率工作时的机械特性相似,如图 6.6.1 下半部分所示,在基频以下,不同频率的机械特性相互平行,且最大电磁转矩不变。

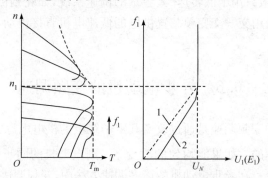

图 6.6.1　两种变频调速方式下电压与频率的关系

1. $U_1/f_1 = C$; 2. $E_1/f_1 \approx C$

在恒转矩变频调速时,电动机定子绕组中的电流始终保持近似恒定,因此在定子绕组上的压降也变化不大。当频率调至较低时,电动势 E_1 与电源电压 U_1 都变小,定子绕组压降则不可忽略,如果仍按图 6.6.1 中曲线 1($U_1/f_1 = C$)的关系调速,则不能保证 Φ_m 恒定,则低速时电动机的机械特性变软。因此在低速情况,可以采取措施适当提高电源电压 U_1 以补偿定子绕组压降的影响,使磁通 Φ_m 基本保持不变,如图 6.6.1 中曲线 2 所示,这是一种近似实现 $U_1/f_1 = C$ 的变频调速方式。通用变频器中,U_1 与 f_1 的函数关系有很多种,可根据负载性质和运行状况加以选择。

采用变频调速使电动机运行在额定转速以上时,定子绕组电流的频率将大于额定频率。但由于定子绕组电压 U_1 受额定电压 U_{1N} 的限制不能再升高,只能保持 $U_1 = U_{1N}$ 不变。这必然会使磁通 Φ_m 随电动机转速上升而减小,输出转矩也随之下

降,但输出功率可以维持近似不变,这种调速方式称为恒功率调速方式,如图
6.6.1 上半部分所示,在这种恒压弱磁变频调速方式下,电动机的机械特性较软。

图 6.6.1 所示为恒转矩,恒功率两种调速方式下电压 U_1 与频率的关系。

在实际应用中,可根据不同负载的需要,采用不同的调速方式。例如,在车床
控制中,车刀的进给运动可看作是恒转矩运动,则应采用恒转矩调速,而车床的主
轴则希望采用恒功率调速(低速时负载力矩大,高速时负载力矩小)。

6.6.2　正弦波脉宽调制逆变器

图 6.6.2 所示是正弦波脉宽调制(SPWM)变频器的原理图。输入的三相交流
电源经不可控整流器 UR 变成单方向脉动电压,再经电容滤波(附加小电感限流)
后形成恒定幅值的直流电压,加在逆变器 UI 上。控制逆变器中的功率开关器件
的通断,可在 UI 的输出端获得一系列宽度不等的矩形脉冲波形,而决定开关器件
动作顺序和时间分配规律的控制方法称为脉宽调制方法。通过改变矩形脉冲的宽
度,可以控制逆变器输出交流基波电压的幅值,而改变调制周期,又可以控制其输
出频率,从而在逆变器上可同时进行输出电压幅值与频率的控制,满足变频调速对
电压与频率协调控制的要求。

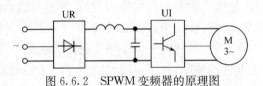

图 6.6.2　SPWM 变频器的原理图

图 6.6.2 的电路主要有下列特点:

(1) 主电路只有一个可控的功率环节,简化了结构;

(2) 使用了不可控整流器,使电网功率因数与逆变器输出电压的大小无关而
接近 1;

(3) 逆变器在调频的同时实现调压,而与中间直流环节元件的参数无关,加快
了系统的动态响应;

(4) 输出波形好,能抑制或消除低次谐波,使负载电机可在近似正弦波的交变
电压下运行;转矩脉动小,大大扩展了系统的调速范围,并提高了系统的性能。

1. SPWM 逆变器的工作原理

所谓 SPWM 逆变器,就是希望其输出电压是纯粹的正弦波形。为此,可以把
一个正弦半波分成 N 等分,如图 6.6.3(a)所示,图中 $N=12$;然后把每一等分的
正弦曲线与横轴所包围的面积都用一个与此面积相等的等高矩形脉冲代替,矩形
脉冲的中点与正弦波每一等分的中点重合,如图 6.6.3(b)所示。这样,由 N 个等

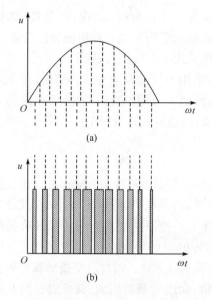

图 6.6.3　等效于正弦波的等幅矩形脉冲序列波
(a)正弦波；(b)等效的 SPWM 波形

幅而不等宽的矩形脉冲所组成的波形就与正弦波的半周近似等效。同样,正弦波的负半周也可用相同的方法等效。由图 6.6.3（b）可以看到,等效的 SPWM 各脉冲的幅值相等,所以逆变器可由恒定的直流电源供电。采用不可控的二极管整流器就可达到此目的。

根据上述原理,在给出了正弦波频率、幅值和半个周期内的脉冲数后,SPWM 波形各脉冲的宽度和间隔就可以准确计算出来。依据计算结果控制电路中各开关器件的通断,就可以得到所需的 SPWM 波形。但是,这种计算是很烦琐的,正弦波的频率或幅值任一量变化时,结果都会变化。较为实用的方法是采用调制的方法,即把所希望的波形作为调制信号,把接受调制的信号作为载波,通过对载波的调制得到所期望的 SPWM 波形。通常采用等腰三角波作为载波,因为等腰三角波上下宽度与高度呈线性关系且左右对称,当它与任何一个平缓变化的调制信号波相交时,如在交点时刻控制电路中开关器件的通断,就可以得到宽度正比于信号波幅值的脉冲,这正好符合 PWM 控制的要求。当调制信号波为正弦波时,所得到的就是 SPWM 波形。

2. 单相 SPWM 逆变电路分析

图 6.6.4 所示是采用晶体管作为开关器件的电压型单相桥式逆变电路,设负载为电感性,对各晶体管的控制如下:

在正半周,使晶体管 T_1 一直保持导通,而使晶体管 T_4 交替通断。

当 T_1 和 T_4 导通时,负载上所加的电压为直流电源电压 U_d。当 T_1 导通而使 T_4 关断后,由于电感性负载中的电流不能突变,负载电流将通过二极管 D_3 续流,负载上所加电压为零。如负载电流较大,那么直到使 T_4 再一次导通前,D_3 一直持续导通。如负载电流较快地衰减到零,在 T_4 再一次导通前,负载电压也一直为零。这样,负载上的输出电压 u_o 就可得到零和 U_d 交替的两种电平。同样,在负半周,让晶体管 T_2 保持导通,而让晶体管 T_3 交替通断。当 T_3 导通时,负载被加上负电压 $-U_d$,当 T_3 关断时,D_4 续流,负载电压为零,负载电压 u_o 可得到 $-U_d$ 和零两种电平。这样,在一个周期内,逆变器输出的 PWM 波形就由 $\pm U_d$ 和零三种电平组成。

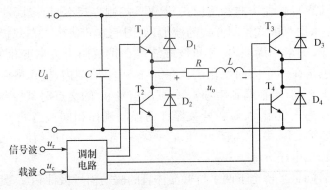

图 6.6.4　电压型单相桥式 SPWM 逆变电路

　　控制 T_4 或 T_3 通断的方法如图 6.6.5 所示。载波 u_c 在信号波 u_r 的正半周为正极性的三角波,在负半周为负极性的三角波。调制信号 u_r 为正弦波。在 u_r 和 u_c 的交点时刻控制晶体管 T_4 或 T_3 的通断。在 u_r 的正半周,T_1 保持导通,当 $u_r > u_c$ 时使 T_4 导通,负载电压 $u_o = U_d$,当 $u_r < u_c$ 时使 T_4 关断,$u_o = 0$;在 u_r 的负半周,T_1 关断,T_2 保持导通,当 $u_r < u_c$ 时使 T_3 导通,$u_o = -U_d$,当 $u_r > u_c$ 时使 T_3 关断,$u_o = 0$。这样就得到了 SPWM 波形 u_o。图中的虚线 u_{of} 表示 u_o 中的基波分量。像这种在 u_r 的半个周期内,三角波载波只在一个方向变化,所得到的 SPWM 波形也只在一个方向变化的控制方式称为单极式 SPWM 控制方式。

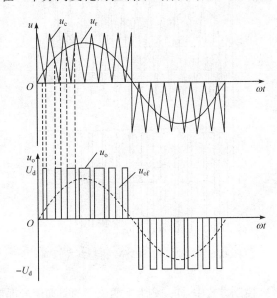

图 6.6.5　单极式 SPWM 控制方式原理

双极式 SPWM 控制方式和单极式 SPWM 控制方式不同。图 6.6.4 所示单相桥式逆变电路采用双极式控制方式的波形,如图 6.6.6 所示。在双极式控制方式中,在信号波 u_r 的半个周期内,三角波载波是在正负两个方向变化的,所得到的 SPWM 波形也是在两个方向变化的。在 u_r 的一个周期内,输出的 PWM 波形只有 $\pm U_d$ 两种电平,但仍在调制信号 u_r 和载波信号 u_c 的交点时刻控制各开关器件的通断。在 u_r 的正负半周,对各开关器件的控制规律相同。当 $u_r > u_c$ 时,使 T_1 和 T_4 导通,使 T_2、T_3 关断,输出电压 $u_o = U_d$。当 $u_r < u_c$ 时,使 T_2、T_3 导通,使 T_1、T_4 关断,输出电压 $u_o = -U_d$。

可以看出,同一半桥上下两个桥臂晶体管的驱动信号极性相反,处于互补工作方式。在电感性负载的情况下,若 T_1 和 T_4 处于导通状态时,给 T_1 和 T_4 以关断信号,而给 T_2 和 T_3 以导通信号后,则 T_1 和 T_4 立即关断。因感性负载电流不能突变,T_2 和 T_3 并不能立即导通,二极管 D_2 和 D_3 续流。当感性负载电流较大时,直到下一次 T_1 和 T_4 重新导通前,负载电流方向始终未变,D_2 和 D_3 持续导通,而 T_2 和 T_3 始终未导通。当负载电流较小时,在负载电流下降到零之前,D_2 和 D_3 续流,T_2 和 T_3 导通,负载电流反向。不论 D_2 和 D_3 导通,还是 T_2 和 T_3 导通,负载电压都是 $-U_d$。从 T_2 和 T_3 导通向 T_1 和 T_4 导通切换时,D_1 和 D_4 续流情况和上述情况类似。

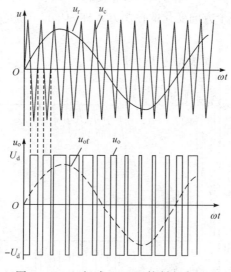

图 6.6.6　双极式 SPWM 控制方式原理

在双极式 SPWM 控制方式中,同一相上下两个臂的驱动信号都是互补的。但实际上为了防止上下两个臂直通而造成短路,在给一个臂施加关断信号后,再延迟一定时间,才给另一个臂施加导通信号。延迟时间的长短主要由功率开关器件的关断时间决定。这个延迟时间将会给输出的 SPWM 波形带来影响,使其偏离正弦波。

6.6.3　SPWM 波形的生成方法

依据前述 SPWM 逆变电路的工作原理和控制方法,可以用模拟电路构成三角波载波和正弦调制波发生电路,用比较器来确定它们的交点,在交点时刻对功率开关器件的通断进行控制,就可以生成 SPWM 波形。然而,这样的模拟电路结构复杂,难以实现精确的控制。而迅速发展的微处理机技术和大规模集成电路技术使得用软件生成 SPWM 波形或者用专用大规模集成电路产生 SPWM 控制信号变得比较容易。因此,目前 SPWM 波形的生成和控制方法主要有以下三种:

（1）采用微处理机,按一定的算法编写软件来实现;

（2）采用专用大规模集成电路;

（3）采用微处理机和专用大规模集成电路相结合。

在第一种方法中,编写软件所用的基本算法有自然采样法、规则采样法和低次谐波消去法三种方法。自然采样法是最基本的 SPWM 波形生成法,它以 SPWM 控制的基本原理为依据,可以准确地计算出各功率开关器件的通断时刻,所得到的波形很接近正弦波。但是这种方法计算量很大,难以在实时控制中在线计算,因而在工程实际中使用不多。工程实际中应用较多的是规则采样法。它是在自然采样法的基础上作了某种近似后得出的,计算量明显减少,但由它得到的 SPWM 波形却很近似自然采样法的结果。

以消去 SPWM 波形中某些主要的低次谐波为目的,通过计算来确定各脉冲的开关时刻,这种方法称为低次谐波消去法。在这种方法中,已经不用载波和正弦调制波进行比较,因此实际上已脱离了脉宽调制的概念,但它的目的仍是使输出波形尽可能接近正弦波,所以也是生成 SPWM 波形的一种算法。必须指出,利用低次谐波消去法虽然可以很好地消去所指定的低次谐波,但是剩余未指定的较低次谐波的幅值却不一定减少,有时甚至会增大。不过它的次数已比所消去的谐波次数高,因而较容易滤除,对电机的工作影响也不大。

在采用微处理机控制生成 SPWM 波形时,通常有查表法和实时计算法两种方法。查表法根据所给参数先离线计算出各开关器件的通断时刻,把计算结果存于 EPROM 中,运行时再读出所需要的数据进行实时控制。这种方法适用于计算量较大、在线计算困难的场合(如自然采样法或者变频范围较宽的场合),但所需内存容量往往较大。实时计算法不进行离线计算,而是运行时进行在线计算求得所需的数据。这种方法适用于计算量不大的场合。实际所用的方法往往是上述两种方法的结合。即先离线计算出必要的数据存入内存,运行时再进行较为简单的在线计算,这样既保证快速性,又不会占用大量的内存。

近年来,专门用来产生 SPWM 波形的大规模集成电路芯片的应用越来越广。早在 1980 年,Mullard 公司就推出了这类专用芯片 HEF4752。这种芯片可输出三对互补的 SPWM 信号以驱动三相桥式逆变电路,从而实现交流电机的变频调速。芯片的输入控制信号全为数字量,适合于微机控制,输出频率在 1Hz 至上百赫兹之间连续可调。SLE4520 是西门子公司于 1986 年推出的一种专用 SPWM 芯片,其开关频率和输出频率分别可达 20kHz 和 2.6kHz,由三个输出通道提供三相逆变桥六个 20mA 电流的驱动信号,用来驱动 IGBT 逆变电路。ZPS-101 是国内开发的芯片,属重庆钢铁设计研究院的专利产品。它和 HEF4752 一样,都是标准的双列直插 28 脚封装,在管脚排列上也极为相似,但它的内部工作原理却很不一样,线路简单,成本低,除了可用于交流电机变频调速外,还可用于交流电机调压、稳压和不间断电源。此外,属于这类芯片的还有英国 Marconi 公司的 MA818 和 MA828、MA838。它们和 SLE4520 相似,是一种可编程的微机外围芯片。虽然它们必须和微处理机配合使用,但微处理机的介入程度很低,也很容易和绝大部分微处理机连接,而且这三种芯片的功能要比 SLE4520 强大得多。

采用微处理机生成 SPWM 的优点是灵活、易于保密,缺点是开发周期长、通用性差。采用专用大规模集成电路的好处是使用简单,无须编写程序,开发周期短,不足之处是“死板”,难以完成较多的功能。因此,在要求较高的场合,应把上述二者相结合(如微处理机和 SLE4520 或 MA818 相结合),以便取长补短,综合二者的优势。

本 章 小 结

1. 电力电子技术是电子技术的两大分支之一,其主要内容是应用电力电子器件和控制技术对电能尤其是较大的电功率进行变换。电力电子技术一般由电力电子器件、电力变换电路和控制电路组成。电力电子器件具有弱电控制、强电输出的特点。依据其弱电对强电通断的控制能力可分为不可控型、半控型和全控型三类。其中普通晶闸管 SCR 是典型的半控型器件,其导通的条件是:阳极与阴极间加正向电压,并且给控制极与阴极间加适当的正向触发脉冲信号,阳极电流应大于维持电流。晶闸管导通后,其控制极即失去控制作用,要使其关断,必须给阳极与阴极间加反向电压或设法使阳极电流下降到维持电流以下。双向晶闸管的结构和特性相当于一对反向并联的普通晶闸管。可关断晶闸管属全控型器件,除具有普通晶闸管的特性外,还有独特的优点:给控制极加负脉冲可将其关断。其他常用的全控型器件还有:电力晶体管 GTR、电力场效应晶体管 VDMOS、绝缘栅双极型晶体管 IGBT、MOS 控制晶闸管 MCT 等。其中 IGBT 是以 VDMOS 为输入级、以 GTR 为输出级复合而成的器件,综合了前者开关速度快、驱动功率小、输入阻抗高和后者导通压降低、载流密度大的优点;而 MCT 是 MOSFET 和 SCR 复合而成的器件,也综合了这二者的优点。

2. 用晶闸管可以构成输出电压大小可调的可控整流电路。通过改变晶闸管控制角的大小来调节直流输出电压。直流输出电压的平均值 U_o 是控制角 α 和输入的交流电压有效值 U 的函数,其函数关系如下:

单相半波可控整流电路为

$$U_o = 0.45U\left(\frac{1+\cos\alpha}{2}\right)$$

单相半控桥式整流电路为

$$U_o = 0.9U\left(\frac{1+\cos\alpha}{2}\right)$$

单相半波可控整流电路接电感性负载时,输出电压会出现负值,使其平均值减小。给负载两端并联一个续流二极管便可解决上述问题。

3. 触发电路是晶闸管电路的控制环节。对触发电路的要求是与主电路同步,有一定的移相范围,有足够的脉冲电压和功率、脉冲宽度以及比较陡的脉冲前沿。触发电路的种类很多,单结晶体管触发电路结构简单、易于调整、输出功率小,在要求不高的系统中应用较广。

4. 交流调压器利用电力电子器件作为电子开关控制交流电源和负载的接通与断开,常用相位控制的方法,即在电源的每半个周期内的某个选定时刻将负载与电源接通,改变选定的时刻即可达到调压的目的。每相电源的电子开关通常用一对反并联的晶闸管或一个双向晶闸管来实现。

5. 直流斩波器是接在直流电源与负载电路之间,将直流电源电压断续加在负载上,用以改变加到负载电路上的直流电压平均值的一种装置。本章介绍了利用脉冲宽度调制(PWM)方法实现的直流斩波器和直流电动机 PWM 调速系统。这种调速系统的主电路是 PWM 变换器,其原理是使用全控型电力电子器件作为开关元件,将直流电压变成矩形脉冲电压后,加到电动机两端,改变矩形脉冲的占空比即可平滑调节电动机两端的平均电压,从而达到调速的目的。本章分别介绍了只用一个全控型器件的简单不可逆 PWM 变换器和采用四个全控型器件接成桥式的 H 型双极式可逆变换器,然后分析了这种调速系统的机械特性。

6. 变频是电力电子技术的重要领域,分为直接变频和间接变频两种,前者的原理类似于可控整流,但采用两组整流装置反向并联并且使其交替工作,使得整流输出的平均输出电压 u_o 正负交变。如果按一定规律周期性的改变控制角,便可使 u_o 按正弦规律变化。间接变频是先将交流电整流成直流电,再用逆变电路将直流电变成频率可调的交流电,将此交流电返送到交流电源称为有源逆变,将此交流电加于需要变频电源的负载上称为无源逆变。间接变频器性能最好的结构是不可控整流加 SPWM 逆变这种组合形式。作为这种结构的变频器的典型应用,本章介绍了以它为核心电路的异步电动机变频调速系统。这种系统已成为交流调速系统的主流。在变频调速系统中重点讲述了采用调频调宽方式产生 SPWM 电压的逆变器原理,它的主电路结构类似于直流斩波电路中的 H 型可逆变换器,它也有单极式和双极式之分。最后,本章简介了生成 SPWM 电压波形的各种软、硬件方法。

习　　题

6.1　既然晶闸管也是用小的控制极电流来控制大的阳极电流,它可否像晶体管一样作为放大器使用? 为什么?

6.2　某一电阻性负载,需要可调直流电压 0~60V、电流 0~30A。今采用单相半波可控整流电路,直接由 220V 电网供电。计算晶闸管的导通角、电流的有效值,并选用晶闸管。

6.3　题 6.3 图所示是单相半波可控整流电路的两种正弦半波电流波形。图(a)的控制角为 0,图(b)的控制角为 π/3,两者的最大值都是 $I_m = 30A$。试求:

(1) 这两种电流的平均值和有效值分别是多少?

(2) 如果电路采用额定正向电流为 10A 的晶闸管,能否满足要求?

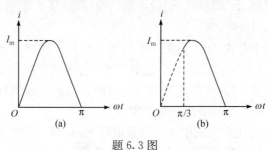

题 6.3 图

6.4　有一单相半波可控整流电路,负载电阻 $R_L = 10\Omega$,直接由 220V 电网供电,控制角 $\alpha = 60°$。试计算整流电压的平均值、整流电流的平均值和电流的有效值,并选用晶闸管。

6.5　试分析题 6.5 图所示可控整流电路的工作情况。

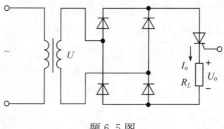

题 6.5 图

6.6　试分析题 6.6 图所示电路的工作情况。

6.7　在单相半控桥式整流电路中,$\alpha = 0$ 时,输出电压 $U_o = 150V$,$I_o = 10A$。试求:

(1) 变压器副边的电压和电流,并选择整流二极管和晶闸管。

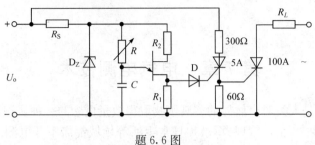

题 6.6 图

(2) 若输出平均电压降至 $U_o = 100\text{V}$ 时,导通角 θ 应等于多少?

6.8　题 6.8 图所示是一交流调压电路,试分析其工作原理。

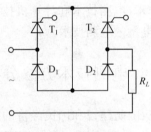

题 6.8 图

6.9　改变工频交流电源的频率有哪几种方法?

6.10　和普通晶闸管相比,双向晶闸管和可关断晶闸管适用于什么场合?

第 7 章　电气电测技术

电测技术是人类对自然界的客观事物取得数量概念的一种认识过程。在科学实验、工农业生产、企业管理、军事和日常生活等领域都离不开电测。电测在国民经济的各个部门和日常生活中占有重要的地位。随着科学技术水平的不断发展，科学研究和实验等许多领域对电测的准确度、电测的速度和仪器仪表的可靠性要求越来越高。目前应用的各种电子电测技术，在不断地向智能化方向发展，并逐渐形成了将电子技术、自动化技术、电测技术和计算机技术相结合的数据采集系统。本章主要介绍基本电量与非电量的电测技术。

7.1　电测技术方法分类

在工农业生产、科学研究、国防建设和国民经济的各个部门中，经常需要对各种参数和物理量(如电压、电流、功率、温度、压力、速度、位移等)进行定性了解和定量掌握，确定这些参数和物理量在量方面的规律性，以便对其进行监视和控制，从而使设备或系统处于合理的运行状态。因此，电测技术在人们认识世界、现代化生产、科学研究与实验中起着十分重要的作用。

电测技术是以生产、科学研究和实验发展为基础的。随着现代科学技术的迅速发展，尤其是微电子技术的发展，为电测技术提供了物质手段，使电测仪表、传感器不断向小型化、智能化等方向发展。工程中被电测的量可分为电量与非电量两类。对电量(如电压、电流、功率等)常使用电工仪表进行电测。对非电量(如温度、压力、速度、位移等)的电测方法是先将其变为电量，再进行测量。对于电测技术的基本知识和仪表的正确使用，应注意结合实验进行学习。

7.1.1　电测技术主要优点

电测技术之所以在工农业生产、科学研究、国防建设和国民经济中占有重要地位，因为其具有以下主要优点：

(1) 测量具有较高的灵敏度和准确度，应用范围广；

(2) 可以在用一般方法不能直接测量的场合进行测量；

(3) 可以实现自动、连续测量，测量结果便于自动记录和保存；

(4) 能测量瞬时变化量，测量的参数和物理量可以实现远距离传输，为集中管理和控制提供便利条件；

（5）可以与微处理器和计算机接口一起构成电测系统，实现数据处理、误差校正、自动监视等功能；

（6）易进行无接触电测，减少对被测对象的影响，电测精度高。

7.1.2　电测方法分类

电测方法分类有多种多样，例如，按被测量是否随时间变化，可分为静态和动态电测；按测量手续，可分为直接测量、间接测量和组合测量；按测量方式，可分为偏差式、零位式和微差式测量；按测量敏感元件是否与被测介质接触，可分为接触式和非接触式测量等。

1. 直接测量

直接测量是指用按已知标准标定好的测量仪器或仪表，对未知量直接进行测量，得出未知量的数值。例如，用电磁式仪表测量电压或电流，用弹簧管压力表测量压力等。直接测量并不意味着只是用直读式仪表进行测量，许多比较式仪器如电桥、电位差计等，虽不能直接从仪器刻度盘读取被测量值，但因参与测量的对象就是被测量本身，所以仍属于直接测量。

直接测量的优点是测量过程简单、迅速，在工程中应用比较广泛。

2. 间接测量

间接测量是指对几个与被测量有确切函数关系的物理量进行直接测量，再通过已知函数关系式、曲线或表格求出未知量。例如，直流电路中直接测出负载的电压 U 和电流 I，则根据功率 $P=UI$ 的函数关系，可求得负载消耗的功率。

间接测量手续比较多，花费时间较长，通常在直接测量不便、误差较大和缺乏直接仪器等情况下采用。

3. 联立测量

联立测量是指在应用仪表测量时，被测量必须经过求解联立方程，才能得到最后结果，又称为组合测量。例如，测量电阻温度系数时，可利用电阻与温度间的关系式，即

$$R_t = R_{20} + \alpha(t-20) + \beta(t-20)^2$$

式中，α、β 为电阻温度系数；R_{20} 为电阻在 20℃时的阻值；t 为测量时的温度。

为了测出电阻的 α、β 值，利用改变温度的办法，在三种温度 t_1、t_2、t_3 下，测得对应的电阻值 R_{t1}、R_{t2}、R_{t3}，然后代入上式得到一组联立方程，解方程组即可确定 α、β 和 R_{20}。

此测量过程比较复杂，花时较多，但测量精度高，一般适用于科学实验或特殊

的精密测量。

4. 偏差式测量

偏差式测量是指用仪表指针相对于刻度线的位移(偏差)直接表示被测量。例如,有的压力表就是偏差式测量仪表,其指针偏移在标尺上对应的刻度值,就是被测介质压力值。

这种测量过程简单、迅速,但精度较低,广泛应用于工程测量。

5. 零位式测量

零位式测量(又称补偿式或平衡式测量)是指在测量过程中,用指零仪表的零位指示检测测量系统是否处于平衡状态,当达到平衡时,再用已知的基准量决定被测量的值。如用电位差计测量电动势。

这种测量可以获得较高的测量精度,但过程复杂,进行平衡操作花费时间较长,适用于测量变化缓慢的信号。

6. 微差式测量

微差式测量是指将被测的未知量与已知的标准量进行比较,并取得差值,用偏差式测量方法求得此偏差值。该测量方法是综合了偏差式测量和零位式测量的优点,而提出的一种测量方法。

这种测量反应快,不需要进行反复的平衡操作,测量精度高。特别适用于在线控制参数的检测,所以在工程中已获得了越来越广泛的应用。

7.2　电气测量误差分析

在工业生产和科学研究中,对所发生的量变现象的研究,常常要借助于各种各样的实验与测量完成。在电测的过程中,由于仪器仪表的不准确,测量方法的不完善,以及环境、人为等因素造成的影响,使测量值和其真实值之间形成差异,即产生电测误差。为了将误差限制在最小范围内,达到要求的测试精度和可靠的结果,需要认识误差的规律,以消除和减小误差。

7.2.1　误差定义

1. 绝对误差

绝对误差是指某量值的给出值 A_x (包括测量值、示值等)与其真实值 A_0 (指被测量的真实大小)间的代数差,即

$$\Delta x = A_x - A_0 \tag{7.2.1}$$

从式(7.2.1)可见,绝对误差 Δx 值可正可负,如当 π 的近似值取 3.14 时,其绝对误差约为 -0.0016。

2. 相对误差

相对误差是指绝对误差 Δx 与被测量的真实值 A_0 之比的百分数,即

$$\gamma = \frac{\Delta x}{A_0} \times 100\% \tag{7.2.2}$$

相对误差通常用来检查电测结果的准确度,γ 越小,电测结果越准确。

3. 附加误差

附加误差是指由于外界因素的影响和仪表放置的位置不符合规定等原因产生的误差。附加误差有的可以消除或限制在一定范围内,而基本误差却不可避免。

4. 引用误差

引用误差是指绝对误差 Δx 与仪表测量上限(仪表量程)A_m 之比的百分数,即

$$\gamma_m = \frac{\Delta x}{A_m} \times 100\% \tag{7.2.3}$$

引用误差通常用来表示仪表本身的准确度。例如,准确度为 0.5 级的单向标度尺指示仪表,在规定的工作条件下(只存在基本误差的情况下),其最大引用误差即为 $\pm 0.5\%$。

由引用误差的定义可知,对于某一确定的仪器仪表,其最大引用误差值也是确定的,这就为仪器仪表划分等级提供了方便。电工仪表就是根据引用误差 γ_m 之值进行分级的。我国的电工仪表共分七级:0.1、0.2、0.5、1.0、1.5、2.5 和 5.0。如果仪表为 S 级,则说明该仪表的最大引用误差不超过 $S\%$,即 $|\gamma_m| \leqslant S\%$,但不能认为在各种刻度上的示值误差都具有 $S\%$ 的准确度。结合式(7.2.2)和式(7.2.3)可见,如果某仪表为 S 级,满刻度值为 A_m,测量点为 A_x,则仪表在该测量点的最大相对误差为

$$\gamma = \frac{A_m}{A_x} S\% \tag{7.2.4}$$

因 $A_x \leqslant A_m$,故当 A_x 越接近 A_m 时,其测量准确度越高。在使用这类仪表测量时,应选择使指针尽可能接近满度值的量程,一般最好能工作在不小于满度值 2/3 以上的区域。

例 7.2.1 某待测电压约为 100V,现有 0.5 级量程为 0~300V 和 1.5 级量

程为 0～100V 的两个电压表。试问选用哪个电压表测量较好?

解　当选用 0.5 级量程为 0～300V 的电压表测 100V 时,可能出现的最大绝对误差为

$$\gamma_1 = \frac{A_m}{A_x}S\% = \frac{300}{100} \times 0.5\% = 1.5\%$$

如果选用 1.5 级量程为 0～100V 的电压表测 100V 时,则最大绝对误差为

$$\gamma_2 = \frac{A_m}{A_x}S\% = \frac{100}{100} \times 1.5\% = 1.5\%$$

该题计算结果说明,电测结果的准确度不仅与仪表的准确度有关,而且还与被测量的大小有关。被测量越接近仪表量程,测量结果的相对误差越小。因此,在选用仪表时,应根据被测量的大小,兼顾仪表的级别和测量上限,合理地选择,就可以避免不必要的误差,不应单纯追求高等级的仪表。通常,为了充分利用仪表的准确度,减小测量结果的误差,被测量的实际值应大于仪表量程的 2/3。

7.2.2　误差分类和来源

根据误差的性质可分为系统误差、随机误差和粗差三类。

1. 系统误差

系统误差是指在相同条件下,多次测量同一量时,所出现的绝对值和符号保持恒定,或在条件改变时,某一个或几个因素成函数关系的有规律的误差。产生的原因有:测量工具本身性能的不完善;测量设备和电路等安装、布置、调整不当;测量人员不良的读数习惯;测量理论本身的不完善等。

在一个测量系统中,常用系统误差表示测量的准确度。系统误差越小,表示测量的结果越准确。

2. 随机误差

随机误差是指服从统计规律的误差,又称为偶然误差。其产生的原因很多,如电磁场的微变、零件的摩擦和间隙、温度的变化、测量人员感官的变化等,很难具体分析,对其总和目前可用统计规律(如正态分布、均匀分布、辛普森分布等)描述。随机误差表现了测量结果的分散性,通常用精密度表征其大小。

应该指出的是,在任何一次测量中,系统误差和随机误差一般都是同时存在的,而且并无绝对的界限。如果一个测量结果的随机误差和系统误差都很小,则表明测量既精密又准确,即所谓的精确。

3. 粗大误差

粗大误差是指一种显然与实际值不符的误差,又称为粗差。测错、读错、记错,

以及实验条件未达到预期的要求而匆忙实验等,都会引起粗大误差。含有粗大误差的测量值称为坏值或异常值,在处理数据时应剔除掉。这样,实际测量中要估计的误差就只有系统误差和随机误差。

误差来源是多方面的,如测量工具(仪表、仪器等)不完善(称工具误差);测试设备和电路的安装、布置、调整不完善(称装置误差);测量方法本身的理论根据不完善(称方法误差);测量环境(温度、气压、电磁场等)的变化(称环境误差);测量人员分辨能力、反应速度(称人为误差)等。分析误差的目的在于采取有力的措施消除误差,这在很大程度上要求实验者具有坚实的理论基础、实验经验和实验技巧。

7.3　常用电工仪表分类

电工仪表种类较多,按被测电量分为电流表、电压表、功率表和欧姆表等,见表7.3.1。按作用原理分为磁电式、电动式、电磁式和整流式等,见表7.3.2。除此之外,还可按准确度等其他方法分类。

表 7.3.1　电工电测仪表按被测电量分类

序号	被测电量种类	仪表名称	符号
1	电　流	电流表 毫安表	(A) (mA)
2	电　压	电压表 千伏表	(V) (kV)
3	电功率	功率表 千瓦表	(W) (kW)
4	电　能	瓦时计	[kWh]
5	相位差	相位表	(φ)
6	频　率	频率表	(Hz)
7	电　阻	欧姆表 兆欧表	(Ω) (MΩ)

表 7.3.2　电工电测仪表按作用原理分类

型式	符号	被测电量种类	电流的种类与频率
磁电式		电流、电压、电阻	直流
整流式		电流、电压	工频及较高频率的交流
电磁式		电流、电压	直流以及工频交流
电动式		电流、电压、电动势、功率因数、电能量	直流及工频与较高频率交流

　　下面主要对常见的磁电式、电磁式和电动式三种仪表的基本结构、工作原理及主要用途加以讨论。

7.3.1　磁电式仪表

　　磁电式仪表是利用永久磁铁的磁场和载流线圈相互作用的原理制成的,如图 7.3.1(a)所示。其电测机构是由固定不动的永久磁铁 1、极掌 2、圆柱形铁心 3 及可动的绕在铝框上的转动线圈(简称动圈)4、弹簧游丝 5、指针 6 等部分组成。

　　当处于磁场中的动圈通过电流时,电流与磁场相互作用而产生转动力矩(其方向由左手定则判断),使动圈产生偏转,与动圈固定在一起的游丝则因动圈的偏转而产生弹性变形,从而产生反作用力矩,它随着活动部分偏转角度的增大而增大。当反作用力矩(阻转矩)增大到与动圈的转动力矩相等时,动圈将停留在某一位置上,与动圈固定在一起的指针便在仪表的标尺上指出被测的数值。

　　若气隙中的磁感应强度为 B,动圈在磁场中的有效长度为 l,动圈匝数为 N(图 7.3.1(b)),当动圈通过电流 I 时,动圈的两有效边受到的电磁力 F 为

$$F = BlNI \tag{7.3.1}$$

　　两有效边受力大小相等,方向相反。若动圈的宽度为 b,则动圈所受转动力矩为

$$T = Fb = bBlNI = k_1 I \tag{7.3.2}$$

　　在转动力矩 T 的作用下,动圈将带动指针转动角度 α,同时游丝因扭转变形而产生阻转矩 T_C,T_C 的大小与指针的偏转角 α 成正比,即

$$T_C = k_2 \alpha \tag{7.3.3}$$

　　当指针在某一平衡位置静止时,T 与 T_C 相等,从而可得

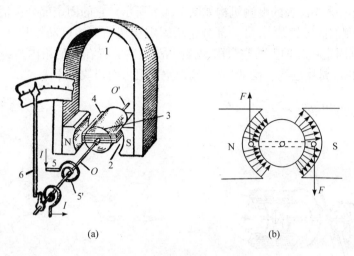

图 7.3.1　磁电式仪表及其转矩
（a）磁电式电测机构；（b）转矩

$$\alpha = \frac{k_1}{k_2} I = kI \qquad (7.3.4)$$

从式(7.3.4)可知,磁电式仪表的指针偏转角与流经动圈的电流成正比,因而可以用来测量电流以及与电流有关的其他物理量(经某种变换可转换成电流的量),标度尺的刻度均匀。当线圈中无电流时,指针应指在零的位置。如果不在零的位置,可用校正器进行调整。

磁电式仪表的阻尼作用是这样产生的:当动圈通过电流而发生偏转时,在动圈中的铝框切割磁力线产生感应电流,这电流再与永久磁铁的磁场作用,产生与转动方向相反的制动力,于是仪表的可动部分受到阻尼作用,迅速在平衡位置静止。

磁电式仪表只能用来测直流。如通入交流电,由于可动部分的惯性较大,指针来不及随转动力矩方向的改变而改变,线圈所受的平均转矩为零,仪表的指针将停留在原位不动。因而这种仪表如不附加变换器,不能用于测量交流电。

磁电式仪表有电流表、电压表、检流计等。它具有准确度高、灵敏度高、功耗小、刻度均匀等优点;由于仪表本身的磁场强,所以受外界磁场的影响很小,但存在过载能力小、结构复杂、成本较高、只能测直流等缺点。

7.3.2　电磁式仪表

电磁式仪表的电测机构有三种:吸引型、推斥型、推斥—吸引型,现以推斥型为例介绍其工作原理。

推斥型电磁式仪表的电测机构如图 7.3.2 所示。它的固定部分包括固定线圈 1 和线圈内侧的固定铁片 2；可动部分包括固定在转轴上的可动铁片 3、游丝 4 和指针 5，分别固定在转轴上的空气阻尼器的翼片（它放置在阻尼箱内），当指针在平衡位置摆动时，翼片也随着摆动，并受箱内空气阻力而很快停下来。

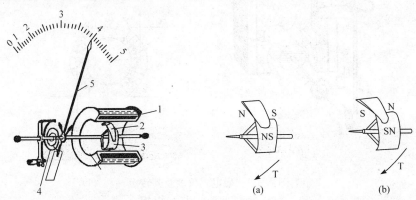

图 7.3.2　推斥型电磁式仪表　　　　图 7.3.3　电磁式仪表（推斥型）
　　　　　　　　　　　　　　　　　　　　　铁片磁化情况

当固定线圈通过电流时，电流所产生的磁场使得固定铁片 2 和可动铁片 3 同时磁化，两个铁片的同一侧是同性的磁极，如图 7.3.3(a) 所示。同性磁极相互排斥，产生转动力矩。当转动力矩与游丝产生的阻力矩相等时，指针就停在某一平衡位置而指示出被电测的数值。当固定线圈电流方向改变时，它所产生的磁场方向也随之改变，如图 7.3.3(b) 所示。两个铁片磁化后仍互相排斥，转动力矩的方向不变，仪表可动部分的偏转方向不变。因而电磁式仪表既可用于测量直流，又可用于测量交流。实际应用中主要用于测量交流电流和电压。

当线圈中通入直流电流 I 时，转矩 T 为

$$T = k_1 I^2 \tag{7.3.5}$$

若线圈中通过的电流为交流电流时，仪表可动部分的偏转取决于平均转矩。设瞬时转矩为

$$t' = k i^2 \tag{7.3.6}$$

则平均转矩为

$$T' = \frac{1}{T}\int_0^T t' \mathrm{d}t = \frac{k}{T}\int_0^T i^2 \mathrm{d}t = k_1 I^2 \tag{7.3.7}$$

由式 (7.3.6) 和式 (7.3.7) 可知，在交流和直流两种情况下，电磁式仪表有着相同的转矩公式，即电磁式仪表的转矩是随着电流的增加而增大的，且与电流平方有关。

电磁式仪表和磁电式仪表一样，阻转矩仍由游丝产生，即

$$T_{\mathrm{C}} = k_2 \alpha \tag{7.3.8}$$

当 $T=T_C$ 时,仪表的可动部分将停止转动,得到

$$\alpha=\frac{k_1}{k_2}I^2=kI^2 \tag{7.3.9}$$

由式(7.3.9)可知,指针的偏转角与直流电流或交流电流有效值的平方成正比,所以刻度不是均匀的。设计较合理时,可得标尺的工作部分相对均匀一些。推斥型电磁式仪表相对于另外两种结构形式,其标尺刻度相对均匀,且对频率误差有较好的补偿。因而,一些精确度较高的电磁式仪表大都采用推斥型结构。

电磁式仪表主要有交流电流表和交流电压表。它的主要优点是结构简单、价格低廉、过载能力大。缺点是刻度不均匀,由于本身磁场很弱,受外磁场影响严重,准确度不高。

7.3.3 电动式仪表

利用通有电流的固定线圈代替磁电式仪表电测机构中的永久磁铁,就构成了电动式仪表,其结构如图 7.3.4 所示。它有两个线圈,固定线圈(简称定圈)1 和活动线圈(简称动圈)2,3 为游丝,4 为空气阻尼片,它与阻尼箱一起,产生阻尼力矩,5 为调零器,6 为指针。当定圈通过电流时,在定圈中建立磁场。再在动圈中通过电流时,动圈将在定圈的磁场中受到电磁力的作用,使得仪表的活动部分发生偏转,直到转动力矩与游丝产生的反作用力矩平衡时停止,指针指示出读数。任何一个线圈中的电流方向改变,指针的偏转方向也随着改变。当两个线圈中的电流方向同时改变时,指针的偏转方向不变。它同时可作为交、直流两用仪表。

图 7.3.4 电动式仪表

当定圈和动圈分别通入直流电流 I_1 和 I_2 时,转动力矩为

$$T=k_1I_1I_2 \tag{7.3.10}$$

当转动力矩与反作用力矩平衡($T=T_C=k_2\alpha$)时

$$\alpha=\frac{k_1}{k_2}I_1I_2=kI_1I_2 \tag{7.3.11}$$

式(7.3.11)表明,电动式仪表作用于直流电时,其偏转角与通过两线圈的电流的乘积成正比。

同理当电动式仪表作用于交流电时,设

$$i_1=I_{1m}\sin\omega t$$

$$i_2 = I_{2m}\sin(\omega t + \varphi)$$

转动力矩的瞬时值为

$$t' = k_1 i_1 i_2 = k_1 I_{1m}\sin\omega t \cdot I_{2m}\sin(\omega t + \varphi)$$

$$= \frac{1}{2}k_1 I_{1m} I_{2m}[\cos\varphi - \cos(2\omega t + \varphi)]$$

$$= k_1 I_1 I_2 \cos\varphi - k_1 I_1 I_2 \cos(2\omega t + \varphi)$$

所以,平均转矩为

$$T' = \frac{1}{T}\int_0^T [k_1 I_1 I_2 \cos\varphi - k_1 I_1 I_2 \cos(2\omega t + \varphi)]\mathrm{d}t = k_1 I_1 I_2 \cos\varphi$$

式中,I_1 和 I_2 分别为流过定圈和动圈的电流的有效值。

当 $T' = T_C = k_2\alpha$ 时,有

$$\alpha = \frac{k_1}{k_2}I_1 I_2 \cos\varphi = kI_1 I_2 \cos\varphi \qquad (7.3.12)$$

可见,电动式仪表用在交流电流时,其偏转角 α 不仅与通过两线圈的电流有关,而且与两电流之间的相位差的余弦有关。

电动式仪表可用来电测电流、电压以及功率。其优点是适用于交、直流,且准确度高。缺点是受外磁场影响大、过载能力差、刻度不均匀等。

7.4　电压、电流与电功率测量

7.4.1　电压的测量

电压的测量是电量测量中最基本的测量。电压表用来电测电源、负载或某段电路两端的电压,所以必须与它们并联,如图 7.4.1 所示。选择的电压表要根据被测电压的特点进行考虑,即被测电压必须在电压表可以使用的频率范围和可以测量的电压范围内。

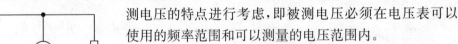

图 7.4.1　测量电压

电压表接入被测电路后,必然影响被测电路的工作状态,为把这种影响限制在允许的范围内,电压表内阻应大于负载电阻。

另外,常用的交流电压表大多是以正弦电压的有效值来刻度的,因此,只适合电测正弦电压的有效值。但正弦电压的有效值、整流平均值、幅值和峰-峰值间有一定的关系,乘以适当的系数后可把一种值转换为另一种值。表 7.4.1 列出了平均值(指全波整流平均值)、有效值、幅值和峰-峰值的转换关系。

表 7.4.1　正弦电压各值间转换关系

	全波整流平均值	幅(峰)值	峰-峰值
有效值	0.9	1.414	2.83

7.4.2　电流的测量

用电流表电测电流时,电流表必须串联在电路中,如图 7.4.2(a)所示。所选仪表的内阻应远小于负载电阻。如果电流表不慎并联在电路的两端,则可能损坏电流表,因此在使用时务必小心。

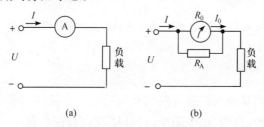

(a)　　　　　　　　　(b)

图 7.4.2　测量电流和分流器

测量大直流电流时,由于电测机构(表头)允许通过的电流很小,不能直接电测,一般应在电测机构上并联一个分流器。分流器是用标准电阻做成的,如图 7.4.2(b)所示,R_A 为分流器。

从图中可以看出,表头通过的电流 I_0 与被测电流 I 的关系为

$$I_0 = \frac{R_A}{R_A + R_0} I \tag{7.4.1}$$

或

$$R_A = \frac{R_0 I_0}{I - I_0} \tag{7.4.2}$$

可见,R_A 越小,扩大的量程越大。

分流器一般放在表内,可构成多量程的电流表。但大电流的分流器通常放在表外,在工频范围内,交流大电流的测量常采用交流互感器。

7.4.3　功率的测量

1. 直流功率的测量

由于直流功率 $P = UI$,故可直接电测流过负载的电流和负载两端的电压,然后进行计算。电测时电流表与负载串联,电压表既可与负载直接并联,如图 7.4.3 (a)所示,也可与电流表串联负载后的支路并联,如图 7.4.3(b)所示。前者适用于

低电压、大电流的情况,此时所得功率包括电压表所耗功率,但由于电压低、内阻大,故电压表功耗较小,可忽略不计。后者适用于高电压、小电流的情况,此时所得功率包括电流表的功耗,但因电流小、内阻小,故也可忽略不计电流表的功耗。直流功率的测量也可用功率表。

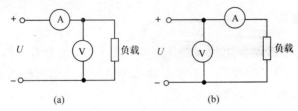

图 7.4.3 用电流表、电压表测直流功率的两种接线

2. 单相功率的测量

通常用功率表测量单相交流电路的有功功率。常见的功率表是电动式的。它的固定线圈 1 导线粗、匝数少、电阻小,将其串联在被测电路中,作为电流线圈;可动线圈 2 导线细、匝数多,串联附加电阻后,与被测电路并联,作为电压线圈。如图 7.4.4(a)所示,功率表在电路中的符号如图 7.4.4(b)所示。

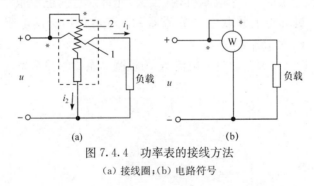

图 7.4.4 功率表的接线方法
(a) 接线圈;(b) 电路符号

功率表接线时,要注意两线圈的接法,在两个线圈的始端标有"﹡"或"±"号,这两端均应连接在电源的同一端。

选用功率表时,不能只考虑负载的功率是否在功率表的量程之内,而应该使负载的电压和电流分别都在电压线圈和电流线圈的量程之内。被测电压过高或电流过大都会损坏线圈。

3. 三相功率的测量

在三相四线制中,若负载对称,只用一个功率表测出其中一相的功率,再将结果乘以 3 就得到三相总功率,这种测量方法称为一表法。如果负载不对称,则用三块功率表分别测出每一相的功率,三者之和为三相总功率,这种电测方法称为三表法,如图7.4.5所示。

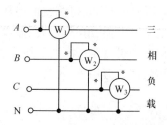

图 7.4.5 三表法测三相四线制功率

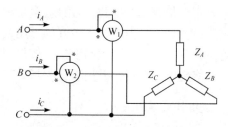

图 7.4.6 二表法测三相三线制功率

在三相三线制电路中,可用两块功率表来电测三相负载的功率,称为二表法,如图7.4.6所示。这里每一块表的读数并无意义,但两块表读数的代数和即为三相总功率。我们作一个简单的证明。

三相瞬时总功率为

$$p = p_A + p_B + p_C = u_A i_A + u_B i_B + u_C i_C$$

当负载为 Y 形时,则

$$i_A + i_B + i_C = 0$$

所以

$$
\begin{aligned}
p &= u_A i_A + u_B i_B + u_C(-i_A - i_B) \\
&= (u_A - u_C)i_A + (u_B - u_C)i_B \\
&= u_{AC} i_A + u_{BC} i_B \\
&= p_1 + p_2
\end{aligned}
$$

当负载为△形时,$u_{AB} + u_{BC} + u_{CA} = 0$,同样可得上式。

有功功率是瞬时功率的平均值,所以三相负载的总功率为

$$P = U_{CA}I_A\cos\varphi_1 + U_{AB}I_B\cos\varphi_2 = P_1 + P_2 \qquad (7.4.3)$$

式中,φ_1 是线电压 U_{AC} 和线电流 I_A 间的相位差;φ_2 是 U_{BC} 和 I_B 间的相位差。

所以,两个功率表的读数 P_1 与 P_2 之和就是三相功率。注意两个功率表的接线规则是:两表的电流线圈分别串入任两根相线(火线)中,通过的电流为线电流;电压线圈一端接到该功率表所在的相线,另一端同时接到没有接电流线圈的第三相,其中所加电压为线电压。

还应注意的是,用二表法电测三相功率时,如果负载功率因数小于0.5,则有一功率表的指针反向偏转。这种情况下,应将指针反偏的功率表的任一线圈反接(有的功率表上有线圈反接开关),这时三相功率是两表读数之差,即

$$P = P_1 - P_2 \qquad (7.4.4)$$

7.4.4　万用表

万用表是一种便携式、多用途、多量程的仪表，一般的万用表可测直流电压、交流电压、直流电流、电阻等。较好的万用表还可测量交流电流、电感、电容、温度、晶体管参数等。万用表的准确度虽然较低，但使用简单、携带方便，特别适用于检查线路及修理电气设备。万用表分为指针式万用表和数字式万用表。

1. 指针式万用表

指针式万用表若由共用的磁电式表头配备不同的分流电阻可做成多量程的直流毫安电流表；若配备不同的倍压电阻可做成多量程的直流电压表；若在直流电压（电流）的基础上配备整流电路则可以测量交流电压或电流；若配备电池和分流电阻即可构成多量程的欧姆表。

万用表的类型很多，测量范围及内部电路也不一样，但工作原理和使用方法大体相同。

使用万用表时应注意转换开关的位置和量程。有些万用表为了防止超量程使用，表内装有防过载的熔断保险管。但是万用表的电流挡仍然经不住高电压的错误接入。尤其应注意的是，绝对不允许用欧姆挡测量带电电阻，因为带电测量相当于在测量电路中接入额外的电源，容易损坏表头。

2. 数字式万用表

DT-860 型数字万用表是一种多功能数字仪表，下面以它为例说明数字万用表的使用方法。

1）测量范围

直流电压：最大可测 1000V，最小可测 200mV，输入阻抗为 1000MΩ，自动量程转换。

交流电压：最大可测 750V，最小可测 200mV，输入阻抗为 10MΩ，频率范围为40～500Hz。

直流电流：分五挡，200μA、2mA、20mA、200mA、10A。

交流电流：分五挡，200μA、2mA、20mA、200mA、10A。

电阻：分六挡，200Ω、2kΩ、20kΩ、200kΩ、2MΩ、20MΩ。

此外，还可测试小功率 PNP 型或 NPN 型三极管的 $h_{FE}(\beta)$，也可检查线路通断。

2）面板说明及使用

图 7.4.7 是 DT-860 型数字万用表的面板图。

显示器　显示四位数字，最高位只能显示 1 或不显示数字，算半位，故称三位

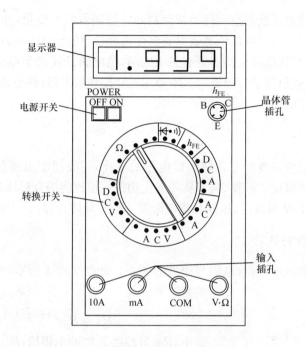

图 7.4.7 DT-860 型数字万用表面板图

半 $\left(3\dfrac{1}{2}位\right)$。最大指示值为 1999 或 -1999。当被测量超过最大指示值时，显示"1"或"-1"。

电源开关 使用时将电源开关置于"ON"位置，使用完毕将电源开关置于"OFF"位置。

转换开关 用以选择功能和量程。根据被测的电量（电压、电流、电阻等）选择相应的功能位，按被测量的大小选择适当的量程。

输入插孔 有四只输入插孔。将黑色试棒笔插入"COM"（公共输入端）。红色试棒有三种插法：测量电压和电阻时插入"V·Ω"插孔；被测量小于 200 mA 的电流时插入"mA"插孔；被测量大于 200mA 的电流时插入"10A"插孔。

DT-860 型数字万用表的采样时间为 0.4s，电源为直流 9V。

*7.5 温度传感器与应用

温度是表征物体冷热程度的物理量。在工农业生产、科学研究和日常生活等各个领域中，温度的测量对于保证产品质量、提高生产效率、节约能源、促进国民经济的发展都起着非常重要的任务。

　　温度传感器是根据敏感元件的某种物理特性随着温度变化,而将温度变化转换成电量的装置。由于温度传感器对非温度物理量不敏感,因而性能可靠,重复性好,精度较高。常见的温度传感器有热敏电阻、热电偶、PN 结型温度传感器、光纤温度传感器、热辐射温度传感器等。本节主要介绍热敏电阻、热电偶和集成温度传感器的原理及其应用。

7.5.1　热敏电阻

　　热敏电阻能将温度的变化转换成电阻的变化,主要用于温度测量、控制和补偿。热敏电阻是将锰、镍、钴、铜和钛等氧化物按一定比例混合后压制成型,在高温(约 1000℃)下烧结而成的,因此热敏电阻是一种半导体元件。

　　1. 热敏电阻特性

　　热敏电阻的温度特性(电阻与温度的关系),如图 7.5.1 所示。电阻与温度的关系式为

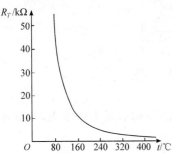

图 7.5.1　热敏电阻的温度特性

$$R_T = R_1 e^{\beta\left(\frac{1}{T}-\frac{1}{T_0}\right)} \qquad (7.5.1)$$

式中,R_T 为温度 T 时的电阻值;R_1 为温度在 20℃ 时的电阻值,也称为额定电阻 R_{20};β 为热敏电阻常数,其与材料性质有关,通常取值 3000~5000K(K 为绝对温度单位)。

　　热敏电阻在某一温度下(通常为 20℃),其本身温度变化 1℃ 时电阻值的变化率与它本身的电阻值之比,称为热敏电阻的温度系数,即

$$\alpha = \frac{1}{R_T} \cdot \frac{dR_T}{dT} \qquad (7.5.2)$$

由此求得负温度系数为

$$\alpha = -\frac{\beta}{T^2} \qquad (7.5.3)$$

　　热敏电阻的灵敏度参数 α、β 的绝对值表示比金属电阻灵敏度高很多倍。

　　热敏电阻的测温范围约为 $-50 \sim +300$℃,除可测量一般液体、气体和固体的温度外,还可测量植物叶片、人体血液温度和晶体管外壳的温度等。

　　2. 电测电路

　　为了保证测量精度,应用时应考虑非线性的修正问题,常用的方法是进行线性化处理。最简单的方法是用温度系数很小的补偿电阻与热敏电阻串联或并

联,如图 7.5.2 所示。串联后的等效电阻为 $R = R_T + r_c$,并联后的等效电阻为
$R = R_T /\!/ r_c$。这种线性化电路常用于电桥测量电路,如图 7.5.3 所示。

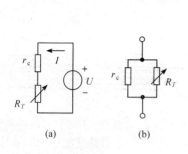

图 7.5.2　串并联补偿电路

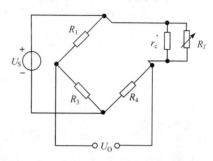

图 7.5.3　电桥测量电路

另一种线性化处理的方法是利用包括热敏电阻(R_t)的电路代替单个热敏电
阻,如图 7.5.4 所示。电路 R_1、R_2、R_3 的阻值可根据 R_t 实际特性和电路要求特
性R_T,通过计算或图解法确定。

图 7.5.5 所示是一种温度自动控制器。其工作原理如下:当要控制的温度
高于实际温度时,T_1、T_2 相继导通,继电器 KM 吸合,电热丝加热。一旦实际温
度达到要控制的温度时,由于热敏电阻 R_t 的电阻值降低,使 T_1 的基极与发射极
间的电压过低,T_1 截止,继而 T_2 截止,继电器 KM 断开,电热丝因为断电而停止
加热。当控制温度确定后,先选择热敏电阻,并根据参数确定 R、R_1、R_2、R_3、R_4
的阻值。图中 R_5 为发光二极管 LED 的限流电阻,与继电器配合的电源通常可
选稳压电源。

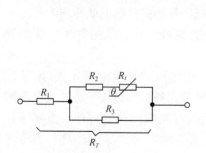

图 7.5.4　热敏电阻线性化电路

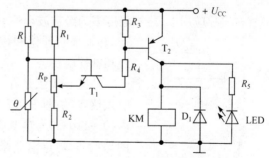

图 7.5.5　简易温度控制器

7.5.2　热电偶

热电偶是由两种不同的金属丝或合金丝串联组成,如图 7.5.6 所示。

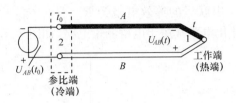

图 7.5.6　热电偶工作原理

1. 工作原理

热电偶结点 1 通常焊接在一起,测温时该结点被置于待测温度场中,称为工作端(热端);结点 2 经过外部导线与测量仪表连接,一般要求该端有恒定的温度值,称为自由端或者参比端(冷端)。当两个结点的温度不同时,回路将产生热电动势,即

$$U_{AB}(t,t_0) = e(t) - e(t_0) \tag{7.5.4}$$

式中,t 和 t_0 为热冷端温度(℃);e 为与导体材料及温度有关的函数,当构成热电偶的材料确定后,其取决于热端或冷端的温度。

可见,热电偶的热电动势是两结点的函数,若冷端温度固定,则热电动势的大小和热端温度的高低有着对应关系。因此,热电动势的大小和方向与两种材料和两点的温差有关,而与导体的长短、截面积无关。这种现象称为物体的热电效应。

2. 电测电路

在实际应用中,冷端温度多为经常波动的室温,若要保证热电偶冷端的温度不

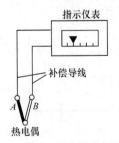

图 7.5.7　补偿导线连接

变,必须采取补偿和校正措施。最简单的方法是补偿导线和补偿电桥。

补偿导线法是在冷端结点加长热电极导线,用导线引入仪表,如图 7.5.7 所示。补偿导线在一定的温度范围内(0～100℃)与热电偶具有相同的热电特性。需要注意的是:不同的热电偶采用不同的补偿导线。只有当冷端温度恒定或具有自动补偿装置时,应用补偿导线才是有效的。

补偿电桥法是在热电偶与显示仪表间接入一个直流不平衡电桥,也称冷端温度补偿器,如图 7.5.8 所示。图中稳压直流电压 U 经电阻 R 向电桥供电,桥臂电阻由 R_1、R_2、R_3(均由锰铜丝绕制)和 R_{Cu}(由铜丝绕制)组成,R_{Cu} 与热电偶冷端感受同样的温度。设计时使电桥在 20℃时处于平衡状态,

此时电桥的 a、b 端无电压输出,电桥对仪表无影响。当环境温度变化时,热电偶的冷端温度变化,则热电动势也随之变化,但此时 R_{Cu} 阻值也随温度变化,电桥平衡被破坏,电桥输出不平衡电压,不平衡电压与热电动势叠加一并送入仪表,起到补偿作用。应该注意的是:设计电桥时应使电桥的不平衡电压等于由于冷端温度变化而引起的热电动势变化值,仪表即可指示正确的被测温度值。由于电桥在 20℃时平衡,故采用这种电桥需要将仪表的机械零位调到 20℃处。

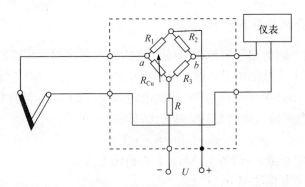

图 7.5.8　冷端补偿电桥

　　在测量温度要求不高的场合,可以将热电偶直接与仪表连接,如图 7.5.9 所示。这种连接方式简单,价格低廉。必须注意的是,仪表中的电流不仅与热电偶的热电动势有关,而且也与测温回路的总电阻有关,因此要求测温回路的总电阻为常数,即

$$R_T + R_L + R_G = 常数 \qquad (7.5.5)$$

其中,R_T 为热电偶电阻;R_L 为连接导线电阻;R_G 为指示仪表内阻。

　　测量较大被测介质面的平均温度时,可以将多个同型号的热电偶并联使用,如图 7.5.10 所示。要求每个热电偶都工作在线性段,且每支热电偶线路分别串联均衡电阻 R。根据电路理论,当仪表的输入电阻较大时,则回路的总电动势为

$$U_T = \frac{U_1 + U_2 + U_3}{3} \qquad (7.5.6)$$

式中,U_1、U_2、U_3 分别为每支热电偶的热电动势。

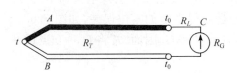

图 7.5.9　热电偶与仪表直接连接

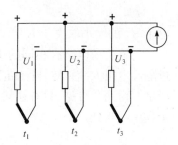

图 7.5.10　热电偶并联使用

使用此方法可以测出各点温度的算术平均值,优点是仪表的分度仍和单独配用一个热电偶时一样。缺点是其中一个热电偶烧断时,不能及时发现。

7.5.3 集成温度传感器

我们知道某些半导体器件,如半导体二极管和三极管,对温度有一定的敏感性。因而,利用这一特性将其作为敏感元件进行温度测量。

1. AD590 集成传感器特性

AD590(国产同类型号为 SG590)是一种电流型集成温度传感器。其输出串接恒定电阻,电阻上流过的电流和被测量温度成正比,相当于一个理想电流源(恒流源)。AD590 具有不易受引线电阻、接触电阻和噪声的干扰,器件体积小、互换性好等优点。其电流值与被测量温度成正比,即

$$I = K_T \cdot T \tag{7.5.7}$$

式中,K_T 为标定系数,一般为 $1\mu A/K$;T 为被测量温度。

AD590 的主要性能如下:

电源电压　$5 \sim 30V$;

标定系数　$1\mu A/K$;

重复性　$\pm 0.1℃$。

2. 电测电路

图 7.5.11 所示是利用两块 AD590 组成的温差测量电路。图中两块 AD590 分别处于两个被测点,温度分别为 T_1、T_2。由图可得

$$I = I_{T1} - I_{T2} = K_T(T_1 - T_2) \tag{7.5.8}$$

设两块 AD590 有相同的标定系数 K_T,则运算放大器输出电压为

$$U_0 = -R_3 I = R_3 K_T(T_2 - T_1) \tag{7.5.9}$$

可见,整个电路的标定因子为

$$F = \frac{U_0}{\Delta T} = K_T R_3 \tag{7.5.10}$$

电阻 R_3 的大小取决于 K_T。

尽管要求电路有相同的 K_T,但难免有所差异,故电路中引入电位器 R_P。通过隔离电阻 R_1 注入一个校正电流 ΔI,目的是获得平衡的零位误差,如图 7.5.12 所示。由曲线可见,只有在某一温度 T' 时,才有 $I = 0$。因而,常将 $U_0 = 0$ 点设在量程中间某处。

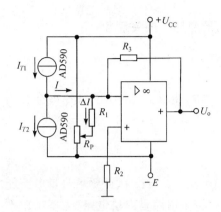

图 7.5.11　温度测量电路

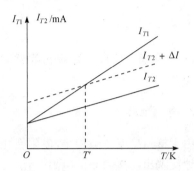

图 7.5.12　校正前后温度特性

*7.6　压力传感器与应用

压力在机电一体化控制系统中是一个重要物理量。压力传感器就是将被测压力转换为电信号,压力传感器分为应变式电阻压力传感器、电感式压力传感器、电容式压力传感器等。

7.6.1　应变式电阻传感器

应变式电阻传感器是由导体或半导体材料的应变效应制成的一种测量器件,是目前测量力、压力、加速度等物理量的最广泛的传感器。它具有结构简单、体积小、精度和灵敏度高等优点。

1. 工作原理

导体或半导体材料在外界的作用(压力等)下将产生机械变形,其阻值将发生变化,这种现象称为应变效应。应变式电阻传感器结构,如图 7.6.1所示。图中电阻丝的直径为 $0.012 \sim$ 0.050mm,并排列成栅网形式,放置并粘在纸片上。在测量时将应变片粘贴在被测材料(试件)上,被测材料受到外界压力发生的应变通过胶层和纸片传给电阻丝,从而使应变片上电阻丝的阻值发生变化,通过测量阻值的变化量,就可以反映出外界作用的大小。

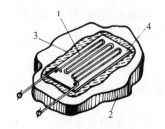

图 7.6.1　金属电阻丝应变片

1. 电阻丝；2. 被测试件；

3. 特殊胶水；4. 薄纸片

电阻丝电阻的相对变化 $\dfrac{\Delta R}{R}$ 和应变片相对形变量 $\dfrac{\Delta l}{l}$ 的关系为

$$\frac{\Delta R}{R} = k\,\frac{\Delta l}{l} = k\,\varepsilon \tag{7.6.1}$$

式中，k 为电阻丝应变片的灵敏系数，其取值范围：康铜为 $1.9 \sim 2.1$，镍铬合金为 $2.1 \sim 2.3$。

2. 电测电路

由于机械应变一般很小，电阻变化 $\Delta R = 10^{-1} \sim 10^{-4}\,\Omega$。因此要求测量电路能精确地反映出这些微小的电阻变化。最常用的测量电路是电桥电路（大多采用不平衡电桥），它将电阻的相对变化 $\dfrac{\Delta R}{R}$ 转换成电压或电流的变化。

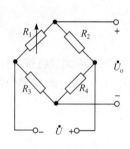

图 7.6.2　交流电桥
测量电路

检测应变片电阻变化的电桥有直流和交流电桥两种。交流电桥测量电路，如图 7.6.2 所示。为了简单起见，设四个桥臂均为纯电阻，其中 R_1 为电阻丝应变片。一般采用正弦交流电压作为电桥电源，其频率为 $50 \sim 500\,\mathrm{kHz}$，则交流电桥的输出电压 $\dot{U}_\mathrm{o}$ 与输入电压 $\dot{U}$ 之比为

$$\dot{U}_\mathrm{o} = \frac{R_1 R_4 - R_2 R_3}{(R_1 + R_2)(R_3 + R_4)} \cdot \dot{U} \tag{7.6.2}$$

假设测量前电桥平衡，即

$$R_1 R_4 = R_2 R_3, \qquad \dot{U}_\mathrm{o} = 0$$

测量时应变片电阻 R_1 变化了 ΔR_1，则

$$\dot{U}_\mathrm{o} = \frac{R_1 R_4 + \Delta R_1 R_4 - R_2 R_3}{(R_1 + \Delta R_1 + R_2)(R_3 + R_4)} \cdot \dot{U}$$

如果初始时，$R_1 = R_2$，$R_3 = R_4$，并忽略分母中的 ΔR_1，则有

$$\dot{U}_\mathrm{o} = \frac{1}{4} \cdot \frac{\Delta R_1}{R_1} \dot{U} \tag{7.6.3}$$

可见，输出电压 $\dot{U}_\mathrm{o}$ 与电阻的相对变化 $\dfrac{\Delta R}{R}$ 成正比。

由于被测量应变信号很小，输出电压 U_o 也很小。因此，要经过放大、相敏检波、滤波等环节后输出。

7.6.2　电感式传感器

电感式传感器是利用电感元件将被测物理量的变化转换成电感的变化，再由测

量电路转换成电信号(电压或电流)。电感式传感器可用于测量压力、位移等物理量。它可分为自感式、互感式和涡流式三种传感器,这里简要介绍差动式自感传感器。

1. 工作原理

差动式自感传感器(又称差动式电感传感器)是由两只完全对称的简单电感传感器合用一个活动衔铁所构成,如图 7.6.3 所示。由图可见,电感传感器和电阻构成四臂交流电桥,由交流电源 $\dot{U}$ 供电,电桥的另一对角端为输出交流电压 $\dot{U}_o$。

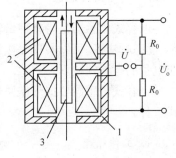

图 7.6.3　差动式电感传感器
1. 铁心;2. 线圈;3. 衔铁

在起始位置,衔铁处于中间,两边的气隙相等,两只电感线圈的电感量在理论上相等,则输出电压 $\dot{U}_o = 0$,电桥处于平衡状态。当衔铁偏离中间位置上下移动时,造成两边的气隙不相等,电桥则不平衡,输出电压的大小与衔铁的移动量成比例。若设衔铁向上移,输出电压的相位为正,则衔铁向下移,输出电压的相位为负。因此,测量电压的大小和相位,就可以确定衔铁位移量的大小和方向。若将衔铁与运动机构相连,就可测量压力、位移、液位等非电量。

2. 电测电路

图 7.6.4 所示是交流电桥测量电路,设 $Z_1 = Z + \Delta Z_1$,$Z_2 = Z + \Delta Z_2$。Z 为衔铁在中间时单个线圈的阻抗,ΔZ_1、ΔZ_2 分别为衔铁偏离时线圈 1 和 2 的阻抗变化量。则电桥输出电压为

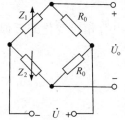

图 7.6.4　交流电桥测量电路

$$\dot{U}_o = (Z_1 \dot{I}_1 - Z_2 \dot{I}_2) \propto (\Delta Z_1 + \Delta Z_2) \quad (7.6.4)$$

由此可得 $\dot{U}_o$ 与 $(\Delta Z_1 + \Delta Z_2)$ 成正比,$\Delta Z_1 + \Delta Z_2 \approx j\omega(\Delta L_1 + \Delta L_2)$,而 $\Delta L_1 + \Delta L_2 = 2L_0 \dfrac{\Delta \delta}{\delta_0}$[①]。设起始气隙为 δ_0,气隙上下移动的变化量为 $\Delta \delta$,若气隙的相对变化量不大时,即 $\dfrac{\Delta \delta}{\delta_0}$ 不

---

① 在式 $\Delta L_1 + \Delta L_2 = 2L_0 \left[\dfrac{\Delta \delta}{\delta_0} + \left(\dfrac{\Delta \delta}{\delta_0} \right)^3 + \left(\dfrac{\Delta \delta}{\delta_0} \right)^5 + \cdots \right]$ 中忽略高次项,且对于高 Q 值 $\omega L \gg R$,则有 $\Delta L_1 + \Delta L_2 = 2L_0 \dfrac{\Delta \delta}{\delta_0}$。

大于$(0.30\sim0.40)$,则电桥的输出电压为

$$\dot{U}_{\circ}=\pm K\Delta\delta \tag{7.6.5}$$

式中,K 为取决于电感参数的常数,也称为差动电感传感器的灵敏度。电桥输出电压的幅度与 $\Delta\delta$ 有关,其相位与衔铁移动的方向有关。

7.6.3　电容式传感器

电容式传感器是将物理量转换成电容量的传感器。电容式传感器具有结构简单、动态响应好、可以实现无接触电测等优点。因此被广泛用于位移、角度、压力等非电量的电测领域。

电容式传感器根据工作原理的不同,可分为变间隙式、变面积式和变介电常数式三种。

1. 工作原理

变间隙式电容器如图 7.6.5 所示。其电容值的计算式为

$$C=\frac{\varepsilon S}{d}=\frac{\varepsilon_0\varepsilon_r S}{d} \tag{7.6.6}$$

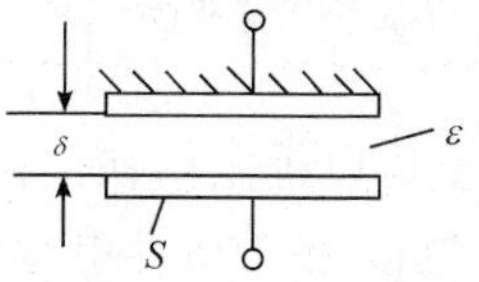

以空气为介质$(\varepsilon_r=1)$时,初始距离为 d_0,则输出的电容值为

图 7.6.5　变间隙式电容传感器原理图

$$C=\frac{\varepsilon_0 S}{d_0} \tag{7.6.7}$$

式中,ε_0 为真空介电常数,$\varepsilon_0=8.85\times10^{-12}(\text{F/m})$;$S$ 为极板间相互覆盖的面积(m^2)。

当间隙 d_0 减小 Δd,且 $\Delta d\ll d_0$,则电容增加 ΔC。输出电容相对变化的近似线性关系式为

$$\frac{\Delta C}{C}=\frac{\Delta d}{d_0}\left(1+\frac{\Delta d}{d_0}\right) \tag{7.6.8}$$

2. 测量电路

如果采用上述电容式传感器,一个桥臂接入单个电容式传感元件 C_1,其对应端桥臂匹配一固定电容 C_2,其初始电容与初始 C_1 的电容相等,R_3、R_4 为两个标准电阻,如图 7.6.6 所示。初始时电桥平衡,$\dot{U}_{\circ}=0$。当 C_1 的电容变化时,电桥有输出电压,其值与电容的变化成比例,由此可测得被测非电量。

图 7.6.7 所示是电容式压力传感器,通过弹性膜片在压力下的变形来改变传感器的电容。膜片作为电容器的一个极板,另一个极板固定。如果忽略膜片的刚

度,以及膜片背面的空气阻尼等复杂影响,则在静态受力的情况下,变形膜片球面与固定极板之间的电容值的相对变化为

$$\frac{\Delta C}{C} = \frac{a^2}{8\sigma d} p \tag{7.6.9}$$

式中,σ 为膜片的张力(N);p 为流体的压力(Pa);a 为膜片的半径(m)。

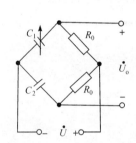

图 7.6.6　交流电桥测量电路

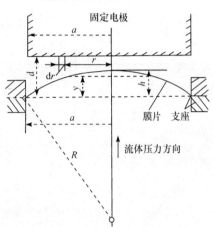

图 7.6.7　电容式压力传感器

*7.7　其他传感器与应用

在非电量电测技术中,用来将非电量转换成电量的传感器很多,本节再介绍几种常用的传感器。

7.7.1　霍尔传感器

利用霍尔效应制成的传感元件称为霍尔传感器。所谓的霍尔效应,是霍尔(E. H. Hall)于 1879 年发现,在半导体薄片两端通入控制电流 I,并在薄片的垂直方向上外加磁感应强度为 B 的磁场,则在垂直于电流和磁场的方向上将产生一个霍尔电动势或霍尔电压 U_H。

1. 工作原理

霍尔效应的产生是由于运动电荷受磁场中洛伦兹力作用的结果。假设在 N 型半导体薄片中通入电流 I,如图 7.7.1 所示,则半导体的载流子(电子)沿着与电流相反的方向运动(速度为 v)。由于在薄片平面方向上施加 B,则电子受到 f_L 的作用,向一边偏转,并形成电荷累积,进而形成电场。当电场作用在运动电子的 f_E

与洛伦兹力 f_L 相等时,电子累积达到平衡,于是在薄片两断面间建立电场,对应的霍尔电压为

$$U_H = K_H IB \qquad\qquad (7.7.1)$$

式中,I 为控制电流(A);B 为磁感应强度(T);K_H 为霍尔元件灵敏度,$K_H = R_H/d$ (V·m²/(A·Wb)),其中 R_H 为霍尔系数(m³/C),d 为霍尔元件厚度(m)。

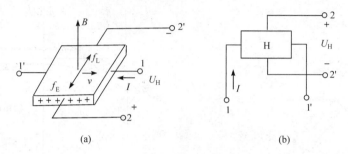

(a)　　　　　　　　　　　　　　(b)

图 7.7.1　霍尔元件效应原理

(a) 原理图;(b) 图形符号

1-1'控制电流线圈;2-2'输出电压引线

将霍尔元件、放大器、温度补偿电路和稳压电源集成在一个芯片上,就是霍尔传感器,可分为开关型和线性型两种。霍尔传感器可以用来测量磁场、位移、角度、转速等物理量。

2. 电测电路

将霍尔传感器固定在汽车分电器的白金座上,在分火头上安装一个隔磁罩,罩的竖边根据汽车发动机的缸数,开出等距的缺口,如图 7.7.2(a)所示。当缺口对准传感器时,磁通通过霍尔电路,电路导通,电路输出低电平。在图 7.7.2(b)中,当罩边凸出部分挡在传感器与磁体之间时,电路截止,电路输出高电平。

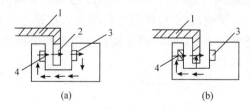

(a)　　　　　　　　(b)

图 7.7.2　霍尔传感器磁路示意图

(a) 磁通过传感器;(b) 磁通不过传感器

1. 隔磁罩;2. 隔磁罩缺口;3. 霍尔电路;4. 磁钢

霍尔电子点火器电路原理,如图 7.7.3 所示。当霍尔传感器输出低电平时,

T_1 截止，T_2、T_3 导通，点火线圈原绕组有一恒定电流通过。当传感器输出高电平时，T_1 导通，T_2、T_3 截止，点火线圈原绕组没有电流通过，此时储存在点火线圈中能量，由副绕组以高压放电形式输出，即放电点火。

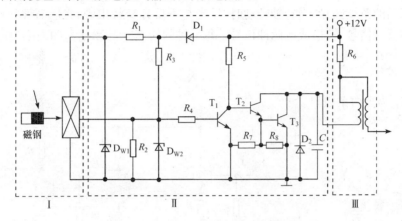

图 7.7.3　霍尔电子点火器电路原理

Ⅰ. 传感器分电器；Ⅱ. 开关放大电路；Ⅲ. 点火线圈

汽车电子点火器具有无触点、节油，可以适应各种恶劣工作环境，启动性能好，便于微型计算机控制等优点。

7.7.2　光电传感器

光电传感器将被测量通过光量的变化转换成电量的变化。由于其具有响应速度快、工作可靠、易于实现非接触测量和易于实现与计算机接口等优点，因而被广泛用于位移、距离、转速频率、温度等测量系统中。

光电传感器由电光源和光敏电子器件等组成。电光源是通电后即可发光的器件，如白炽灯、发光二极管等，光敏电子器件有光敏二极管、光敏三极管等。它们的工作原理及特性曲线在《电子技术》第 1 章和第 2 章，已分别作了介绍，这里不再赘述。

1. 光敏三极管

光敏三极管的结构与普通三极管相似，可以等效为一个光敏二极管与一个三极管的组合，因而具有放大作用。

由伏安特性可见，当基极—发射极电压一定（大于 0.3V）时，随着光照强度的增大，集电极电流将成倍地增大，且集电极电流为定值。因此，光敏三极管也相当于一个恒流源，输出电压 U_{CC} 取决于负载电阻的大小。

2. 电测电路

图 7.7.4 所示是光电式数字转速表的工作原理图。在待测转速轴上固定一个黑白相间的条纹圆盘,当转轴转动时,反光与不反光交替出现,光敏器件间接地接收光的反射信号,转换成电脉冲信号。每分钟的转速 n 与频率 f 的关系为

$$n = \frac{60f}{N} \tag{7.7.2}$$

式中,N 为黑白条数目。

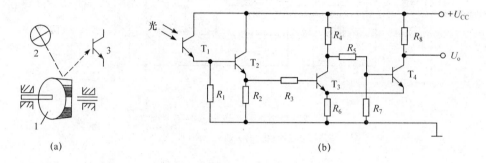

图 7.7.4　光电式数字转速表的工作原理
(a) 反射式;(b) 脉冲转换电路
1. 调制盘;2. 光源;3. 光电器件

光电转速传感器的光电脉冲转换电路,如图 7.7.4(b)所示。T_1 为光敏三极管,当有光照时,产生光电流使 R_1 上压降增大,晶体管 T_2 导通,作用到由 T_3 和 T_4 组成的射极耦合触发器,其输出电压 U_o 为高电位。该脉冲信号 U_o 可送到测量电路计数。

7.7.3　CCD 图像传感器

CCD 图像传感器是一种大规模集成电路光电器件,又称为电荷耦合器件(charge coupled devices,CCD)。CCD 是在 MOS 集成电路技术基础上发展起来的新型半导体传感器,其具有光电信号转换、信息存储、转移(传输)、处理及电子快门等功能,而且具有工作电压低,寿命长和电子扫描等优点。因此,在广播电视、无线传真、航空、航天、通信等民用和军用领域都有广泛应用。

1. 工作原理

MOS 光敏单元具有存储功能,光敏单元又称为"像素"或"像点",当受到光照时,所产生的光电子便存储在电荷包中。因此,电荷包中光电子的数量与入射光的

强度成正比,从而实现了光电转换。

读出寄存器也采用 MOS 结构,但其底部附有遮光层,以防止外部光线的干扰。读出寄存器在时钟脉冲的控制下按一定顺序分组将电荷包中的光生电子传送出去,形成一系列幅值不等的顺序脉冲序列,该传输过程实际上是一个电荷耦合过程。这也是电荷耦合器件名称的来由。CCD 图像传感器工作原理示意图,如图 7.7.5 所示。其由光学信息输入传感器,经过光电转换和电荷存储形成信号输出。

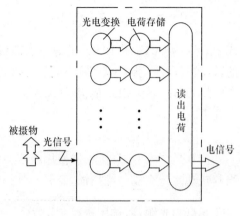

图 7.7.5　CCD 工作原理示意图

2. 电测电路

1) 被测物尺寸测量

图 7.7.6 所示是用两套光学成像系统和两个 CCD 器件组成的测量轧钢板的实际尺寸的系统原理。在被测钢板的左右边缘下设置光源,经过各自的透镜,将边缘部分成像在各自的 CCD 器件上,两个 CCD 的间距固定不变。设两个 CCD 的像素数均为 N_0,L_3(已知)为两个 CCD 都监视不到的盲区,故与 L_3 对应的等效像素数为 N_3 也就确定了。则由 CCD_1、CCD_2 确定被测物的总尺寸为

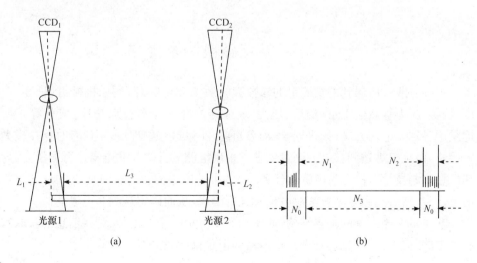

(a)　　　　　　　　　　　　　(b)

图 7.7.6　钢板宽度测定示意图

(a) 测试原理;(b) 接受光照

$$L_x = \left[2N_0 - (N_1 + N_2)\right]\frac{L_0}{N_0} + L_3 \tag{7.7.3}$$

式中,N_0 为 CCD_1 和 CCD_2 的总像素数目;L_0 为整个视野范围;N_1 为 CCD_1 输出的脉冲数目;N_2 为 CCD_2 输出的脉冲数目。

将 CCD_1 和 CCD_2 的脉冲送入同一累加器,再按上式运算,即可得出被测尺寸 L_x。

2) 传真装置输入环节

传真是图像 CCD 传感器使用最广泛的领域之一。被传真的纸张卷在滚筒上,当其转动时就完成一维扫描,而另一维扫描由 CCD 传感器实现,如图 7.7.7 所示。以荧光灯为光源,所选用透镜焦距为 $\frac{f}{3} \sim \frac{f}{4}$,像距为 $20 \sim 300\text{mm}$。由于一次曝光就得到一行像素,传感器输出的信号经放大后,经过适当的带宽压缩(编码),再通过调制/解调电路送入反射电路(传真接收机),最后在打印机上打印出原图像。

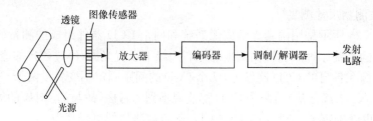

图 7.7.7　传真装置的 CCD 输入环节

*7.8　非电量电测系统

工程实践中所遇到的被测量的参数大多数为非电物理量,如机械量(长度、速度、位移、应力等)、热工量(温度、压力、流量等)、化工量(湿度、浓度、成分等)等。但是用各种非电的方法(如机械、气动等)直接测量这些物理量,不仅有时存在较大的困难,而且很难达到较高的测量要求。采用电测的方法对非电量进行测量,称为非电量电测技术。非电量电测的任务,就是通过传感器将非电量变换成与其有关的电信号,然后利用电测方法对电信号进行测量,从而确定被测非电量的值。

非电量电测系统的基本结构,如图 7.8.1 所示。主要由传感器(信息的获取)、电测电路、放大器(信息的处理)、指示器和记录仪(信息的显示)等组成。

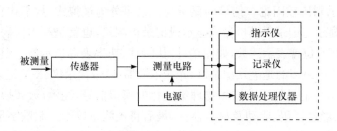

图 7.8.1　非电量电测系统结构框图

7.8.1　传感器的作用和选择

　　传感器是把被测的非电量变换成电量的装置,其是一种获得信息的手段,在非电量电测系统中占有重要的位置。传感器获得信息的正确与否,关系到整个电测系统的精度,如果其误差较大,后面的电测电路即使精度再高也难以提高电测系统的精度。传感器的种类很多,各有各的变换功能。

　　在工程实践中,一个被测量可有多种不同的电测方法和手段。例如温度,既可用热敏电阻或半导体温度计测量,也可以用热电偶测量,还可以用辐射式温度传感器,以及其他类型的温度传感器测量。另一方面,不同的被测量又可能采用同一种电测方法或手段。例如力、压力、位移、加速度、液位等,均可用电容式传感器测量。因此,在非电量电测系统中,究竟采用哪一种传感器是首先要解决的问题。正确选择传感器主要依据其使用要求,同时也要考虑经济性。使用要求主要有:

　　(1) 被测量的性质(静态或动态测量);

　　(2) 测量精确度和稳定性;

　　(3) 灵敏度和量程范围;

　　(4) 工作条件和使用环境;

　　(5) 其他特殊要求。

7.8.2　信号处理电路

　　传感器输出的信号通常是非常微弱的电信号,而且极易受到环境温度和其他干扰因素的影响。因而需要电测电路将传感器输出信号进行放大、处理和变换等。信号处理电路主要包括信号转换电路、放大电路、模拟开关、电压/频率转换电路、采样/保持电路等。这部分内容将在第 8 章中介绍。

7.8.3　信号显示和记录

　　非电量电测的目的是要了解被测物理量的数值,信号的显示与记录是非电量电测系统中的重要环节。在电测系统中静态量的显示比较简单,而随时间变化的动态量的显示则比较困难。信号的显示与记录可分为模拟式、数字式和图像式。

　　模拟式显示与记录以模拟量来显示或记录被测量,也就是利用仪表指针的偏转角度标出的相对位置表示读数,如安培计、伏特计、功率表等指示器。模拟式记录仪器仪表目前用的最多的是笔式记录仪、光线示波器、磁带记录仪、X-Y 记录仪等。

　　数字显示与记录将反映被测物理量变化的模拟信号,经模/数转换器后转换成数字信号,再经过译码、驱动及显示器件,最后将被测量以十进制数字形式显示,如数字电流表、数字转速表、数字频率计等。模/数转换、译码、显示电路等内容已在电子技术有关章节中讨论过,这里不再赘述。

　　图像显示是用屏幕显示读数或被测量的变化曲线。目前应用较广泛的是数字及字符显示器件(LED 和液晶显示器)。

本 章 小 结

　　1. 电测分为电量和非电量,其中电量电测主要测试的是电压、电流和电功率,可直接采用电工仪表进行测量。而非电量电测需要经过传感器将非电量转化为电量进行测量。非电量电测在电测系统中占有重要的地位。

　　2. 电流、电压和功率等电量的测量常用仪表有三种:磁电式、电磁式、电动式。它们的基本原理都是利用仪表中通入电流后产生电磁作用,产生转动力矩,使可动部分转动。当转动力矩与反作用力矩平衡时,仪表的指针指示出被测电量的大小。

　　3. 测量电流时,电流表应与被测电路串联,内阻应尽量小;测量电压时,电压表应与被测电路并联,内阻应尽可能大。如果需要扩大电表量程时,可采用分流器扩大电流量程,采用倍加电阻(附加串联电阻)扩大电压表量程。

　　4. 测量电路中的功率(交流电路的有功功率)一般用功率表。使用功率表时应注意考虑电流线圈和电压线圈的量程;接线时要注意"*"或"±"端连接。测量三线四线制功率用一表法(三相对称)和三表法(三相不对称),测量三相三线制功率用二表法。

　　5. 万用表有指针式和数字式两大类。使用时要注意转换开关的位置和量程。用其测量电阻时,被测电路不允许带电。

　　6. 温度传感器可将被测温度的变化转换成电信号。热敏电阻的阻值随着温度呈指数规律变化,主要用于测温、控温和温度补偿等方面;热电偶工作的物理基础是热电效应,其两端电动势的大小随温差的改变而改变;集成温度传感器是利用半导体的热敏特性工作,其输出电流随着温度的变化而线性改变。

　　7. 压力传感器可将被测压力的变化转换成电信号。应变式电阻传感器是利用导体或半导体材料的应变效应,将压力、力等变化转换成应变电阻的变化;电感式压力传感器是利用电感元件将压力、流量等被测量的变化转换成电感的变化,再由测量电路转换成电信号;电容式传感器是将压力、位移等被测量的变化转换成电容的变化。

8. 霍尔传感器是利用霍尔效应制成的传感元件,其中包括霍尔元件、放大器、温度补偿电路等,可用来测量位移、角度、转速等物理量;光电传感器是将被测量通过光的变化转换成电信号。这两种传感器可用来测量位移、角度、温度、转速等物理量。

9. 非电量电测系统主要由传感器、信号处理电路和显示/记录装置三大部分组成。

习　题

7.1　用量程是 250V,准确度为 0.2 级和 1.0 级的电压表测量 200V 的电压时,可能出现的最大绝对误差是多少?

7.2　绝对误差、相对误差有什么不同? 实验结果的测量误差应该用什么误差表示?

7.3　题 7.3 图所示是用伏安法测量电阻的两种电路。因为电流表有内阻 R_A,电压表有内阻 R_V,所以两种测量都将引入误差。试分析它们的误差,并讨论这两种方法的适用条件(适用于测量阻值大一点的还是小一点的电阻,可以减小误差)。

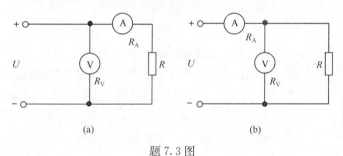

(a)   (b)

题 7.3 图

7.4　试述一表法、二表法、三表法测量三相功率的使用条件。

7.5　用二表法测量对称三相负载(负载阻抗为 Z)的功率,设电源线电压为 380V,负载连接成星形。试求在下列情况下每个功率表的读数和三相总功率:

(1) $Z=10\ \Omega$

(2) $Z=8+j6\ \Omega$

(3) $Z=5+j5\sqrt{3}\ \Omega$

(4) $Z=5+j10\ \Omega$

(5) $Z=-j10\ \Omega$

7.6　热敏电阻与热电偶相比较,哪个测温范围更宽? 它们的输出各为何值?

7.7　电感式和电容式传感器测量压力时,主要有何区别? 这两种传感器分别还可以测量何种物理量?

7.8　在题 7.8 图所示的光触发电路中,由 R_4 构成正反馈使电路状态的转换速度加快,试分析电路的工作原理。

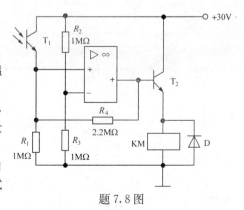

题 7.8 图

*第8章 信号处理与数据采集系统

在仪器仪表和控制系统中,被测量和控制量大多是随时间连续变化的模拟量,如电压、电流、温度、压力、位移、速度等。传感器输出的电信号通常需要接入放大电路,以便进行缓冲、隔离、放大和电平变换等处理。在计算机控制系统中,传感器常用的接口电路有:模/数(A/D)转换、放大电路、电压/频率(U/F)转换电路、多路模拟开关和采样/保持(S/H)电路等。本章将主要介绍简单的信号处理与转换电路,以及 A/D 转换的外围电路和数据采集系统。

8.1 测量放大电路

传感器输出的电信号通常都较微弱,最小的约为 $0.1\mu V$ 且动态范围较宽,往往叠加有很大的共模干扰电压。测量放大电路的作用是检测叠加在高共模电压上的微弱信号,这就要求放大电路具有高输入阻抗、较强的共模抑制能力、较小的失调与漂移和较高的稳定性等性能。因此,传感器放大电路大多由运算放大器来实现,这部分内容可以参考电子技术运算放大器在测量中的应用来学习。

8.1.1 电桥放大电路

电桥放大电路是非电量电测系统中应用极为普遍的一种放大电路,许多传感器都是通过电桥接口电路,将被测非电量转换成电信号,并将电信号进一步放大。

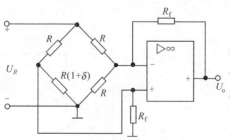

图 8.1.1 具有温度补偿的电阻电桥

电桥电路有两种基本的工作方式:平衡电桥(零检测器)和不平衡电桥。在传感器应用中主要是不平衡电桥,电桥中的一个或几个桥臂阻抗对其初始值的偏差相当于被测量的大小或变化。

图 8.1.1 所示是一电桥放大电路。电桥电源与运算放大器共地,电阻传感器 $R_t=R(1+\delta)$ 接入电桥的一个桥臂上,其相对变化量为

$$\delta=\frac{\Delta R}{R} \tag{8.1.1}$$

其电阻为 $R+\Delta R=R(1+\delta)$,依据运算放大器的理想特性,当 $R_f \gg R$ 时,则有

$$U_o = \frac{U_R}{4}\delta\frac{1+2R_f/R}{1+\delta/2}$$

当 $\delta \ll 2$ 时,有

$$U_o \approx \frac{U_R}{2}\frac{R_f}{R}\delta \tag{8.1.2}$$

可见,此时输出电压 U_o 与相对变量 δ 成正比。这个电路的缺点是灵敏度与桥臂电阻 R 有关。因此,要求运算放大器的共模抑制比高,失调要小。

8.1.2　电荷放大电路

随着压电式加速度计、压力传感器等应用的增加,电荷放大电路作为传感器的接口电路也被普遍采用,其优点是输入阻抗高,并可以抑制传感器传输电缆分布电容的影响。由于其输出电压正比于输入电荷,且与传输电缆的长度无关,因而广泛应用于电容式传感器。

电荷放大电路是一种电容负反馈式放大电路,如图 8.1.2 所示。输出电压 U_o 和输入电荷 Q 间的关系为

$$U_o = \frac{-\mathrm{j}\omega\, QA}{\left[\dfrac{1}{R_a}+(1+A)\dfrac{1}{R_f}\right]+\mathrm{j}\omega[C_a+C_e+(1+A)C_f]} \tag{8.1.3}$$

式中,C_a 为传感器等效电容;C_e 为电缆分布电容;R_a 为压电传感器等效电阻;A 为运算放大器的开环放大倍数。

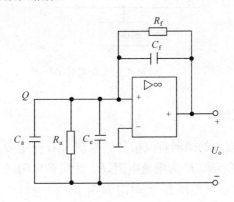

图 8.1.2　电荷放大电路的等效电路

一般情况下,电阻 R_a、R_f 较大,电容 C_a、C_e 和 C_f 约为同一数量级,A 则较大。此式中,$(C_a+C_e)\ll[1/R_a+(1+A)/R_f](1+A)C_f\ll\omega(1+A)C_f$,由此可得

$$U_o \approx -\frac{AQ}{(1+A)C_f} \approx -\frac{Q}{C_f} \tag{8.1.4}$$

式(8.1.4)表明,只要 A 足够大,则输出电压 U_o 只与被测量电荷 Q 和反馈电容 C_f 有关,而与分布电容 C_e 无关。因此说明,电荷放大电路的输出不受传输电缆长度的影响。

由于被测压力 $Q=\mathrm{d}F$,则电荷放大电路与压电传感器连接后,由式(8.1.4)可见,通过测量电压 U_o,即可获得压力 F 的大小

$$U_o = -\frac{Q}{C_f} = -\frac{1}{C_f}\mathrm{d}F \tag{8.1.5}$$

8.2　调制与解调电路

在测量微弱直流信号时,通常不能采用直接耦合的直流放大电路,因为这种放大电路存在着严重的零点漂移,被放大的微弱直流信号往往会被零点漂移所淹没,导致测量无法进行。对于这种缓慢变化的信号,在测量时可将其转换成交流信号,经交流放大电路放大后,再将放大的交流信号转换成直流信号。能够实现上述功能的电路,称为调制式直流放大电路,如图8.2.1所示。

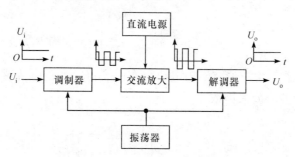

图 8.2.1　调制式直流放大电路框图

8.2.1　调制器工作原理

调制器作用是将输入的微弱直流信号转换成具有一定频率的交流信号,其工作原理如图 8.2.2(a)所示。R 为限流电阻,R_L 为负载电阻,U_i 为直流输入电压。

当开关 S 断开时,输入电压 U_i 经电阻 R 和 R_L 向电容 C 充电,充电电流在负载电阻 R_L 上产生压降即输出电压 u_o。当开关 S 闭合时,电容 C 向电阻 R_L 放电,输出电压同样为 u_o。由于充放电电流方向相反,则输出电压 u_o 的方向也相反。如果开关 S 反复断开和闭合,输出电压 u_o 即为正负相间的波形,其幅度与输入电压 U_i 成正比,波形的周期就是开关的动作周期。在实际电路中,常采用晶体三极管或者场效应管组成自动无触点开关,如图 8.2.2(b)所示。

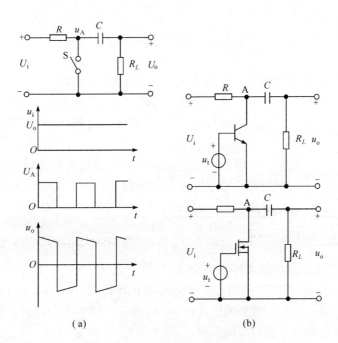

图 8.2.2　调制器工作原理

（a）工作原理；（b）三极管或 MOS 管构成的调制器

8.2.2　解调器工作原理

　　解调器的作用是将放大后的交流信号转换成与输入信号相对应的直流信号，其工作原理如图 8.2.3 所示。

　　电路中输入电压 u_i 为正负相间的矩形波，当开关 S 在 u_i 的正半周闭合，而在负半周断开时，负载电阻 R_L 可得到单一极性的正方波，再经过滤波除去残余高频分量，即可得到直流输出信号。当然，开关 S 也可是晶体管等元件构成的自动开关。实际上常用相敏检波器或相敏放大器作为解调器，前者可完成直流及信号极性鉴别的任务，后者还可同时进行信号放大。

　　从上述分析可知，解调器不仅能将交流输入信号转换成与其幅值成正比的直流输出信号，还能反映交流输入信号的相位变化。

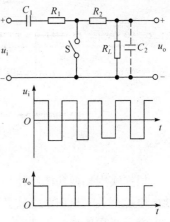

图 8.2.3　解调器工作原理

8.3　多路模拟开关

在实际系统中,被测量的电路通常是几路或多路,不可能每一个电路参数配置一个 A/D 转换器,因此经常采用多路开关,轮流切换各个被测电路与 A/D 转换器间的通断,以使各电路分时占用 A/D 转换电路。

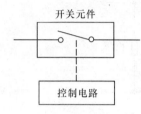

模拟开关是一种在数字信号控制下将模拟信号接通与断开的元件或电路。该电路由开关元件和控制(驱动)电路两部分组成,如图 8.3.1 所示。

图 8.3.1　模拟开关组成

根据开关元件切换的对象,可将其分为电压开关和电流开关两种,如图 8.3.2 所示。电压模拟开关的特点是当开关断开时,开关两端的总电压与被换接电压 U_x 有关,通过开关的电流与负载电阻 R_L 有关。电流模拟开关的特点是不管负载电阻 R_L 大小如何,流过开关的电流与被换接的电流 I_x 相等,被换接电压由 $R_L I_x$ 决定。图 8.3.2(c)、(d)所示为电压模拟开关和电流模拟开关的应用实例。

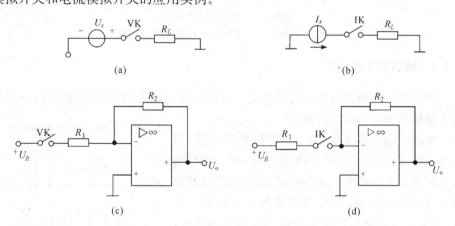

(a)　　　　　　　　　　　　　　(b)

(c)　　　　　　　　　　　　　　(d)

图 8.3.2　电压开关与电流开关
(a) 电压开关;(b) 电流开关;(c) 电压开关实例;(d) 电流开关实例

根据实现切换功能所使用的开关元件,模拟开关可分为机械触点式开关和半导体模拟开关。机械触点式开关中最常用的是干簧继电器,其导通电阻小,但切换速率慢。半导体模拟开关有二极管、双极晶体管、场效应晶体管、光耦合器件和集成模拟开关等,它们的体积小、切换速率快、无抖动、易于控制等。主要缺点是导通电阻较大、输入电压和电流容量有限等。本节主要介绍由 CMOS 传输门组成的模拟开关和多路模拟多路开关(集成 UMX)。

8.3.1　CMOS 模拟开关

传输门主要用来传输受控信号，其电路和符号如图 8.3.3 所示。图 8.3.3（a）中的 T_1 是 N 沟道增强型 MOS 管，其衬底接地。T_2 是 P 沟道增强型 MOS 管，其衬底接 $+U_{DD}$（设 $U_{DD}=10V$）。这样可使 N 沟道和 P 衬底、P 沟道和 N 衬底之间处于反向偏置，起到隔离作用。利用 P 沟道 MOS 管和 N 沟道 MOS 管的互补特性组成的 CMOS 传输门具有很低的导通电阻（几百欧姆）和很高的截止电阻（大于 $10^7\Omega$），接近理想开关。

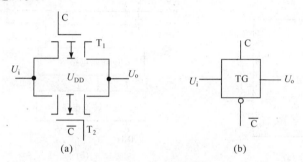

图 8.3.3　CMOS 传输门
(a) 电路；(b) 图形符号

在图 8.3.3 所示电路中，设 T_1、T_2 开启电压的绝对值均为 3V，输入电压 U_i 的变化范围为 0~10V。当加于 C 和 $\overline{C}$ 端的电压分别为 10V 和 0V（即 C=**1** 和 $\overline{C}$=**0**）时，因 T_1、T_2 的栅极电位分别为 10V 和 0V，故 U_i 为 0~7V 时，T_1 导通，U_i 为 3~10V 时，T_2 导通，当 $3V<U_i<7V$ 时，T_1、T_2 同时导通。当 C=**1** 时，U_i 在 0~U_{DD} 之间变化，则 T_1、T_2 至少有一个导通，使信号从输入端传送到输出端，$U_o=U_i$。相反，当 C=**0** 和 $\overline{C}$=**1** 时，T_1 的 U_{GS} 为零或负值，T_2 的 U_{GS} 为正值或零，故 T_1、T_2 均截止，两管处于高阻状态，此时相当于开关断开，输入信号不能传送到输出端。

CMOS 模拟开关具有速度快（开关接通时间短，可小于 100ns）、功率损耗低、抗干扰能力强等优点，因此应用相当广泛。

8.3.2　集成模拟多路开关

集成 MUX 的种类很多，除了外部引线排列、通道数等参数不同外，其工作原理和使用方法基本相同。图 8.3.4 所示为集成 MUX-CD4051 的引脚排列和结构图。CD4051 主要由 8 路 CMOS 开关、译码电路和电平转换电路三部分组成。模拟开关作为输入信号的通路，开关闭合时，该路信号可以通过；开关断开时，该路信号被阻断。模拟开关受来自计算机或其他数字电路的信号控制。为了适应不同的电平,它设有电平转换电路,可将输入的 TTL 电平的控制信号转换为 CMOS 电平。CD4051 的控制信号可以是 TTL 电平或 CMOS 电平。译码电路控制各模拟开关的开启,将输入的控制信号进行译码后,选出相应的通道,使之闭合。INH 为高电平时,禁止 8 个通道的所有开关。CD4051 的真值表见表 8.3.1。

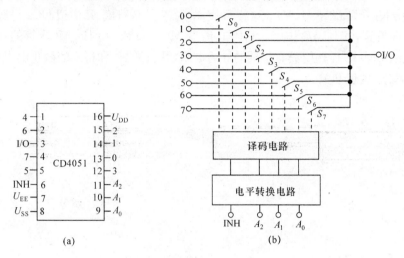

图 8.3.4　CD4051 八选一模拟开关结构

(a) 引脚排线;(b) 结构图

表 8.3.1　CD4051 的真值表

地址输入				通道号	地址输入				通道号
INH	A_2	A_1	A_0	S_i	INH	A_2	A_1	A_0	S_i
1	×	×	×	—	**0**	**1**	**0**	**0**	S_4
0	**0**	**0**	**0**	S_0	**0**	**1**	**0**	**1**	S_5
0	**0**	**0**	**1**	S_1	**0**	**1**	**1**	**0**	S_6
0	**0**	**1**	**0**	S_2	**0**	**1**	**1**	**1**	S_7
0	**0**	**1**	**1**	S_3	**1**	×	×	×	—

注:×表示任意状态(0 或 1)。

　　为了满足不同需要,集成 MUX 按输入信号连接方式可分为单端输入和差动输入。按信号的传输方向可分为单向开关和双向开关,双向开关可以实现两个方向的信号传输,既可完成多到一的转换,又可完成一到多的转换。在实际应用中,应首先考虑集成 MUX 的路数,常用的集成 MUX 有四选一、双四选一、八选一、双八选一、十六选一等多种。其次,还有电压开关和电流开关之分。

　　模拟开关 LF13508 是单端八通道开关,如图 8.3.5 所示。其有三个二进制控制输入端 A_0、A_1、A_2,控制信号经过三—八译码器后,选择 $S_1 \sim S_8$ 中的一个通道与输出端 D 接通。EN 为使能端,当EN=0时,通道断开,禁止模拟量输入;

当EN＝1时,通道接通,允许控制输入端选
中的模拟量输入,并与输出通道相连接。
当输入模拟信号的电平在芯片正负电源
范围内变化时,开关的导通电阻保持不
变。二进制逻辑输入电平可以是 CMOS
电平或 TTL 电平,信号输入电平范围可
为±36V。

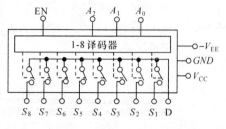

图 8.3.5　LF13508 原理电路

　　在实际的数据采集系统中,有时采样
的点数远不止 8 路、26 路,而需要更多的路数。因此需要使用多个集成 MUX 进
行通道扩展,以满足实际需要。图 8.3.6 所示是将两个八通道 LF13508 扩展成 16
路开关的电路。

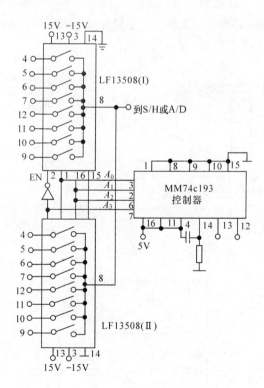

图 8.3.6　LF13508 扩展为十六选一连接法

　　在图 8.3.6 中,十六选一需要四位二进制地址输入,即 A_0、A_1、A_2、A_3。现将
高位地址码 A_3 作为片选信号,控制 LF13508 的使能端 EN。当 $A_3＝0$ 时,芯片
LF13508(1)被选中,芯片 LF13508(2)被禁止,控制器依次发出前 8 个地址 0000,
0001,…,0111,低 3 位地址码依次选择芯片 LF13508(1)的 8 个通道。当 $A_3＝1$

时,芯片 LF13508(2)被选中,芯片 LF13508(1)被禁止,控制器依次发出后 8 个地址 **1000,1001,…,1111**,低 3 位地址码依次选择芯片 LF13508(2)的 8 个通道,这样就实现了十六选一。

8.4　电压/频率转换电路

电压/频率(U/F)转换电路是将模拟电压信号转换成频率信号。由于 U/F 转换本身是一积分过程,其转换结果送给计算机时可采用简单的光电耦合,因而具有较强的抗干扰能力。U/F 转换电路与计算机的接口比较简单,转换精度和线性度也比较好。

8.4.1　U/F 转换电路工作原理

可以实现 U/F 转换的电路较多,但是集成 U/F 转换芯片大多采用电荷平衡式 U/F 转换电路,如图 8.4.1 所示。电路中 N_1 为积分电路,N_2 为零电压比较电路,其输出触发单稳态电路,得到输出信号。

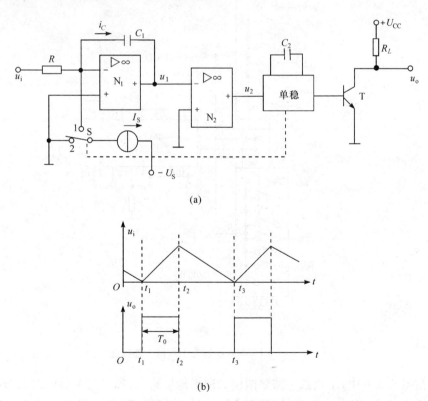

(a)

(b)

图 8.4.1　U/F 转换电路工作原理框图

(a) 工作原理框图;(b) 定时转换波形

　　U/F 转换电路的工作原理是:当积分电路的输出电压下降至零时,零电压比较电路产生一个正跳变,触发单稳态电路产生一个宽度为 I_o 的脉冲,脉冲控制模拟开关 S 合向 1 位置时,接通电流源 I_S,电容器 C_1 充电,充电电流为

$$i_{C1} = -I_S + \frac{u_i}{R}$$

故 N_1 的输出电压为

$$u_1 = \int_{t_1}^{t} \frac{i_{C1}}{C} \mathrm{d}t$$

当 $t=t_2$ 时暂态过程结束;当开关合向 2 位置时,电流源断开,电容器的充电电流为

$$i_{C1} = \frac{u_i}{R}$$

故 N_1 的输出电压为

$$u_1 = -\int_{t_2}^{t} \frac{i_{C1}}{C} \mathrm{d}t + u_1(t_2)$$

电压下降,直至到零值,电压比较电路跳变,重复上述过程。

　　电容器电压 u_1 和输出电压 u_o 的波形变化,如图 8.4.1(b)所示。可见正反向充电的电荷量相等,则有

$$\int_{t_1}^{t_2} \left(I_S - \frac{u_i}{R} \right) \mathrm{d}t = \int_{t_2}^{t_3} \frac{u_i}{R} \mathrm{d}t$$

或

$$\int_{t_1}^{t_2} I_S \mathrm{d}t = \int_{t_1}^{t_3} \frac{u_i}{R} \mathrm{d}t$$

故有

$$I_S T_0 = \frac{1}{R} \int_{t_1}^{t_3} u_i \mathrm{d}t = \frac{U_i}{R} T \qquad\qquad (8.4.1)$$

式中,U_i 为输入电压在一个周期的平均值。

　　由此可得,输出电压的频率为

$$f = \frac{1}{T} = \frac{1}{I_S T_0 R} U_i \qquad\qquad (8.4.2)$$

可见输出电压的频率与输入电压的平均值成正比。

8.4.2　集成 U/F 转换器

　　目前,集成 U/F 转换器芯片有 LM331、BG832、AD651 等多种。下面简要介

绍 LM331 U/F 转换器的用法。

　　LM331 的结构框图如图 8.4.2(a)所示。其主要由输入比较电路、定时比较电路、RC 触发器、输入驱动和电流源等部分组成。

　　LM331 的典型应用电路如图 8.4.2(b)所示。输入电压端(脚 7)将输入电压经过 R_1C_1 组成的低通滤波器送入 LM331;接地端(脚 4)接入偏移调节电路,利用 R_LC_L 电路的充放电过程确定输出信号的周期;脚 5 接 R_tC_t 决定定时器的定时时间;脚 2 接 R_S 调整电流源的基准电流;输出端(脚 3)接上拉电阻。

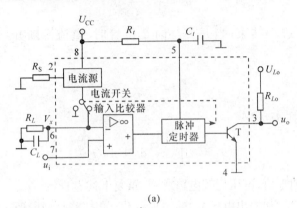

(a)

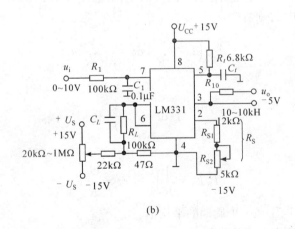

(b)

图 8.4.2　集成 LM331 U/F 转换器

(a) LM331 结构框图;(b) 典型应用电路

　　LM331 工作为单电源(5~40V),其输出与 TTL 和 CMOS 电平兼容,为了防止外电场和电源干扰,可直接采用光电耦合器,对模拟电路和数字电路进行隔离,如图 8.4.3 所示。

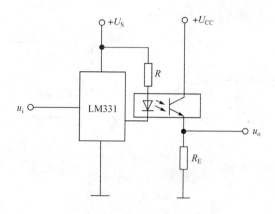

图 8.4.3　LM331 输出隔离电路

8.5　采样保持电路

A/D 转换是将随时间连续变化的模拟信号转换成离散的数字信号,因此数字信号是模拟信号在一系列特殊时刻(采样时刻)的值。而 A/D 转换器从启动转换到转换结束,需要一定的转换时间。在这个转换时间内,如果模拟信号发生变化,就会产生转换误差。为改善这种状况,经常在 A/D 转换之前引入一个采样保持电路(sample and hold circuits,简称 S/H)。

8.5.1　采样定理

S/H 电路是在采样脉冲的控制下,处于"采样"或"保持"两种状态的电路。采样状态时,电路的输出跟随输入的模拟电压;保持状态时,电路的输出保持前一次采样结束瞬时的模拟信号电压,直至进入下一次采样为止。在一个数据采集系统中,是否采用 S/H 电路取决于输入信号的频率。使 S/H 电路的采样信号能够不失真地复现为原输入信号,称为采样定理(也称为奈奎斯特定理)。它应满足

$$f_S \geqslant 2f_H \tag{8.5.1}$$

式中,f_S 为采样频率,是采样周期的倒数,即 $f_S = \dfrac{1}{T_S}$;f_H 为信号 u_i 的最高有效频率,亦称奈奎斯特频率。

8.5.2　S/H 电路工作原理

S/H 电路的基本结构形式有串联型和反馈型两种,如图 8.5.1 所示。图中 N_1、N_2 分别是输入和输出缓冲放大电路,主要作用是增大 S/H 电路的输入阻抗和减小输出阻抗,以便与前级和后级电路连接。S 是模拟开关,开关的通断是由控制

信号 u_K 控制。C_H 是保持电容。

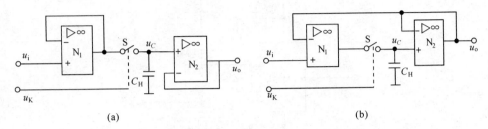

图 8.5.1　S/H 电路

(a) 串联型；(b) 反馈型

当开关 S 接通时，S/H 电路处于跟踪采样状态。由于 N_1 具有很高的放大倍数，其输出阻抗很小，模拟开关 S 的导通阻抗也很小，输入信号 u_i 通过 N_1 对保持电容 C_H 快速充电，保持电容 C_H 的电压 u_C 将跟踪输入电压的变化。因 N_2 也接成电压跟随器，所以在这个时间段有 $u_o = u_C = u_i$。

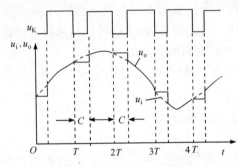

图 8.5.2　S/H 电路的输入和输出波形

当开关 S 断开时，S/H 电路处于保持状态。由于保持电容 C_H 没有放电回路，电容 C_H 上的电压 u_C 将保持在模拟开关 S 断开瞬间的输入电压 u_i，输出电压保持不变，此值一直保持到下一次采样状态开始为止。S/H 电路的输入和输出波形，如图 8.5.2 所示。

反馈型与串联型 S/H 电路的元件选择原则相同。串联型 S/H 电路中影响精度的是两个运算放大器的失调电压和模拟开关 S 的误差电压。而反馈型 S/H 电路中影响精度的只有运算放大器 N_1 的失调电压。所以，反馈型 S/H 电路具有较高的输出精度和工作速度。

8.5.3　集成 S/H 电路

目前大都将 S/H 电路所用的元件集成在一块芯片上，构成集成 S/H 电路，但保持电容 C_H 有时根据用户需要应选择不同值进行外接。集成 S/H 电路型号较多，主要有通用型、高速型和高分辨率型三类。下面主要介绍最常用的 AD582 芯片。

AD582 的电路结构如图 8.5.3 所示。电路中保持电容 C_H 外接在放大器 N_2 的反相输入端和输出端之间，N_2 相当于积分器，将电容 C_H 等效到 N_2 的输入端，则等效电容 C'_H 为

$$C'_H = (1 + A_{02})C_H \tag{8.5.2}$$

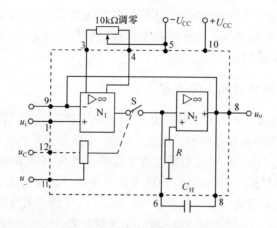

图 8.5.3　AD582 集成 S/H 电路

　　可见,在相同的采样速率下,将同一输入信号寄存在保持电容上,放大器 N_1 的输出端和反相输入端之间没有接模拟开关。当电路处于保持状态时,放大器 N_1 处于开环状态,即使 N_1 的输入电压较小,也进入饱和状态,故采用开关 S 两端有较大的电位差。当模拟开关 S 闭合时,保持电容 C_H 的充电速度较快,所以芯片的工作速度较高。当 $C_H = 100\text{pF}$ 时,精度为 $\pm 0.1\%$,捕捉时间 $t_{AC} \leqslant 6\mu s$。

　　AD582 采样双极型 MOS 工艺,结构简单、成本低。控制信号 u_C 在 12、11 管脚之间,11 管脚接地,外接调零电位器(一般为 $10\text{k}\Omega$)。当 $u_C = 0$ 时,电路处于采用状态;当 $u_C = 1$ 时,电路处于保持状态。

8.6　数据采集系统

　　数据采集系统是将电测的模拟信号自动地进行采集并变换为数字量,再送到计算机中进行处理、传输、显示、存储或打印。数据采集系统具有广泛的应用前景,如工厂为对生产过程进行自动控制,必须实时电测出各种参数。因此,在工业、农业、国防和日常生活等各个领域,为了实现过程控制、状态监测、故障诊断等任务,多应用数据采集系统应用。

　　数据采集系统一般由传感器、多路开关、S/H 电路、A/D 转换器和计算机等组成,如图 8.6.1 所示。

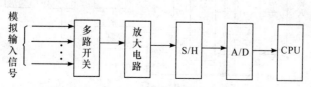

图 8.6.1　数据采集系统框图

设计数据采集系统应考虑的主要因素有：系统结构形式、变化速率和通道数、电测精度、分辨率和速度等。此外还要考虑性能价格比等。下面简要介绍几种常见的数据采集系统结构形式。

8.6.1 多通道共享 S/H 和 A/D 系统

多通道共享 S/H 和 A/D 系统采用分时转换工作方式，各路被测参数共用一个 S/H 和 A/D，如图 8.6.2 所示。在某一时刻，多路开关只选择其中某一路输出，经 S/H 后进行 A/D 转换，转换后输出数字信号。当 S/H 电路的输出已充分逼近输入信号时，在控制指令的作用下，S/H 电路由采样进入保持状态，A/D 转换电路开始转换，转换结束后输出数字信号。在转换期间，多路开关可以将下一路接通到 S/H 电路的输入端。系统重复上述操作，实现对多通道模拟信号的数据采集。

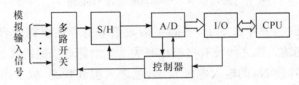

图 8.6.2 多通道共享 S/H 和 A/D 系统

这种结构形式简单，所用芯片数目少，采样方式可按顺序或随机进行，适用于信号变化速率不高的场合。

8.6.2 多通道共享 A/D 系统

多通道共享 A/D 系统虽然也是分时转换系统，各路信号共用一个 A/D 转换器，但每一路通道都有一个 S/H，可以在同一指令控制下对各路信号同时采用，获得各路信号在同一时刻的瞬时值。系统结构如图 8.6.3 所示。模拟开关分时将各路 S/H 接到 A/D 上进行转换。这些同步采样的数据可描述各路信号的相位关系，故也称该结构为多通道同步数据采集系统。例如三相瞬时功率的测量系统可对同一时刻的三相电压、电流进行采样，然后进行计算获得瞬时功率。

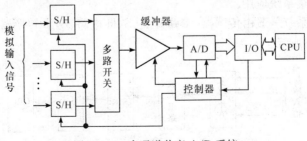

图 8.6.3 多通道共享 A/D 系统

由于各路信号必须串行地在共用的 A/D 转换器中进行转换,因此该系统速度较慢。

8.6.3 多通道 A/D 系统

每个通道都有各自独立的 S/H 电路和 A/D 转换器,各个通道的信号可以独立进行采样和 A/D 转换,如图 8.6.4 所示。转换的数据可经过接口电路送入到计算机中,数据采集速度快。此外,如果系统中的被测信号较为分散,模拟信号经过较长距离传输后再采样,系统将会受到干扰。这种结构形式可在每个被测信号源附近接入 S/H 电路和 A/D 转换器,就近采样保持和模数转换。转换的数字信号也可以经过光电转换成光信号再传输,从而使传感器和数据处理中心在电气上完全隔离,避免接地电位差引起的共模干扰。

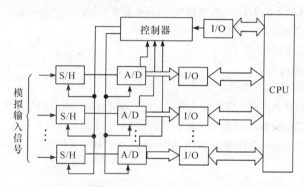

图 8.6.4 多通道 A/D 系统

这种结构形式适用于高速系统、分散系统,以及多通道并行数据采集系统。但系统所用硬件多、成本高。

本 章 小 结

1. 测量系统的放大电路在电子技术运算放大器的应用章节中已介绍过,本章简要介绍了电桥放大电路和电荷放大电路。电桥放大电路是非电量电测系统中常用的一种放大电路。

2. 为了抑制噪声和提高信号的传递能力,电测系统中常采用调制与解调技术。调制与解调的方法较多,其在通信技术中的应用还将在下一章中介绍。

3. 多路模拟开关电路是数据采集系统中的部件之一,其作用是切换各路输入信号。采用多路开关轮流将各路被测信号分时地与上述电路接通。其优点是电路体积小、切换速度快、无抖动、耗电少,工作可靠、容易控制。缺点是导通电阻较大、输入电压容量有限、动态范围小。多路模拟开关可视为 A/D 的外围电路。

4. U/F 转换是将模拟电压信号转换成频率信号,由于计算机可以简单地通过定时和计数功能将频率信号转换成数字量,所以 U/F 转换也可视为一种 A/D 转换。

5. 在 A/D 转换过程中,应保持输入信号不变。S/H 电路可以取出输入信号在某一瞬间的值并在一定时间内保持不变。在 A/D 转换开始时保持输入信号的电平不变;在 A/D 转换结束后跟踪输入信号变化,以保证下次转换时,输入 A/D 转换电路的是新的采样时刻的输入信号。S/H 也可视为 A/D 的外围电路。

6. 简要介绍了多通道共享 S/H 和 A/D 系统、多通道共享 A/D 系统和多通道 A/D 系统。数据采集系统结构形式的具体选择应综合考虑。

习　　题

8.1　U/F 转换有什么特点? 其主要用途是什么?

8.2　图 8.4.1 所示的 U/F 转换电路中,已知电阻 $R=10\Omega$,$I_\mathrm{s}=2\mathrm{A}$,输入电压平均值 $U_\mathrm{i}=0.5\mathrm{V}$,转换周期为 $T=0.2\mathrm{s}$。试求:

(1) 输出电压的脉冲宽度 T_o;

(2) 正向充电电荷 $I_\mathrm{s}T_\mathrm{o}$;

(3) 输出电压信号 u_o 的频率。

8.3　多路模拟开关电路主要由哪几部分组成? 各部分的主要作用是什么?

8.4　串联型和反馈型 S/H 电路主要区别是什么? 分别适用于什么场合?

8.5　题 8.5 图所示的反馈型 S/H 电路中,设置 S 的目的是什么? 与 C_H 串联的电阻 R_H 的作用是什么?

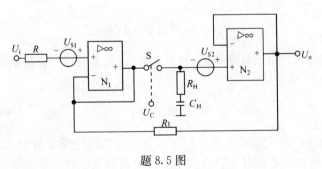

题 8.5 图

8.6　数据采集系统有哪几种结构形式? 主要有何区别?

第9章 现代通信技术

随着信息社会的发展,作为准确、快速地进行信息交换、传输和处理的通信技术更是日新月异。通信技术在国家的政治、经济、军事和社会生活中的作用越来越突出,而且已成为影响国民经济发展和社会进步的重要因素。为了使学生在有限的学时内了解和掌握现代通信技术的发展,本章简要介绍现代通信相关技术,以及现代三大通信技术,即移动通信、光纤通信和卫星通信。

9.1 通信系统分类

所谓通信系统是指能够完成信息传输任务的系统,如图 9.1.1 所示。通信系统由发射机、接收机和信道三个基本部分组成。发射机是将发送的信息(如声音、文字、图像等)转换成信号(如电压、电流、功率等),并送入信道。信道是指信号传输的通道,如有线电话系统的导线和电缆,无线电话系统中的大气空间。接收机将从信道接收到的信号进行放大处理,再还原为信息。

图 9.1.1 通信系统模型

通信系统的分类标准不是唯一的,其因研究的对象或关心的问题不同而不同。不论按什么对象或问题分类,它们基本上都可以反映通信系统的共性。

9.1.1 通信系统按传输介质分类

通信系统根据信息的传输介质可分为有线通信和无线通信。

1. 有线通信系统

有线通信系统是指用导线或电缆作为传输介质进行信息传输,其模型如图 9.1.2所示。

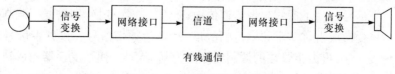

有线通信

图 9.1.2 有线通信系统模型

　　信号变换部分负责将话筒的微弱信号进行放大,使其符合一定的技术指标要求;网络接口部分负责将放大的信号进行必要的变换,使经过放大的信号适合网络或信道的传输;接收端则进行相反的转换工作,将信号还原为原始信号。

　　目前我国的城市话网就是普通的有线通信系统,其由自动交换机、市话线路和用户电话机组成。自动交换机负责两台用户电话机之间的连接,并为用户电话机提供工作时的电压和电流。市话线路是城市话网的信道,其负责信号传输。目前我国的市话线路大多采用双线制,即通过两根导线接至每个用户的电话机上。

　　2. 无线通信系统

　　无线通信系统是利用无线电波在空间传播信息,其模型如图 9.1.3 所示。在无线通信系统中,发送端将话筒的声电转换成语音电信号。由于语音电信号频率较低,难以通过天线辐射出去。通常要通过电台的高频(射频)装置产生——高频振荡波(载波),由高频振荡波运载着语音信号——并发射出去,这一过程称为调制。接收端接收到已调制的高频信号再进行放大,并将其中有用的低频语音信号分离出来,这一过程称为解调。解调后低频语音信号,经过扬声器的电声转换恢复成原始的语音信号。

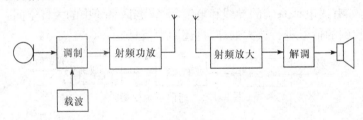

图 9.1.3　无线通信系统模型

9.1.2　通信系统按传输信号分类

　　通信系统根据传输信号的不同可分为数字通信和模拟通信。

　　1. 模拟通信系统

　　模拟通信系统是指通信系统内部所传输的是模拟信号,如电话、广播和电视系统等。模拟通信系统的模型如图 9.1.4 所示。对于模拟通信系统,如以语音信号为例,在发送端发话者为发信源发话器将语音信号转换成电信号,由于其频率较低故称为基带信号。为了适应频带信道传输,还需要二次变换,即需要用调制器将语音基带信号变换成占有一定频率范围的信号,称为频带信号。该频带信号通过信道传输到接收端,再由接收端的调制器恢复为基带信号,通过受话器完成转换还原为语音信号,传送给受话者(收信者)。

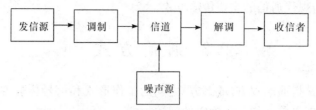

图 9.1.4　模拟通信系统模型

通常在模拟通信系统中,将发送设备简化为调制器,将接收设备简化为解调器。从原则上讲,调制和解调对于信号的变换起着决定性的作用,它们是通信质量的关键。

模拟通信系统信道占有的频带一般较窄,因此频带的利用率较高。缺点是抗干扰能力和保密性差,设备不易大规模集成,不能适应飞速发展的计算机技术。

2. 数字通信系统

数字通信系统是指通信系统内所传输的是数字信号(一般是经自然编码后的数字信号,自然编码是指用高电平表示"1",低电平表示"0"的简单编码方式)。数字通信系统的模型如图 9.1.5 所示。其特点是在调制之前先要进行两次编码,即发信源编码和信道编码。相应地,接收端在解调之后要进行信道译码和发信源译码。

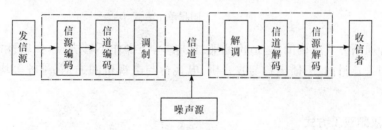

图 9.1.5　数字通信系统模型

发信源编码的任务是压缩频带,完成数据扰乱、数据加密、话音和图像压缩编码。即尽可能压缩冗余信息,减少发射的信息量,提高数字信号传输的有效性。接收端的信源译码是信源编码的逆过程。信道编码是在信息码组中按一定的光泽附加一些码,以使接收端根据相应的光泽进行检错和纠错,提高信号传输的可靠性,故也称纠错编码。接收端的信道译码是信道编码的逆过程。

数字通信和模拟通信相比,主要优点是抗干扰能力强、远程通信质量高;便于与数字计算机连接、便于集成化;信号易于加密;灵活性高,能适应各种通信业务的要求。

数字通信的最大缺点是占用频带较宽。但是随着卫星通信、光纤通信等宽带通信系统的日益发展和成熟,为数字通信提供了宽阔的频道,使数字通信迅猛发展,并逐渐成为现代通信的主要传输方式。

9.2 通 信 方 式

通信方式是指通信双方(或多方)之间的工作形式和信号传输方式,这是通信各方在通信实施之前必须首先确定的问题。

通信的标准不同,通信的方式有单工方式、双工方式和半双工方式等。

9.2.1 同频单工方式

同频是指通信的双方使用相同的工作频率,单工是指收发信号不能同时进行。在任何一个时刻,只能接收或者发射信号,双方均可通过收发按钮控制收发状态,如图9.2.1所示。

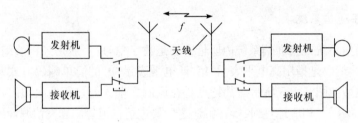

图 9.2.1 同频单工方式

这种通信方式结构简单、造价低廉、耗电少,但操作不够方便,保密性能差,抗干扰能力差。目前,广播电台与收音机、电视台与电视机的通信、寻呼等均属于此类通信。

9.2.2 双频双工方式

通信的双方使用两种不同的频率(收发各用一种频率),双工是指通信双方收发均可同时工作。在任何一个时刻,信号可以双向传输,每一方都能同时进行信息的收发工作。双方无需按收发按钮,如图9.2.2所示。

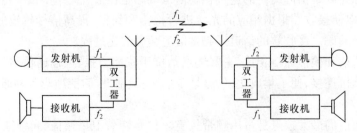

图 9.2.2 双频双工方式

这种通信方式由于收发频率分开,较大幅度地减少了干扰,用户使用方便。但设备较复杂,造价较贵,功耗也较大。目前普通的市话、手机均采用此类通信方式。

9.2.3　半双工方式

半双工方式是指基地台使用一组频率,而用户台则采用单工制,如图 9.2.3 所示。也就是说,在任何一个时刻,信号只能单向传输,或从甲方传向乙方,或从乙方传向甲方,每一方都不能同时进行收发信息。

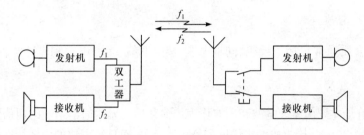

图 9.2.3　半双工方式

这种通信方式优点是用户台设备简单、造价低、干扰小,提高了频谱的利用率。缺点是用户台仍需按钮控制发话,使用极不方便。对讲机、收发报机等均采用此类通信方式。

9.3　信道与传输介质

9.3.1　信道

所谓信道是指信号传输的途径。在通信系统中,信道由传输介质和部分通信设备两部分构成。传输介质也称为狭义信道,如架空明线、电缆、光纤、波导、电波等。部分通信设备包括有关部件和电路,也称为广义信道,如天线与馈线、功率放大器、滤波器、调制器与解调器等。为了便于对模拟系统和数字系统进行分析,从功能上将广义信道分为调制信道和编码信道,如图 9.3.1 所示。

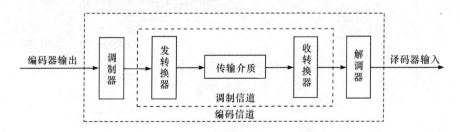

图 9.3.1　调制信道与编码信道示意图

按传输信号的不同,信道又分为模拟信道(传输模拟信号的信道)和数字信道(传输数字信号的信道),有时将调制信道视为模拟信道,而将编码信道视为数字信道。由图 9.3.1 可见,编码信道包括调制信道,其受调制信道的影响。

9.3.2　传输介质

传输介质(通信介质)是指可传输信号的物质。也就是连接通信双方发收信设备,并负责信号传输的物质(物理实体)。主要分为有线介质和无线介质。

1. 有线介质

有线介质通常包括双绞线、同轴电缆、架空明线、多心电缆和光纤等。

2. 无线介质

无线介质主要由无线电波和光波作为传输载体。无线通信系统的通信距离不但与发射机输出功率,接收机的灵敏度和信噪比有关,而且与电波的传播特性也有关。

1) 工作频段选择

在无线通信中频段的选择,直接影响着系统的传输容量、发射机的传播输出功率,天线尺寸及设备的复杂程度等。不同频段的波长、频率范围,见表 9.3.1。

表 9.3.1　电波频段划分

波段名称	波长范围	频率范围	频段名称	传输介质	用途
甚长波	$10^8 \sim 10^4$ m	3～30kHz	甚低频 VLF	有线线对 长波无线电	音频、电话、 长距离导航、时标
长波	$10^4 \sim 10^3$ m	30～300kHz	低频 LF		导航、信标、 电力线通信等
中波	$10^3 \sim 10^2$ m	300～3000kHz	中频 MF	同轴电缆 中波无线电	调频广播、移动 陆地通信等
短波	$10^2 \sim 10$ m	3～30MHz	高频 HF	同轴电缆 短波无线电	移动无线电话、 短波广播等
超短波	10～1m	30～300MHz	甚高频 VHF	同轴电缆 米波无线电	电视、调频广播 空中管制、导航
微波	1m～10cm	300～3000MHz	特高频 UHF	波导分米 波无线电	电视、移动通信、 蓝牙技术等
	10cm～1cm	3～30GHz	超高频 SHF	波导厘米 波无线电	雷达、专用短程、 卫星空间通信等
	1cm～1mm	30～300GHz	极高频 EHF	波导毫米 波无线电	微波接力、雷达、 射电天文学等
光波	$3 \times 10^{-4} \sim 3 \times 10^{-6}$ cm	$10^5 \sim 10^7$ GHz	紫外线红 外线可见光	光纤激光 空间传播	光通信

注:①GHz 为吉赫,1GHz=10^9 Hz。

②波长是指电波在一个周期内前进的距离 $\lambda = c/f$ (m),c 为波速。

选择工作频段时,主要考虑的因素有:天线接收的外界噪声要小;电波传输损耗及其他损耗要小;设备耗电要少,重量轻;可用频带要宽,应满足通信容量的要求;尽可能利用现有技术设备,并能与其配套使用。总之,应将工作频段选在电波能穿透电离层的特高频或微波频段。如卫星通信工作频段一般选择超高频(SHF),移动通信工作频段一般选择特高频(UHF)和超高频(SHF)。

为了合理、有效地节约频率资源,在有限的频率宽度内,应尽量提供更多的通信信道。当前我国和多数国家采用 25kHz 的信道间隔,即 1MHz 通信带宽可以提供 40 个信道。少数国家将信道间隔已缩小到 12.5kHz,甚至 7.5kHz,这意味着信道容量可成倍地增加。

2) 电波传播方式

无线电波的传播方式主要有以下几种。

地波传播。沿着地球表面传播的电波称为地波,又称为地表波或地面波。地面波在传播的过程中,其场强因大地吸收会衰减,频率越高则衰减越大;长波、中波由于频率低,加之绕射能力强,因而可以实现远距离通信。地波传播受季节、昼夜变化影响小,信号传输比较稳定。

天波传播。依靠空中电离层的一次或多次反射传播的电波称为天波。距离地球表面 50~400km 厚度的高空气体,由于太阳光的照射而发生电离,这种被电离的大气中具有离子和自由电子,故被称为电离层。电波在传播的过程中,当介质改变时,则在界面产生折射或反射,其与光线的折射和反射原理相同。短波和中波就是利用电波在电离层和地面之间的来回反射进行传播的。电波的长度越短(频率越高),被反射的角度越大,被电离层吸收而损失的能量越小,电波传播的距离就越远。由于电离层的厚度、密度和高度随着季节、昼夜的变化而变化,因而对电波的传播影响较大,即天波传播的稳定性较差。如收音机在收听短波广播时,声音忽高忽低;不同季节的白天和晚上收音效果不一样等。原因主要在于:白天,电离层厚而低,对中波吸收较强,同时电波的反射距离也较近。晚上,电离层变薄而升高,对中波的吸收减弱,同时电波的反射距离也较远。

直射波传播。以直线方式传播的电波称为直射波,又称为视距波。直射波受地形地物影响较大,通信距离受地球曲率的限制,长距离的传播往往要采用接力方式。直射波的传播距离一般为 20~50km,主要用于超短波和微波通信。

上述传播方式如图 9.3.2 所示。此外,还有地—电离层波导传播、散射传播、外大气层及行星际间电波传播等。需要指出的是,各种波段的划分是相对的,各波段之间并没有显著的分界线,但各个不同的波段仍有明显的差异。

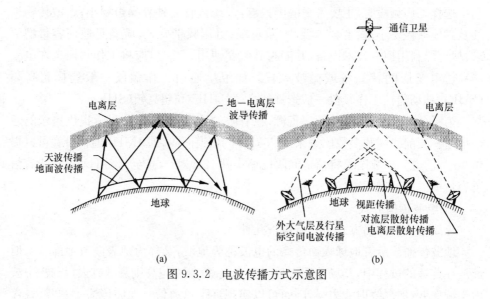

图 9.3.2　电波传播方式示意图

9.4　信号调制方式

　　调制是指将低频信号运载到高频载波信号上发射出去的过程。调制方式广义上可以分为幅度调制和角度调制,幅度调制即调幅(AM),角度调制即调频(FM)和调相(PM),这两者的特性相似,可以相互转换。按调制信号的不同,调制方式可分为模拟信号调制和数字信号调制。

9.4.1　模拟信号调制

　　模拟信号调制是指调制信号为连续变化的模拟信号。这里只介绍模拟信号的调幅和调频。

　　1. 调幅(AM)

　　使高频载波信号的振幅随低频调制信号(例如音频信号)而变化的调制方式称为调幅。设高频载波信号 u_C 和低频调制信号 u_M 分别为

$$u_C = U_{Cm}\cos\omega_C t$$

$$u_M = U_{Mm}\cos\omega_M t$$

经调幅后得到的信号为

$$u_A = U_{Cm}(1 + B_A\cos\omega_M t)\cos\omega_C t \qquad (9.4.1)$$

式中,$B_A = k_A \dfrac{U_{Mm}}{U_{Cm}}$ 为调幅系数;k_A 为比例常数。

　　可见,低频信号被包含在高频载波的幅度上,波形如图 9.4.1 所示。调幅调制
方式由于干扰信号对幅度影响较大,故抗干扰能力较差。这种调制方式在无线电
广播和载波电话中应用相当广泛。

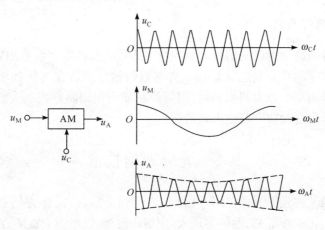

图 9.4.1　调幅信号的波形

2. 调频(FM)

　　使高频载波信号的瞬时频率随低频调制信号的瞬时值成正比例变化时,称为
频率调制或相位调制。设载波信号 u_C 和调制信号 u_M 同前,则调频后的信号为

$$u_F = U_{Cm}\cos(\omega_C t + B_F \sin\omega_M t) \tag{9.4.2}$$

式中,$B_F = k_F \dfrac{U_{Mm}}{\omega_M}$ 为调频系数;k_F 为比例常数。

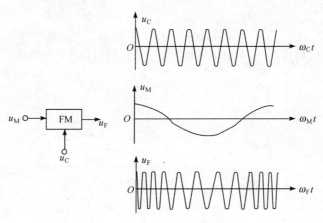

图 9.4.2　调频信号的波形

　　可见,当载波的幅度保持不变时,则载波的频率或相位受调制信号的控制而发生变化,如图 9.4.2 所示。调频调制方式抗干扰能力强,收视效果好,具有声音好听、杂音很少等优点,在微波中继、卫星和移动通信中应用较为广泛。

9.4.2　数字信号调制

　　数字信号调制是指调制信号为脉冲数字信号。脉冲数字信号用二进制数码 **1** 和 **0** 表示。数字信号调制也就是将二进制数码信号运载在高频载波信号上的过程。数字信号调制也分为调幅调制、调频调制或调相调制方式。人们通常所说的数字通信指采用这种数字调制方式的通信。

9.5　光纤通信技术

　　光纤通信又称光缆通信,是以光纤作为传输介质,广泛作为信息载体进行通信。光纤通信传输频带宽、通信容量大,中继距离远,抗电磁干扰能力强等。

9.5.1　光纤传输特性

　　光纤又称为光导纤维,是用石英玻璃制成的纤维丝,由纤芯和包层两部分组成,外面再加涂敷层以保护光纤,如图 9.5.1 所示。

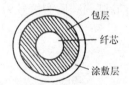

图 9.5.1　光纤的结构

　　当光波从一种介质向另一种介质传播时,在两种介质的交界面处会产生反射或折射,如图 9.5.2 所示。由光的反射定理可知,入射角和反射角相等;由光的折射定理得

$$n_1 \sin\theta_1 = n_2 \sin\theta_2 \qquad (9.5.1)$$

　　当折射率 $n_1 > n_2$ 时,$\theta_2 > \theta_1$,而且当 θ_1 增大时,θ_2 也随之增大。当入射角 θ_1 增大至某一临界值 θ_c 时,折射角 $\theta_2 = 90°$,由式(9.5.1)可得

$$\sin\theta_c = \frac{n_2}{n_1} \qquad (9.5.2)$$

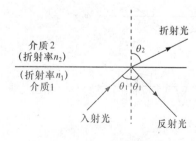

图 9.5.2　光的反射和折射

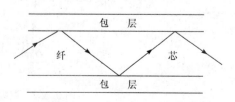

图 9.5.3　光在光纤中的传播

只要 $\theta_1 \geqslant \theta_2$，光波便不能进入入射率低的介质 2，而全部放射回折射率高的介质 1 中，这种现象称为全放射。为了使光波在光纤中传播时被限制在纤芯内，所以纤芯的折射率要大于包层的折射率。在全反射的条件下，光波在纤芯内成"之"字形路径向前传播，如图 9.5.3 所示。

　　光纤的种类很多，根据光纤折射率横截面分类，可有阶跃光纤和渐变光纤；根据光纤中传播模式的数量分类，可有多模光纤和单模光纤。如果根据传输模式和折射率综合分类，则见表 9.5.1。目前多模光纤的折射率横截面为渐变型。所谓的"模"是指光在光纤介质中传播，其光场在光纤中按一定方式分布，这种分布方式称为模式。多模光纤可以传播多种模式的光场，即可以传播多种角度的光线。

表 9.5.1　光纤的分类

多模光纤	阶跃光纤	适用于短距离、小容量通信
	渐变光纤	适用于中距离、中容量通信
单模光纤		适用于长距离、大容量通信

　　光缆由光纤芯线、加强件、填料和保护层构成。光缆的结构因光纤排列方式的不同而不同，最常用的是层绞式和骨架式两种，其结构如图 9.5.4 所示。层绞式光缆和电缆十分相似，只是其中增加一根加强芯，以增强光缆的抗拉强度，尤其是经受施工时的拉力。骨架式光缆结构性能较好，尤其是抗侧压力较强，但制造工艺比层绞式光缆复杂，且成本较高。根据不同的应用，又可将光缆分为筒式光缆、无金属光缆、地线光缆、海底光缆等。

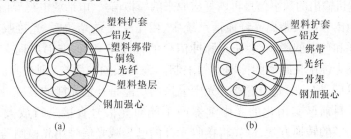

图 9.5.4　光缆的结构
(a) 层绞式；(b) 骨架式

9.5.2　光纤通信系统

　　要实现光纤通信，首先必须在信源对作为信息载体的光信号进行调制，也就是必须让光信号随电信号的变化而变化。调制后的光波经过光纤信道（光缆）送到信宿，由相关设备鉴别出其变化，然后再现出原始信息。

　　光纤通信系统的组成，如图 9.5.5 所示。发送端将待传送的电话、电视等模拟信号转换成数字信号,送入发送光端机。发送光端机的作用是,将传输的模拟信号(如电话或电视等信号)转换成相应的数字信号,并将光信号送入传输光缆中。发送光端机由驱动电路和光源组成。光源是发送光端机的心脏,普遍采用半导体光源(激光 LD 和发光二极管 LED),将要传输的信息转变为电流信号注入 LD 或 LED,从而获得相应的光信号。由于 LED 的发射功率远不如 LD,所以大多数高性能的光纤通信系统都采用 LD。

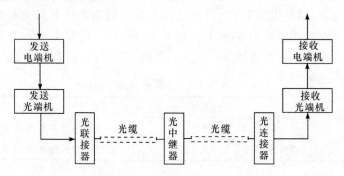

图 9.5.5　光纤通信系统的组成

接收光端机由光检测器和放大电路组成。光检测器是接收光端机的重要部件,通常采用光电二极管(半导体光电二极管 PIN 或雪崩光电二极管 APD)作为光检测器,其将已调制光信号转换成相应的数字电信号。由于通过光缆传输的信号较微弱,所以在光检测后,再由放大电路对检测出的电信号进行放大。然后,进入接收电端机将接收光端机输出的数字信号再恢复成原来的模拟信号(电话或电视等信号)。

在长距离和超长距离光纤通信系统中,由于受发送光功率、光接收机灵敏度、光纤的损耗和色散的影响,会使光脉冲信号的幅度带衰落,波形出现失真。因而,使光脉冲在光缆中长距离的传输受到限制。为延长通信距离,则在光波信号传输一定距离以后,加一个光中继器。光中继器的功能是补偿光能的衰减,恢复信号脉冲的形状。目前已实用化的光中继器尚不能对光信号直接进行放大,而是采用"光—电—光"的转换方式,即先将接收光纤的已衰减光信号用光检测器接收,经放大和再生恢复原来的数字信号,再对光源进行驱动,产生光信号送入光缆。

可见,光纤通信系统可归结为"电—光—电"的简单模型,即需要传输的信号必须变换成电信号,然后转换成光信号在光纤内传输,末端又将光信号转换成电信号。

9.6　卫星通信技术

卫星通信利用人造地球卫星作为中继站转发或反射无线电信号,在两个或多个地球站之间进行通信。

9.6.1　卫星通信特点

　　地球站是指设在地球表面(包括地面、海洋和大气中)上的无线电通信站。卫星通信是在地面微波中继通信和可见技术的基础上发展起来的。微波中继通信是一种"视距"通信,即只有在"看得见"的范围内才能通信。实现通信目的的这种人造卫星称为通信卫星,如图 9.6.1 所示。

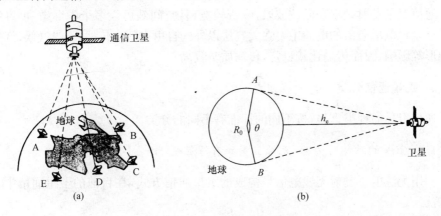

图 9.6.1　卫星通信示意图

　　由图 9.6.1(b)可见,若距地面高度为 h_e 的卫星中继站,看到地面个极端点是 A 和 B 点,则以卫星为中继站所能达到的最大通信距离 S 为

$$S = R_0 \theta = R_0 \left(2\arccos \frac{R_0}{R_0 + h_e} \right) (\text{km}) \tag{9.6.1}$$

式中,R_0 为地球半径,$R_0 = 6378 \text{km}$;θ 为 AB 所对应的圆心角(弧度);h_e 为通信卫星到地面的高度(km)。

　　式(9.6.1)说明,h_e 越高,最大通信距离越大。例如,$h_e = 500 \text{km}$ 时,$S = 4892 \text{km}$;$h_e = 35800 \text{km}$ 时,$S = 18100 \text{km}$。

　　由于卫星处于外层空间,即在电离层之外,地面发射的电波必须穿透电离层,而在无线电频段中只有微波频段具备这一条件。因此,卫星通信使用微波频段。最为理想的频段为 C 波段(6～4 GHz),该频段的频带较宽,便于利用成熟的微波中继通信技术,且由于频率较高,天线尺寸也较小。

　　卫星通信与其他通信方式相比具有明显特点。

1. 应用范围广、用途多

　　卫星通信不仅可传输电话、电报、数据等,而且可传输电视节目;不仅适用于民间通信,也广泛适用于军事和国际通信。

2. 覆盖面积大、距离远

卫星通信便于实现多地址连接通信,即在卫星覆盖的范围内,所有地球站可共用一颗卫星实现站与站的多边通信。通信距离远,且通信与费用无关。

3. 传输容量大、质量高

通信卫星发射频率在微波波段,频带较宽,且空间站可设多个中继站,可容纳的信道多。卫星通信的电波主要在大气层以外的自由空间中传播,不受气候、气象和地形等影响,因而传输比较稳定,传输质量较高。

9.6.2 卫星通信分类

通信卫星的种类繁多,按不同的标准有不同的分类。

1. 按卫星的结构可分为:无源卫星和有源卫星

利用无源卫星反射无线电信号构成的卫星通信方式,在目前的卫星通信中已被淘汰。

现在几乎所有的通信卫星都是有源卫星,一般采用太阳能电池和化学能电池作为能源。因此,我们介绍的卫星通信是有源卫星通信系统。

2. 按卫星与地球上任一点的相对位置的不同可分为:同步卫星和非同步卫星

同步卫星是指在赤道上空约 35800km 高的圆形轨道上与地球自转同向运动的卫星。由于其运行方向和周期与地球自转方向和周期均相同,因此,从地球任一点看上去卫星都是"静止"不动的。这种相对静止的卫星称为同步(静止)卫星,其运行轨道称为同步轨道。三颗同步卫星构成的全球卫星通信系统,如图 9.6.2 所示。每两颗相邻卫星都有一定的重叠覆盖区,但南、北两极地区则为盲区。目前,正在使用的国际通信卫星系统就是按这个原理建立的。同步卫星通信系统使用最为广泛,但对空间站和地球站设备的技术性能要求非常高,而且存在星蚀和日凌中断现象。

非同步卫星的运行周期不等于(通常小于)地球的自转周期,其轨道倾角、轨道高度、轨道形状可因需要而不同。从地球上看,非同步卫星以一定的速度运动,故又称为移动卫星或运动卫星。非同步卫星的优缺点基本与同步卫星相反,由于其抗毁性较高,因而也有一定的应用。

3. 按传输信号的不同可分为:模拟卫星通信和数字卫星通信

模拟卫星通信是当前卫星通信的主要方式,而数字卫星通信则是卫星通信的发展方向。

覆盖重叠区

覆盖盲区

赤道

图 9.6.2 全球卫星通信系统示意图

4. 目前世界上建成了数以百计的卫星通信系统,其分类和卫星分类基本相同

(1) 按卫星可分为静止、移动卫星通信系统;

(2) 按覆盖区域可分为国际、国内、区域卫星通信系统;

(3) 按用户性质可分为共用(商用)、专用、军用卫星通信系统;

(4) 按运行方式可分为同步、非同步卫星通信系统;

(5) 按基带信号可分为模拟、数字卫星通信系统;

(6) 按业务范围可分为固定业务、移动业务、广播业务、科学实验卫星通信系统。

9.6.3 卫星通信系统

卫星通信系统由空间分系统、通信地球站、跟踪遥测及指令分系统和监控管理分系统四大部分组成,如图 9.6.3 所示。

跟踪遥测及指令分系统对卫星进行跟踪测量,控制卫星准确进入静止轨道的指定位置,并对在轨卫星的轨道、位置及姿态进行监控和校正。监控管理分系统对在轨卫星业务开通前后进行通信性能及参数监测与控制,例如对卫星通信系统的功率、卫星天线增益、各个地球站发射的功率、射频频率和带宽等基本参数进行监控,以便保证通信卫星的正常运行和工作。空间分系统是指通信卫星,主要由天线分系统、通信分系统、遥测与指令分系统、控制分系统和电源分系统组成。地面跟踪遥测及指令分系统、监控管理分系统与空间相应的遥测及指令分系统、控制分系统并不直接用于通信,而主要保障通信的正常进行。

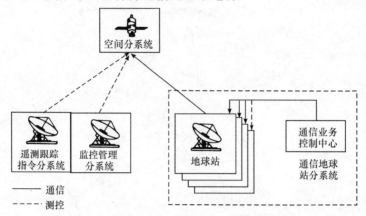

图 9.6.3　卫星通信系统组成示意图

普通的通信业务是在通信卫星和通信地球站之间完成的,图 9.6.4 所示是一条单向卫星通信系统示意图,其由发端地球站、上行线路、通信系统(转发器)、下行线路和收端地球站等组成。

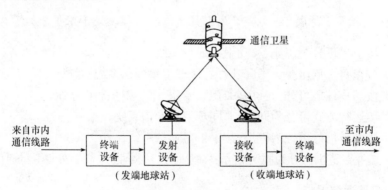

图 9.6.4　单向卫星通信系统示意图

9.7　移动通信技术

所谓移动通信,是指通信双方或至少一方是在运动中实现信息传输的过程或方式。移动通信已成为发达和发展中国家致力于现代通信网建设中的一个重要环节。

9.7.1　移动通信特点和分类

移动通信可以在任何条件下,尤其是在有线通信不可及的情况下(无法架线、埋设电缆等)更能显示出其优越性。由于其无线方式,以及可在运动中通信,因而更具有以下明显特点。

(1) 移动台(MS)在迅速运动之中,特别是陆地移动通信系统。移动台往往运动于建筑群或其他障碍物中,接收信号受地形地物的影响大,移动通信电波传播环境复杂。

(2) 接收机与发射机间的距离不断改变,导致接收信号的电平不断变化。因此,要求接收机具有较大的动态范围,必须采用位置登记和频道切换等移动性管理技术。

(3) 在移动通信系统中,用户数、可利用频道数的矛盾较为突出,除开发新频段之外,还需采用各种有效利用频率的措施,如缩小频道间隔,多频道共用,频率重复使用等。

(4) 干扰大,需要采取抗干扰措施。由于移动通信变化较大,因而通信设备受城市噪声(主要是车辆噪声)、移动台附近发射机等干扰较为突出。所以,抗干扰措施在移动通信系统中显得尤为重要。

随着移动通信应用领域的不断扩大,移动通信系统的类型越来越多。按应用环境的不同,可以分为陆地、海上和空中移动通信;按服务对象的不同,可分为公用(民用)、军用和专用移动通信。一般情况下,按技术设备和服务对象进行综合分类,主要有以下几种:

(1) 公用移动电话系统;

(2) 无绳电话系统;

(3) 无线寻呼系统;

(4) 专用移动通信系统;

(5) 无中心个人移动通信系统。

9.7.2　移动通信系统

移动通信系统一般由移动台、基地站(BS)、移动业务交换中心(MSC)等组成,如图 9.7.1 所示。

基地站与移动台都设有收发信机,收发信共用装置(双工或多工器)和天线、馈线等。它是一个有线、无线相结合的综合通信系统。移动台与基地站、移动台与移动台采用无线传输方式进行信息传输;基地站与移动通信交换局(MTX),移动通信交换局与地面网之间一般采用有线方式进行信息传输。移动通信交换局与基地站担负信息的交换接续,以及对无线频道的控制等。

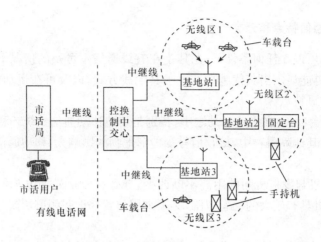

图 9.7.1　移动通信系统示意图

每个基地站都有一个可靠通信的服务范围,称为无线小区(通信服务区)。无线小区的大小,主要由发射功率和基地站天线的高度决定。根据服务面积的大小可将移动通信网分为大区制、中区制和小区制(CS)三种。

大区制是指只用一个基地站将服务区(如一个城市)都覆盖起来,此时基地站发射功率很大(50W 或 100W 以上,对手机的要求一般为 5W 以下),覆盖区半径可达 30km 或更大。其基本特点是,只有一个基地站,覆盖面积大,信道数有限,一般只能容纳数百到数千个用户。主要缺点是系统容量不大,为克服这一限制,若为更大范围(大城市)、更多用户服务,就必须采用小区制。

小区制是指覆盖半径为 2~10km 的多块小区域,在每一小覆盖区内设置一个基地站,其发射功率很小(8~20W)。

目前发展方向是将小区划分为微区、宏区和毫区,其覆盖半径约为 100m 左右。小区制的主要特点有:

(1) 基地站只提供信道,交换、控制都集中在一个移动电话交换局(MTSO),或称为移动交换中心,其作用相当于一个市话交换局。

(2) 具有"过区切换功能",简称"过区"功能,即一个移动台从一个小区进入另一个小区时,要从原基地站的信道切换到新基地站的信道,且不影响正在进行的通话。

(3) 具有"漫游功能",即一个移动台从本管理区进入另一个管理区时,其电话号码不能变,仍像在原管理区一样能够被呼叫到。

(4) 频率利用率高,即指相隔一定距离的两个小区可以同时使用相同的频率,提高了频率的利用率。由于频道可重复使用,再用信道越多,用户数也就越多。因此小区制可提供比大区制更大的通信容量。

中区制是基地台覆盖区的半径为 10~20km 的多区组网方式。

9.7.3　公用移动电话系统

　　公用移动电话系统是最典型的移动通信方式,其组成和网络结构示意图,如图 9.7.2 所示。在网络结构上采用六角形蜂窝式小区结构,故又称蜂窝移动通信系统。公用移动电话系统由移动电话交换局(MTSO)、各小区基地站和移动用户台(手持机、车载台)组成。特点是不脱离现有地面固定业务网的结构,就近将移动通信局汇集,另在移动通信局间建立信令和话音专线处理漫游(roaming)业务。我国目前采用的就是这种结构,其具有不打乱原来管理层次和编号计划的优点。

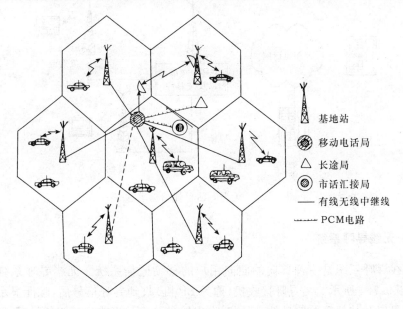

图 9.7.2　蜂窝式公用移动电话系统示意图

　　基地站和移动台设有收、发信机和天线等设备。它是一个有线、无线相结合的综合通信系统。移动台与基地站、移动台与移动台采用无线传输方式;基地站与移动通信交换局(MTX),移动通信交换局与地面网是通过局间中继线路与长话局,市话局相互连接。为了提高可靠性,移动电话局应至少与两个市话局相互连接。基地站与移动电话局之间的中继线路可选用电缆、光缆、电缆载波、微波中继、脉冲编码调制(PCM)电路等传输手段。

　　移动电话交换局统一控制和管理各区基地站,并通过中继线与公用电话网连接,即将无线用户与有线用户连通。各区基地站负责本区移动用户的呼叫和信道分配等。公用移动电话系统特点是使用范围广,用户数量多。

9.7.4　无绳电话系统

无绳电话系统与普通电话系统区别在于,用户通话时可以在一定范围自由移动。无绳电话系统的结构示意图,如图 9.7.3 所示。它包括转接器和手持机。在普通的有线电话上设置一个转接器(小型无线电发信机)即构成一个座机,它与随身携带的手持机建立无线电通信。因此,座机周围(如 200m 以内)可随时随地通过无线信道与有线电话网通信。无绳电话系统实际上是有线电话网的一种延伸系统。

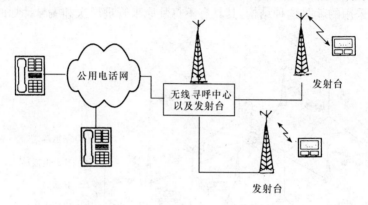

图 9.7.3　无绳电话系统结构示意图

9.7.5　无线寻呼系统

无线寻呼系统是一种单向的面向用户的移动通信系统。无线寻呼系统示意图,如图 9.7.4 所示。当寻呼接收机(称为 BP 机)收到寻呼信号后,除能显示寻呼人电话号码及其他简单信息外,还同时发出铃(振)声。当收到呼叫信号后,还必须

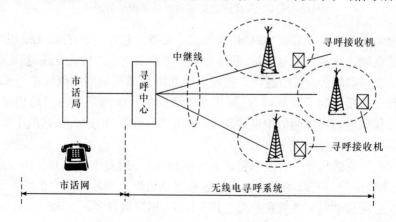

图 9.7.4　无线寻呼系统结构示意图

通过有线电话网与寻呼者通话。所以,寻呼系统可看成是城市有线电话网的一种延伸系统。无线寻呼系统由于价格便宜、使用费用低、传呼及时,较受人们欢迎。

9.7.6 专用移动通信系统

专用移动通信系统又称集群移动通信系统,其服务对象只是某部门、某行业,如军事、公安、消防、铁路、出租汽车等专用移动通信系统。专用移动通信系统示意图,如图 9.7.5 所示。

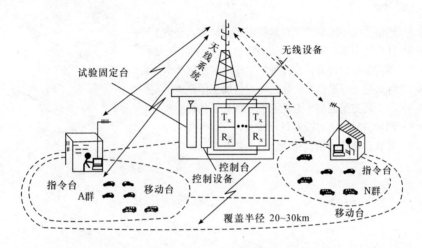

图 9.7.5 专用移动通信系统示意图

所谓"集群"包含两个方面:一是将各单位或各部门所需的基地站及控制设备,集中建站、统一管理、统一使用,各单位只需建立各自的调度台、调度终端(包括车载台、固定台或手持机);二是多信道共用,采取动态分配空闲信道方式,充分利用频率资源和信道设备。由于服务对象、用户容量、现场条件和技术要求等各异,专用移动通信系统的工作方式、网络结构等也就各式各样。

本 章 小 结

1. 本章主要介绍现代通信系统的基本概念,以及光纤通信、卫星通信和移动通信等相关技术。

2. 数据传输时需经过调制和解调,以使信号能有效地传输。调制是将需传输的低频信号载波到高频信号上传输,而解调是将低频信号分离出来。根据所需传输的信号的不同,调制可分为模拟信号调制和数字信号调制。

3. 光纤通信主要应用于公用电信网中,还应用于各种特殊场合专用通信网中,如计算机局域网(LAN)。由于不受电磁干扰、尺寸小、重量轻等特点,因此也被广泛应用于电力、油田、化工、飞机、舰船和军事等领域。

4. 卫星通信的迅速发展,不仅可以满足国家政治、经济和文化事业的发展,而且因其通信质量高、成本低已成为各国现代化通信的主要手段。

5. 移动通信是指移动体与固定地点或移动体间的相互通信,是固定通信的延伸。由于大规模集成电路和计算机技术的发展,促进了移动通信朝着小型化、智能化、数字化的方向发展。

习　　题

9.1　通信系统中同频单工和双频双工通信方式有何不同?

9.2　什么是调制和解调? 常用的调制方式有哪些?

9.3　电波主要传播方式有几种? 卫星通信使用哪个波段?

9.4　什么是光纤通信? 简述光纤通信的工作原理。

9.5　什么是卫星通信? 卫星通信系统有哪几种?

9.6　同步卫星通信的特点是什么?

9.7　什么是移动通信? 移动通信主要有哪几种?

* 第 10 章　电工电子 EDA 仿真技术

电子设计自动化（electronic design automation，EDA）是计算机作为工作平台，融合电子技术、计算机技术、信息处理技术、智能化技术等成果而研制的计算机设计软件系统。采用 EDA 技术不仅可使设计人员在计算机上实现电工电子电路功能、印刷电路板的设计和实验仿真分析等工作，而且可在不建立电路数学模型的情况下对电路中各个元件存在的物理现象进行分析。因此，被誉为"计算机里的电子实验室"。电子电路设计与仿真软件主要包括 SPICE/PSPICE、EWB（electronics workbench）、Systemview、MMICAD 等，这些软件功能强大，且各具特色。Multisim 是加拿大 Interactive Imag Technologies 公司 1989 年推出的 EWB 的升级版。该软件在继承 EWB 各种功能基础上，扩充了器件库中器件的数量，增强了电路的仿真分析的功能，增加了若干个与实际元件相对应的现实性仿真元件模型，使得电路仿真的结果更加精确可靠。

本章将简要介绍 Multisim 10 软件的基础知识、元件库、基本操作，以及电路的仿真，重点通过电子电路仿真实例分析该软件在电工电子电路研究中的应用。

10.1　Multisim 10 主窗口与工具库

我们先来了解 Multisim 软件的基本界面、元器件库以及虚拟仪器、仪表库等基础知识。

10.1.1　主窗口

Multisim 10 启动以后的操作界面，如图 10.1.1 所示。主要包含以下几个部分：标题栏、主菜单栏、工具栏、元件库、仿真电源开关等。界面中带网格的大面积部分就是电子平台，就像一个试验平台，既可以在上面创建电路，又可以利用虚拟仪器进行仿真、测试。

Multisim 10 的主菜单，如图 10.1.2 所示。其主要由文件、编辑、显示、放置、单片机、仿真、转移、工具、报告、选项、窗口、帮助等下拉菜单构成。主菜单对应的各下拉部分菜单，如图 10.1.3 所示。这些菜单提供对电路的编辑、视窗设定、添加元件、单片机专用仿真、仿真、生成报表、系统界面设定以及提供帮助信息等功能。

标题栏　　主菜单栏　　系统工具栏　　元件库　　设计工具栏　　仿真开关　　虚拟仪器仪表栏

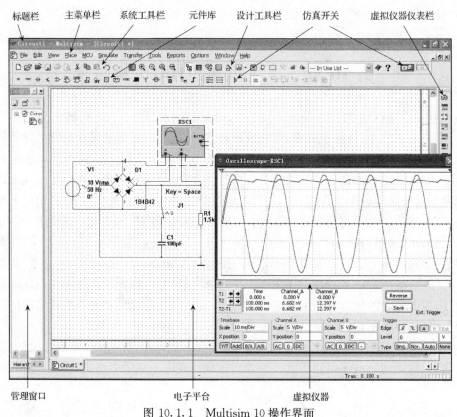

管理窗口　　　　　　　　　　电子平台　　　　　　虚拟仪器

图 10.1.1　Multisim 10 操作界面

🗗 File　Edit　View　Place　MCU　Simulate　Transfer　Tools　Reports　Options　Window　Help

图 10.1.2　Multisim 10 主菜单栏

10.1.2　元器件库

Multisim 10 软件提供了丰富的、可扩充和可自定义的电子器件。元器件根据不同类型被分为 16 个元器件库,这些库均以图标形式显示在主窗口界面上。如图 10.1.4 所示。下面从左到右简单介绍各元器件库所含的主要元器件。

1) 信号源库(Source)

该库主要有直流电压源与电流源、交流电压源与电流源、各种受控源、AM 源、FM 源、时钟源脉宽调制源、压控振荡器和非线性独立电源等。

2) 基本元件库(Basic)

元件库主要有电阻、电容、电感、变压器、继电器、各种开关、电流控制开关、压

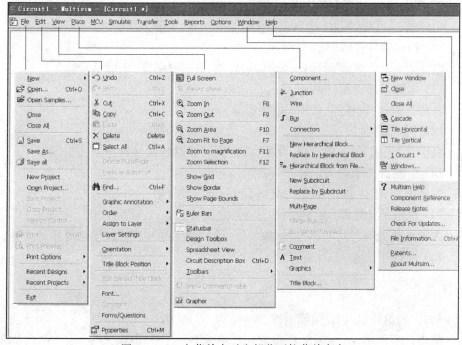

图 10.1.3　主菜单中对应部分下拉菜单内容

图 10.1.4　Multisim 10 的元件库工具栏

控开关、可变电阻、上拉电阻、可变电容、电感对和非线性变压器等。

　　3）二极管库（Diode）

　　主要有普通二极管、齐纳二极管、发光二极管、肖特二极管、稳压管二极管、二端和三端晶闸管开关，全波桥式整流电路等。

　　4）晶体管库（Tansisitors）

　　NPN 晶体管，PNP 晶体管，各种类型的场效应管等。

　　5）模拟集成元器件库（Analog ICs）

　　各种运算放大器、电压比较器、稳压器和专用集成芯片等。

　　6）TTL 元件库（TTL）

　　各种类型的 74 系列的数字集成电路等。

　　7）CMOS 元件库（CMOS）

　　8）其他数字元件库

　　DSP、CPLD、FPGA、微处理器、微控制器、有损传输线、无损传输线等。

9）混合集成元器件库（Mixed ICs）

定时器、A/D 转换器、D/A 转换器、模拟开关、多谐振荡器等。

10）指示器件库（Indicators）

电压表、电流表、逻辑探针、蜂鸣器、灯泡、数码显示器、条形显示器等。

11）电源元器件库（Power Component）

各种保险丝、调压器、PWM 控制器等。

12）其他器件库

真空管、光耦器件、电动机、晶振、真空管、传输线、滤波器等。

13）射频器件库

射频电容、感应器、三极管、MOS 管、隧道二极管等。

14）机电类元件库

各种电机、螺线管、加热器、保护装置、线性变压器、继电器、接触器和开关等。

15）高级外设库

键盘、LCD、终端等。

16）单片机模块库

805X 的单片机、PIC 微控制器、RAM 及 ROM 等。

　　值得注意的是，Multisim 提供的元件有实际元件和虚拟元件（元件箱名称带有_VIRTUAL）两种。虚拟元件的参数可以修改，而每一个实际元件都与实际元件的型号相对应，参数不可改变。在设计电路时，尽量选取实际元件，这样不仅在市场上可购得，且在仿真完成后直接转换为 PCB 文件。但在选取不到某些参数或要进行温度扫描、参数分析时，可以选取虚拟元件。

10.1.3　测试仪器

　　仪器、仪表是在电路测试中必须用到的工具，Multisim 10 提供了 18 种虚拟仪器、仪表、1 个电流检测探针，以及 4 种 LabVIEW 采样仪器和 1 个动态测量探针。Multisim 10 测试仪器库界面，如图 10.1.5 所示。

图 10.1.5　Multisim 10 测试仪器库界面

　　Multisim 10 的虚拟仪器、仪表包揽了一般电子实验室常用的测量仪器外，还拥有一些一般实验室难以配置的高性能测量仪器，如安捷伦的 Agilent 33120 型函数发生器、泰克的 TDS2040 型 4 通道示波器、逻辑分析仪等。这些虚拟仪器不仅功能齐全,而且它们的面板结构、操作几乎和真实仪器一模一样,使用非常方便。这里仅介绍常用几种 Multisim 10 的测试仪器及其用法。

1. 数字万用表(Multimeter)

Multisim 中的仪器仪表都有两个界面,我们称其为图标和面板。图标用来调用,而面板用来显示测量结果。数字万用表的图标和面板,如图 10.1.6 所示。在电子平台上双击数字万用表的图标,会出现如图所示的面板。

使用时连接方法、注意事项与实际万用表的接法相同。选择面板上的按钮,可以设置不同功能。注意,选择 Set... ,可以对万用表内阻、待测参数的量程等进行设置。

图 10.1.6　数字万用表的图标和面板

2. 瓦特表(Wattmeter)

瓦特表的图标和面板,如图 10.1.7 所示。瓦特表不需要设置参数,但是注意它的连接方法:电压输入端和电流输入端的两个"+"端子要短接,并且两个电压线圈输入端要和支路并联,而两个电流线圈输入端要和支路串联。打开仿真按钮后,瓦特表面板上显示的是功率以及功率因数(Power Factor)。

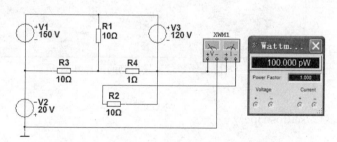

图 10.1.7　瓦特表的图标和面板以及连接示意图

3. 函数信号发生器(Function Generator)

函数信号发生器可用来产生正弦波、三角波和方波信号。使用时可根据要求在波形区(Waveform)选择所需要的信号;在信号选项区(Signal Option)可设置信号信号源的频率(Frequency)、占空比(Duty Cycle)、幅度(Amplytude)、偏置电压(Offset);选择 Set Rise/Fall Time 按钮,可以设置方波的上升时间和下降时间。

函数信号发生器上有"+"、Common、"-"三个接线端子,如图 10.1.8 所示。连接"+"和 Common 端子时,输出为正极性信号;连接 Common 和"-"端子时,输出为负极性信号;同时连接三个端子,且将 Common 端接地时,则输出两个幅度相同、极性相反的信号。

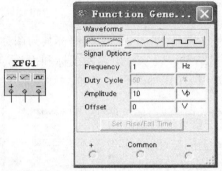

图 10.1.8　函数信号发生器的图标和面板

　　另外,还可根据要求选择不同厂商的仪器设备,如安捷伦函数信号发生器,如图 10.1.9 所示。它的面板非常逼真,操作方法也和实际的函数信号发生器相同。

图 10.1.9　安捷伦函数信号发生器的图标和面板

4. 示波器(Oscilloscope)

　　示波器的图标如图 10.1.10 所示。面板上有 A、B 两个通道信号输入端,以及外部触发信号端输入端。可在面板里分别设置两个通道 Y 轴的比例尺、两个通道扫描线的位置,X 轴的比例尺、耦合方式、触发电平等。示波器显示屏下方的几行数字(如图 10.1.11 中所示)其含义为:第一行为测量光标 T1 和两个通道波形交点的时间坐标值以及电压坐标值;第二行为测量光标 T2 和两个通道波形交点的时间坐标值、两个电压坐标值;第三行为前两行坐标值对应相减的结果。由此可以测量出波形的一些参数,如峰值、周期等。图 10.1.12 是用示波器的两个通道同时观察信号源产生的方波信号。

　　为了示波器屏幕上区分不同通道的信号,可以给不同通道的连线设定不同的

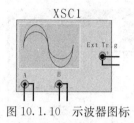

图 10.1.10　示波器图标

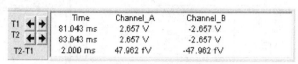

图 10.1.11　光标测量到的参数

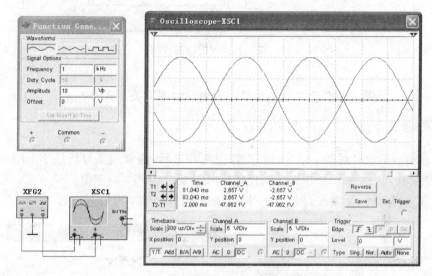

图 10.1.12　通过示波器观测到的波形

颜色,波形颜色就是相应通道连线的颜色。设定方法为右键单击连线,出现快捷菜单,选择其中的 Segment Color,就可改变连线的颜色。

5. 逻辑转换仪(Logic Converter)

逻辑转换仪是 Multisim 特有的虚拟仪器,如图 10.1.13 所示。它可以完成逻辑电路、真值表、逻辑表达式三者之间的转换。在需要将逻辑电路转换为真值表或关系式时,可将逻辑转换仪与逻辑电路相连。逻辑转换仪的图标上有 9 个端子,从左到右分别是 A、B、C、D、E、F、G、H,可连接逻辑电路的输入变量端,不用的输入端子可以空着;最右边第 9 个端子可连接逻辑电路的输出。连接之后,按下 ⟶ 101 ,可实现从逻辑电路到真值表的自动转换,再按下 101 ⟶ AIB 按钮时,又可将真值表变换为逻辑表达式。

例如,要输入一个 4 变量的真值表,则在面板的最上面选 4 个变量,栏目中会自动列好 4 个变量的所有状态,只需要在输出值中用鼠标修改值,再按

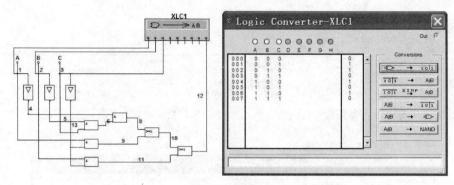

图 10.1.13　逻辑转换仪的图标、面板与连接

$\boxed{1\,0\,1}$ → AIB 按钮,会自动给出最小项表示的逻辑关系式。

6. 逻辑分析仪(Logic Analyzer)

逻辑分析仪可对数字信号进行高速采集和显示,通常用来分析数字电路的时序,如图 10.1.14 所示。逻辑分析仪能同时记录、显示 16 路逻辑信号。在面板上可设置采样时钟、触发模式等。使用时需根据信号的频率设置适当的采样频率。

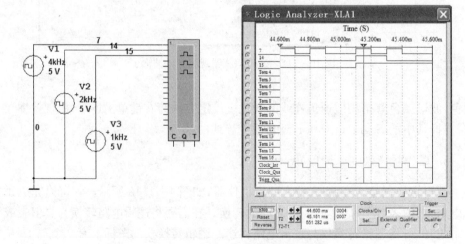

图 10.1.14　逻辑分析仪的图标、面板及连接

其他测试仪表和仪器这里不再介绍,请感兴趣的读者查找相关资料或通过实践了解。

10.2　仿真电路的创建

10.2.1　界面设置

对电路进行仿真需要在电子平台上创建电路。可选对 Multisim 10 的基本界面进行一些必要的设置,使得在调用元件和绘制电路时更加方便。

在菜单栏中选择 Options/Global Preference 项,将出现对话框,如图 10.2.1 所示。

在放置元件模式(Place component mode)区中设置是否连续放置元件,选择 Continuous placement (ESC to quit) 项,这样删除可以连续放置元件。

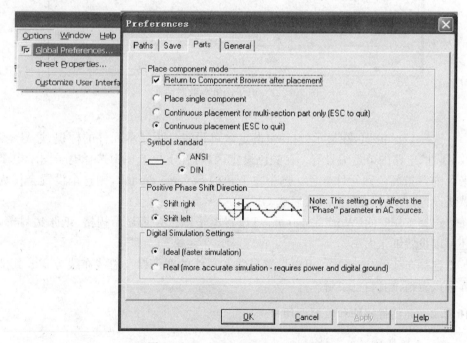

图 10.2.1　Global Preference 界面

在符号标准(Symbol standard)区可以设定符号标准。Multisim 提供了两套电器元器件标准:美国标准(ANSI)和欧洲标准(DIN),我国的现行标准比较接近于欧洲标准,所以在元件符号标准(Symbol standard)区中选择 DIN 项,然后单击对话框中的 Apply 按钮,再单击 OK 退出。

另外,在主菜单栏中选择 Option/sheet Preference 项,将出现如图 10.2.2 所示的电子图纸参数(sheet Preference)对话框。

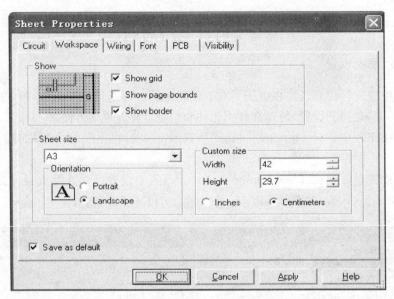

图 10.2.2　电子图纸参数对话框

　　选择 Circuit 页,在显示(Show)设定区可设置是否显示元件的标识、序号、参数、属性、电路的节点编号等。在颜色设定区,可在下拉选项中选择电子图纸电子平台的背景颜色和元件颜色。选中左下角的 Save as default,则这个设置会作为默认设置,自动保存下来。最后选 OK。

　　选择工作空间(Workspace)页,可设置电子图纸是否显示栅格、纸张边界等,还可以设置纸张大小。

　　选择布线(Wiring)页,可以设置导线和总线的宽度以及总线布线方式。其他界面设置请读者自己了解。

10.2.2　元器件操作和仪器调用

1. 元器件的调用

　　下面以调用电源为例说明元件的调用方法。假如要调入一个 20V 的直流电压源。点击 ╪ 打开电源库,也可以单击菜单栏中的 Place/Component,将出现元件库界面,如图 10.2.3 所示。

　　图 10.2.4 中左侧成员(Family)栏是对电源的分类,依次为功率电源、信号电压源和信号电流源、控制电压源、控制电流源和控制功能模块,根据需要选择细分的电源类别,再在元件(Component)栏选择具体的器件。如果选择 Select all families,则 Component 栏中会列出所有的电源元件。选中 DC_Power 后双击左键,

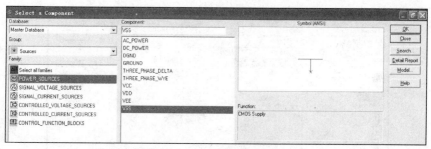

图 10.2.3　电源元件库窗口

则鼠标箭头变为电源图标,将鼠标拖到适当位置单击左键就调入一个电源。再单击第二下调入第二个。单击右键可停止调入。

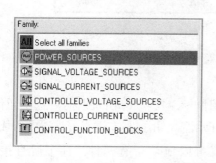 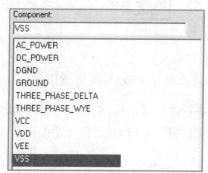

图 10.2.4　电源元件库窗口中的栏目

电源元器件库中含有 10 种最常用的元器件,使用时应了解其功能与注意事项:

(1) DGND(数字地)。

(2) GROUND(接地端)——在连接原理图时,一定要有接地端。它是电路中所有电压的公共参考点,原则上只有一个。使用集成运算放大器、变压器、各种受控源、示波器、波特指示器、函数发生器时,必须接地。

(3) VCC、VDD、VEE、VSS——均为直流电压源,分别用于 TTL、CMOS、数字电路、CMOS 元件电路中。

如果再需要调入电阻,可选元件库工具栏的 ⟋⟍⟋ 按钮,或者在打开的基本元件库窗口的 Group 框下右侧的下拉箭头,会弹出所有元件库的下拉菜单,如图 10.2.5 所示(左侧栏部分),从中选择 Basic,将出现基本元件库的界面。在窗口的成员(Family)栏中选择电阻(RESISTOR)箱,则在成员栏(Component)下的备选栏用鼠标滚动选择所需的电阻值双击,或者直接输入电阻参数后选择 OK 按钮,就可以调入电阻元件。其他种类元器件的调入方法相同。

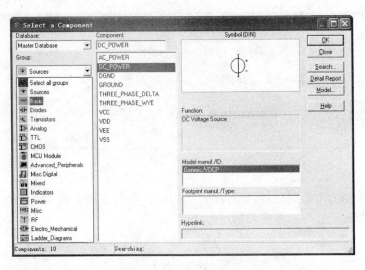

图 10.2.5　电源元件库窗口

2. 元器件的移动、复制、删除

进行这些操作前,先要选中元器件。用鼠标左键单击元件图标,可选中元件。或者按住鼠标左键画框,即可选中框内所有元件,再用鼠标左键点着被选中的任意元件,就可以拖动所有元件。选中后直接按 Ctrl+C 键可以进行复制;按 Ctrl+V 键可以进行粘贴;选中后直接按 Delete 键可以删除所选元件。

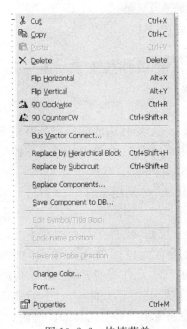

图 10.2.6　快捷菜单

也可以选中元件后单击右键,在弹出的快捷菜单里选择相应的操作,如图 10.2.6 所示。如旋转、粘贴、复制、删除等。

3. 元器件参数的修改

直流电压源的默认电压为 12V,为了修改 12V 这个参数,可用鼠标双击元器件的图标,则会弹出其属性对话框,也可以通过选择图 10.2.6 中属性(Properties)项来打属性对话框,如图 10.2.7 所示。该对话框中有很多项可以选择,可以对元器件的参数,如标识、显示方式、标称值、故障设置、变量设置等进行设置。

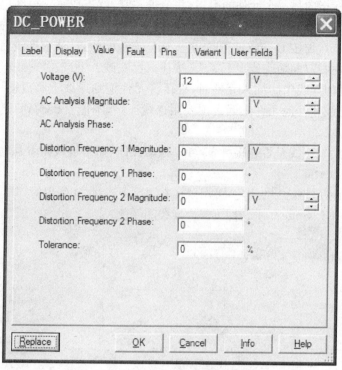

图 10.2.7 直流电源的属性对话窗口

调入某一电路待用的元件,并调整电路元件的位置,以便进行电路各元器件的连接,如图 10.2.8 所示。

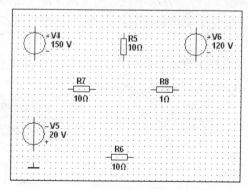

图 10.2.8 未连线的电路元器件

4. 元器件的连接

将鼠标指向所要连接元件的引脚,鼠标箭头会自动变为带十字的黑圆点,单击左键后将鼠标指向另一个元件的引脚,并单击左键,就连成了一根红色的连线(导线);若要删除连线,只需用鼠标点击连线,选中的连线上将出现蓝色的小方块,如图 10.2.9 所示,再按 Delete 键删除;若要调整连线的位置,选中连线后,鼠标箭头变为较粗的左右双向箭头或上下箭头,按住鼠标左键上下或左右拖动导线即可调整;在连接好的导线中间插入元件时,直接将元件拖到导线上释放即可插入。另外,应注意地线和其他元件之间必须要用连线连接,不能直接放到其他元件的引脚处。

　　如果要检验连线是否连接可靠,可以拖动元件,如果连线跟着移动,则表明连接可靠。

　　如果要改变连接线的颜色,可用鼠标右键单击连线,在弹出的如图 10.2.10 所示菜单中选择 Change Color,即可修改连线的颜色。

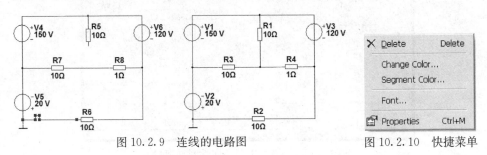

图 10.2.9　连线的电路图　　　　　　　　　　图 10.2.10　快捷菜单

10.2.3　仪器的调用及连接

　　仪器的调用及连接和元件的方法相同。用鼠标左键单击虚拟仪器仪表工具栏上的相应仪器,鼠标箭头将变成虚拟仪器的图标,单击左键可调入仪器。然后将仪器仪表连入待测电路。

　　在连接仪器时,如果看不清楚仪器的端口,可双击仪器图标打开面板,对照端口来连接,如图 10.2.11 所示。

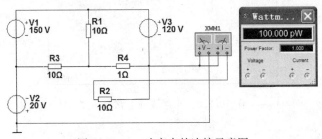

图 10.2.11　功率表的连接示意图

　　仿真电路创建成功,并连接测试仪器仪表,则可对文件进行保存,用于后续进行仿真、查看分析、测试结果等。

10.3　电路仿真分析

　　Multisim 10 提供了共 18 种基本仿真分析方法。选择主菜单中的 Simulate/Analyses,可看到分析方法下拉菜单,如图 10.3.1 所示。从上到下依次为:直流工作点分析、交流分析、瞬态分析、傅里叶分析、噪声分析、作声图形分析、失真分析、直流扫描分析、灵敏度分析、参数扫描、温度扫描、零—极点分析、传输函数分析、最坏情况分析、蒙特卡罗统计、批处理分析、用户定义分析。

图 10.3.1　分析方法菜单

　　下面将结合电路仿真实例,一并介绍常用的几种分析方法:瞬态分析、直流工作点分析、交流分析、直流扫描分析、传递函数分析。

10.3.1　模拟电路仿真实例

1. RC 电路仿真分析

　　分析 RC 电路的电容充电过程就可以用瞬态分析(Transient Analysis)。

　　创建 RC 电路后,分析时选择节点变量,让电路中的节点编号都显示出来。方法是选择主菜单的 Options/Sheet Properties,在对话框中的节点名称(Net Names)区域选择 ⊙ Show All ,可显示出节点编号,如图 10.3.2 所示。图中左上电路没有显示出节点编号,而左下电路则显示出节点编号。

　　选择主菜单的 Simulate/Analysis/Transient Analysis,即可打开瞬态分析对话框,如图 10.3.3 所示。在分析参数(Analysis Parameters)这一页中共有 3 个区域:初始条件(Initial Conditon)区用来设置初始条件,可设为 0、用户定义的初始值、把计算出来的直流工作点作为初始值及自动决定初始条件这四种。这里我们设初始条件为 0。参数(Parameters)区用于设定仿真起始时间、停止时间和最大步长。还需在 Output 页中选择待分析的节点变量。其中带 V 的节点变量标识的是该节点的电压变量;带 I 的变量是流过该节点的电流变量。在分析电容上的电压变化过程时,选择节点 3 的电压变量作为分析变量。即在备选变量栏中选 V[3],按添加(Add)键,便添加到至右边的分析变量栏,再按仿真按钮 Simulate ,将

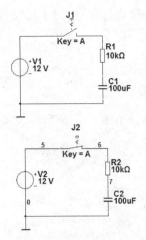

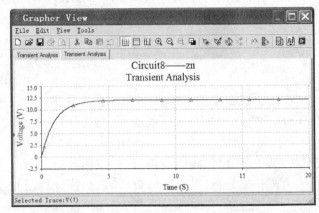

图 10.3.2　瞬态分析结果

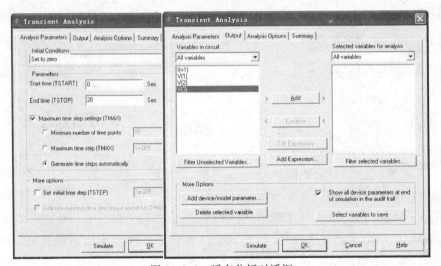

图 10.3.3　瞬态分析对话框

自动弹出瞬态仿真分析结果界面。

2. 电压放大电路仿真分析

1) 静态工作点分析

基本电压放大电路的静态和动态仿真分析,如图 10.3.4 所示。创建电路后,选择主菜单的 Simulate/Analysis/DC Operating Point Analysis,出现直流工作点分析的对话框,在 Output 页中选择分析的变量。按仿真按钮后,自动显示静工作点的分析结果,如图 10.3.5 所示。

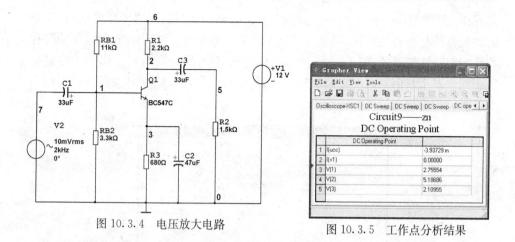

图 10.3.4　电压放大电路　　　　　图 10.3.5　工作点分析结果

2）动态分析

动态分析主要研究放大电路的电压放大倍数、幅频和相频特性。

（1）电压放大倍数分析。

调入双踪示波器,将输入信号、输出信号分别接入示波器的不同通道,注意示波器的接地。打开仿真按钮,就可由示波器上观测到波形,如图 10.3.6 所示。用光标可测出输出信号的大小,计算出放大电路的放大倍数。由波形上也可看出,输入信号与输出信号的相位关系。

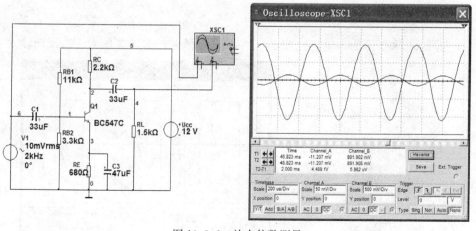

图 10.3.6　放大倍数测量

（2）幅频特性和相频特性分析。

选择 Simulate/Analysis/AC Analysis,在弹出的对话框中设置参数。在频率参数（Frequency Parameters）页中设置频率的起始值、终止值,本例选择 1kHz～

3kHz;扫描类型(sweep type)可选为线性、十倍频、八倍频,设置为线性;分析变量的设置方法与前面相同,本例选为节点 4 的电压量 V[4]。本例仿真的幅频响应和相频响应特性结果,如图 10.3.7 所示。由幅频响应特性曲线,可读出放大电路对应不同频率正弦信号时的放大倍数;相频响应特性曲线反映了放大电路对不同频率信号的相位改变情况。

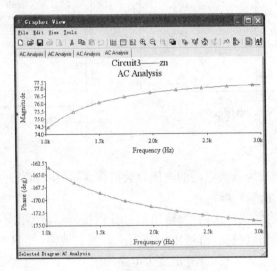

图 10.3.7　幅频、相频仿真结果

3. 电压比较器电路仿真分析

图 10.3.8 所示为一电压比较器电路,同相输入端的参考电压为 4V,反向输入

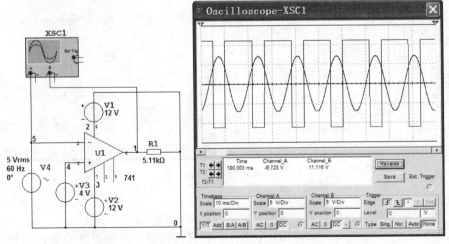

图 10.3.8　电压比较电路及其观测结果

端的输入信号是一有效值为 5V 的正弦信号,输出量是节点 1 对地端的电压输出。要求观测输入、输出波形之间的关系,并画出电压传输特性曲线。

　　将输入信号和输出信号分别连接在示波器的两个不同通道,按仿真按钮可观测输入与输出波形间的关系。

　　电压比较器的传输特性可以用直流扫描(DC Sweep)来分析。直流扫描分析是计算电路中某节点的直流工作点随直流电压源电压改变的关系。选择主菜单的 Simulate/Analysis/DC Sweep Analysis,弹出直流分析对话框。选择扫描信号源(Source)为反向输入端的信号源 V4 的电压 VV4,并设定扫描电压的起始值(Start value)为 −1V、终 止 值(Stop value)为 10V、步 长(Increment)为 0.02V,在 Output 页选择输出变量为节

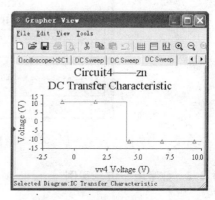

图 10.3.9　直流扫描分析结果

点 1 的电压 V[1],然后按仿真按钮,测试结果如图 10.3.9 所示。横轴为输入变量,纵轴为输出变量。

4.集成运算电路仿真分析

　　分析如图 10.3.10 所示的运算电路的电压放大倍数、输入阻抗、输出阻抗。可用传递函数分析来处理。传递函数分析用于分析一个输入源与两个节点之间的电压差之间在直流小信号作用下的传递函数,也可用于测量电路的输入阻抗和输出阻抗。

　　选择主菜单的 Simulate/Analysis/Transfer Function,出现传输函数分析的对话框。选择输入源为输入信号 V3 的电压量 VV3,输出变量为节点 3 的电压变量 V[3],参考点是地,即 0 节点的电压量 V[0]。仿真结果如图 10.3.11 所示。输出结果的第一行是传输函数值,可看出电压放大倍数为 −1.99994,第二行是输入阻抗值,第三行是输出阻抗值。

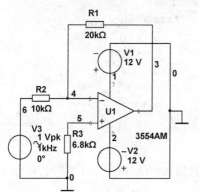

图 10.3.10　集成运算电路

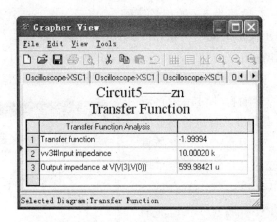

图 10.3.11　传递函数分析结果

10.3.2　数字电路仿真实例

1. 三人表决电路仿真分析

三人表决逻辑电路,用发光二极管(LED)显示表决结果,如图 10.3.12 所示。

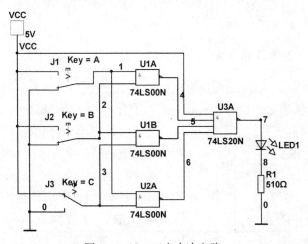

图 10.3.12　三人表决电路

　　调入三个两输入的与非门 74LS00N、一个四输入的与非门 74LS20N、一个发光二极管,还需要三个开关。

　　值得注意的是,电路中有三个独立控制的开关,系统默认的控制键是空格键 Space,按空格键可以看到三个开关的状态同时发生变化,仿真时应定义为开关的控制键。双击开关的图标,在对话框 Value 页的 Key for Switch 栏中设 A、B、C 三个字母键为控制键。如果两个开关由同一量来控制,则将两开关的控制键设为同一个键,既可用鼠标左键单击开关改变开关的状态,又可通过按键盘上的控制键来改变。按仿真开关后,改变三个开关的状态,即改变决策结果,通过发光二极管的亮、暗状态显示判决结果。

2. 集成计数器仿真分析

由 74LS290D 组成的十进制计数器,如图 10.3.13 所示。要求对该计数器进行仿真分析,并用 LED 显示计数器仿真结果。

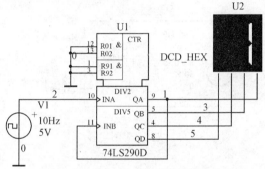

图 10.3.13　计数器计数仿真电路

调入十进制的计数器 74LS290D、带译码器的七段数码显示管 DCD_HEX,计数脉冲由时钟信号源提供。根据计数器计数功能的要求,设定各个端子的状态及计数脉冲的频率后,按下仿真按钮,就可以看到数码显示管上的数字在 0～9 之间循环变化。

本 章 小 结

电子设计自动化(electronic design automation,EDA)是利用计算机作为工作平台进行电路自动化设计的技术。电子工作平台(electronics workbench,EWB)1989 年由加拿大 Interactive Imag Technologies 公司推出。Multisim 10 仿真软件是 EWB 5.0 的升级版,其具有强大的分析、仿真功能,并具有直观、形象、交互性强和易操作等特点。利用 Multisim 10 进行电工电子电路的仿真分析十分便捷。

1. 进行仿真模拟实验,实验过程非常接近实际操作的效果。各元器件选择范围广,参数修改方便,不会像实际操作那样多次地把元件焊下而损坏器件和印刷电路板,使电路调试变得快捷方便。对电工技术、电子技术中绝大部分电路都能应用,不仅能用于对单个电路特性和原理进行验证,也能用于多级的组合电路。

2. 元件库不但提供了各种丰富的分立元件和集成电路等元器件,还提供了各种丰富的调试测量工具:各种电压表、电流表、示波器、指示器、分析仪等,是一个全开放性的仿真实验和课件制作平台。

　　3. 利用 Multisim 10 进行电工电子电路仿真分析,可以通过修改电路参数,观察电路参数变化对电路性能的影响。另外,Multisim 10 可以提供实验室所需虚拟仪器,可为同学们的科技创新性实验提供完善设备仪器,构建良好的创新性研究的实验环境。

习　　题

　　10.1　在 Multisim 10 仿真平台上,用示波器观察题 10.1 图所示电路的整流和滤波电路波形。

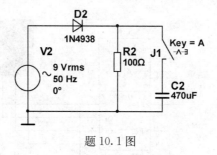

题 10.1 图

　　10.2　用 Multisim 10 软件测量题 10.2 图所示放大电路的静态工作点、输入电阻、输出电阻以及带载、空载时的电压放大倍数,并分析交流旁路电容 C_E 对电路的影响。

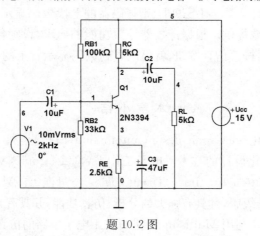

题 10.2 图

　　10.3　用 D 触发器构成四位二进制加法计数器,计数器的输出经译码器送给数码管显示计数结果,如题 10.3 图所示电路。要求用 Multisim 10 对该计数器进行仿真;并用逻辑分析仪观察计数器的输出波形。

　　10.4　用 Multisim 设计并仿真一个电子时钟(用集成计数器实现)。

　　10.5　用 Multisim 设计并仿真流水灯控制电路(用移位寄存器 74LS194 实现)。

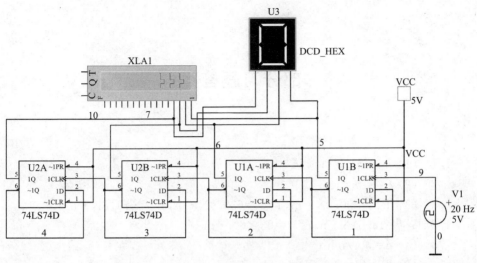

题 10.3 图

部分习题答案

第 1 章

1.1　(1) I_N＝84.2A;

　　(2) S_N＝0.013;

　　(3) T_N＝290.4N・m,T_{max}＝638.9N・m,T_{st}＝551.8N・m

1.2　T_N＝13.63N・m,T'_N＝53.06N・m

1.3　(1) n＝30r/min;

　　(2) T_N＝195N・m;

　　(3) $\cos\varphi$＝0.88;

　　(4) $I_{Y-\triangle}$＝134.2A,$T_{Y-\triangle}$＝78N・m

1.4　(1) S_N＝0.04,T_N＝26.5N・m,

　　　T_{st}＝58.4N・m,T_{max}＝58.4N・m,I_{st}＝61.6A;

　　(2) P_{iN}＝4.75kW;

　　(3) $T_{st(Y-\triangle)}$＝19.5N・m

1.6　(1) $Q\approx$11.7kvar;

　　(2) C＝86μF

第 2 章

2.3　(1) I'＝80A,E_N＝198.9V,n'＝1422r/min;

　　(2) I＝37.34A

2.5　(1) P_1＝11.733kW,P_2＝9.97kW;

　　(2) ΔP_{acu}＝1.25kW;

　　(3) ΔP_{fcu}＝0.733kW

第 3 章

3.3　(1) n_0＝2400r/min;

　　(2) n_0-n＝6000r/min,s＝0.25,f_2＝100Hz;

　　(3) s＝0.167,f_2＝66.67Hz;

　　(4) s＝1.75,f_2＝700Hz

3.6　(1) n_0＝6000r/min;

　　(2) n＝4500r/min

第 5 章

5.3 如图解 1 所示。

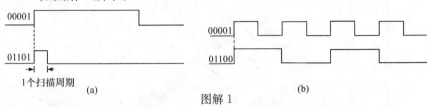

1个扫描周期 (a)

(b)

图解 1

5.10 9000s

5.11 电路如图解 2 所示。

（1）

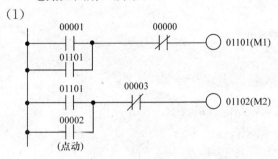

（2）

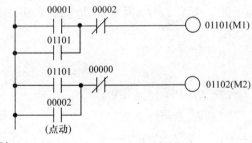

（3）

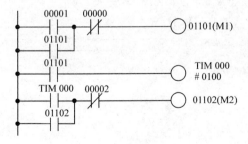

图解 2

（4）

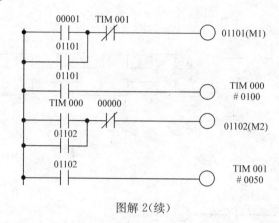

图解 2（续）

第 6 章

6.2　$\theta = 102.2°$，$I = 61.9A$，晶闸管可选 KP50-7

6.3　（1）$I_0 = 9.55A$，$I = 15A$；

　　　（2）$I_0 = 7.16A$，$I = 9.51A$，I_F 为 10A 的晶闸管能满足要求

6.4　$U_0 = 74.25V$，$I_0 = 7.43A$，$I = 13.95A$，晶闸管可选 KP10-7

6.7　$U = 1.1 \times 166.7V$，取 190V，$I = 11.1A$，晶闸管可选 KP10-6；

　　　若 U_0 降至 100V，则 $\theta = 80.24°$

第 7 章

7.5　（1）$P_1 = 7240W$，$P_2 = 7240W$，$P = 14.48kW$；

　　　（2）$P_1 = 8300W$，$P_2 = 3277W$，$P = 11.58kW$；

　　　（3）$P_1 = 7240W$，$P_2 = 0$，$P = 7.24kW$；

　　　（4）$P_1 = 6243W$，$P_2 = -444W$，$P = 5.8kW$；

　　　（5）$P_1 = -4180W$，$P_2 = 4180W$，$P = 0$

参 考 文 献

陈伯时.2003.电力拖动自动控制系统.3 版.北京:机械工业出版社

冯锡钰.2000.现代通信技术.北京:机械工业出版社

李序葆,赵永健.2001.电力电子器件及其应用.北京:机械工业出版社

秦曾煌.1999.电工学上册电工技术. 5 版. 北京:高等教育出版社

史仪凯.1994.电工技术.西安:西北工业大学出版社

史仪凯.1995.电子技术.西安:西北工业大学出版社

史仪凯.1999.电工技术(电工学 I)学习与考研指导.北京:科学出版社

史仪凯.2004.电子技术(电工学 II)学习与考研指导.北京:科学出版社

唐介.1999.电工学(少学时).北京:高等教育出版社

王鸿明.1999.电工技术与电子技术(上册).北京:清华大学出版社

王巨荣.1998.电工技术(电工学 I).哈尔滨:哈尔滨工业大学出版社

王兆安,黄俊.2000.电力电子技术.4 版.北京:机械工业出版社

吴道娣.2002.非电量电测技术.西安:西安交通大学出版社

姚海彬.1999.电工技术(电工学 I).北京:高等教育出版社

张建民.2001.电工技术.北京:国防工业出版社

Bobrow L E.1985.Fundamentals of Electrical Engineering.CBS College Publishing

Kelley M C.1988.Introductory Liner Electrical Circuit and Electronics.New York,Wiley

Schwarz S E,Oldham W G.1984.Electrical Engineering.CBS College Publishing

附录 A　Y 系列三相异步电动机技术数据

（每种极数的电动机只选列最小、中等和最大功率的四种型号）

型号	额定功率 /kW	额定电流 /A	额定转速 /(r/min)	额定效率 /%	额定功率 因数	堵转转矩 额定转矩	堵转电流 额定电流	最大转矩 额定转矩
Y 801-2	0.75	1.9	2825	73	0.84	2.2	7.0	2.2
Y 132 S1-2	5.5	11.1	2900	85.2	0.88	2.0	7.0	2.2
Y 180 M-2	22	42.2	2940	89	0.89	2.0	7.0	2.2
Y 280 M-2	90	167	2970	92	0.89	2.0	7.0	2.2
Y 801-4	0.55	1.6	1390	70.5	0.76	2.2	6.5	2.2
Y 110 L-4	2.2	5.0	1420	81	0.82	2.2	7.0	2.2
Y 180 M-4	18.5	35.9	1470	91	0.86	2.0	7.0	2.2
Y 280 M-4	90	164.3	1480	93.5	0.89	1.9	7.0	2.2
Y 90 S-6	0.75	2.3	910	72.5	0.70	2.0	6.0	2.2
Y 132 M1-6	4	9.4	960	84	0.77	2.0	6.5	2.0
Y 180 L-6	15	31.6	970	89.5	0.81	1.8	6.5	2.0
Y 280 M-6	55	104.9	980	91.6	0.87	1.8	6.5	2.0
Y 132 S-8	2.2	5.8	710	81	0.71	2.0	5.5	2.0
Y 160 L-8	7.5	17.7	720	86	0.75	2.0	5.5	2.0
Y 225 M-8	22	47.6	730	90	0.78	1.8	6.0	2.0
Y 280 M-8	45	93.2	740	91.7	0.80	1.8	6.0	2.0

注：［使用条件］U_N＝380V，f_N＝50Hz，定额连续，$P_N \leqslant 3$kW 为 Y 形连接，$P_N \geqslant 4$kW 为△形连接，环境温度$\leqslant 40℃$，海拔$\leqslant 1$km。

［型号意义］

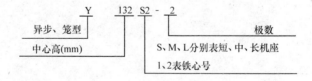

附录 B　OMRON 公司 CMP1A 基本指令

指令	符号	操作数字	功　能	数　据
LOAD (LD)	┤├	继电器号	以常开接点开始的操作符号	继电器编号 输入、输出继电器
LOAD NOT	┤╱├	继电器号	以常闭接点开始的操作符号	0000～0915 辅助继电器 10000～1907
AND	┤├	继电器号	逻辑"与"操作，即串联常开接点	保持继电器 HR0000～HR915
AND NOT	┤╱├	继电器号	将常闭接点串联	计时器 TIM00～47 设定时间 0～999.9
OR	┤├	继电器号	并联常开接点	计数器 CNT00～47 设定值 0～9999
OR NOT	┤╱├	继电器号	并联常闭接点	暂存继电器 TR0～TR7 (TR 只用在 LD 指令)
AND LOAD			串联连接两组接点	
OR LOAD			并联连接两组接点	
OUT PUT (OUT)	○	继电器号	把相应电路的操作结果输出给指定的输出继电器、辅助继电器、锁存继电器或移位寄存器中	继电器编号 输出继电器 0500～0915 辅助继电器 1000～1807 保持继电器 HR0000～HR915 暂存继电器 TR0～TR7
TIMER (TIM)	(TIM)	计时器号和设定计时值	接通延时 0～999.9s	计数器和计时器 编号均为 00～47 设定值为 0000～9999
COUNTER (CNT)	CP R CNT	计时器号和设定计数值	减计数操作，设定值 0～9999	

附录 C OMRON 公司 CMP1A 基本梯形图

基本指令	代码表	说　明	动作示意图
(L. D、AND、OR、OUT) 0000　0001 0002　500	LD 0000 AND 0001 OR 0002 OUT 500	输入 0000 和 0001ON 时或输入 0002 ON 时，继电器 500 都 ON	IN — 0000 0001 0002 OUT — 500
(LD NOT、AND) NOT、OR、NOT 0000　0001 0002　500	LDNOT-0000 ANDNOT-0001 ORNOT-0002 OUT 500	输入 0000 和 0001 都 OFF 时或输入 0002OFF 时继电器 500 都 ON	IN — 0000 0001 0002 OUT — 500
(AND LD) 0000　0002 0001　0003　500	LD 0000 OR 0001 LD 0002 OR 0003 AND LD OUT 500	输入 0000 和 0002 ON 或 0000 和 0003 ON 或 0001 和 0002 ON 或 0001 和 0003 ON 时继电器 500 都 ON	IN — 0000 0001 0002 0003 OUT — 500
(OR LD) 0000　0001 0002　0003　500	LD 0000 AND 0001 LD 0002 AND 0003 OR LD OUT 500	输入 0000 和 0001 ON 或 0002 和 0003 ON 时，继电器 500 都 ON	IN — 0000 0001 0002 0003 OUT — 500
(TIMER) 0000　0001　TIM 00 T00　#0075 500	LD 0000 AND NOT #0001 TIM 00 #0075 LD TIM 00 OUT 500	输入 0000 和 0001 都闭合时（即 0000 ON 和 0001 OFF）7.5s 后 TIM 闭合继电器 500 都 ON	0000 0001 TIM00 — 7.5s 500 — OUT
(CNTER) 0000 0001　CNT 00 0003 CNT 00　500	LD 0000 LD 0001 CNT 00 #0003 LD CNT 00 OUT 500	输入 0000 通断 3 次时使 CNT 接通、继电器 500 ON，当 0001 接通时，CNT 复位	0000 0001 — IN CNT 00 500 — OUT

附录 D 国产晶闸管主要参数

参数\系列	通态平均电流 $I_T(AV)$ /A	断态重复峰值电压,反向重复峰值电压 V_{DRM},V_{RRM} /V	断态重复平均电流,反向重复平均电流 I_{DR},I_{RR} /mA
序 号	1	2	3
KP 1	1	100~3000	≤1
KP 5	5	100~3000	≤1
KP 10	10	100~3000	≤1
KP 20	20	100~3000	≤1
KP 30	30	100~3000	≤2
KP 50	50	100~3000	≤2
KP 100	100	100~3000	≤4
KP 200	200	100~3000	≤4
KP 300	300	100~3000	≤8
KP 400	400	100~3000	≤8
KP 500	500	100~3000	≤8
KP 600	600	100~3000	≤9
KP 800	800	100~3000	≤9
KP 1000	1000	100~3000	≤10

参数\系列	额定结温 T_{iM} /℃	断态电压临界上升率 dv/dt /(V/μs)	通态电流临界上升率 di/dt /(A/μs)	浪涌电流 I_{TSM} /A
序 号	4	5	6	7
KP 1	100	30	—	20
KP 5	100	30	—	90
KP 10	100	30	—	190
KP 20	100	30	—	380
KP 30	100	30	—	560
KP 50	100	30	30	940
KP 100	115	100	50	1880
KP 200	115	100	80	3770
KP 300	115	100	80	5650
KP 400	115	100	80	7540
KP 500	115	100	80	9420
KP 600	115	100	100	11160
KP 800	115	100	100	14920
KP 1000	115	100	100	18600

注:T 表示通态;D 表示断态;R 表示反向(第一位)或重复的(第二位);S 表示不重复的;M 表示最大值。

附录 E GTR 主要参数

E1 静态参数

型号	最大连续集电极电流 I_C /A	最大脉冲集电极电流 I_C /A	最大连续基极电流 I_B /A	集电极发射极电压(T_C=125℃)V_{CEX} /V	集电极发射极保持电压(T_C=125℃)$V_{CEX.S}$ /V	最大结温 T_J /℃
TCD30/U-800	50	70	10	800	500	150
TCD30/U-1000	12	20	10	1000	850	150
DT34-300	175	200	50	300	250	150
DT34-500	175	200	50	500	400	150
DT34-1050	175	200	50	1050	850	150
DT74-250	600	800	100	250	200	175
DT74-300	600	800	100	300	250	175
DT74-350	600	800	100	350	300	175
DT/TF100-1000	200	300	100	1000	850	150
DT/TF100-1200	200	300	100	1200	1000	150
DT800-300	1000	1200	250	300	200	175
DT800-350	1000	1200	250	350	250	175
DT800-400	1000	1200	250	400	300	175

E2 动态参数

型号	总功耗(T_C=25℃)	直流正向电流增益(T_C=125℃)			集射饱和电压(T_C=125℃)			开关时间参数(T_C=125℃)					结热阻
								下降	存储	连续			
	P_T /W	h_{FE} /min	I_C /A	V_{CE} /V	V_{CES} /V	I_C /A	I_B /A	t_f /μs	t_s /μs	I_C /A	I_{B1}/I_{B2} /A	V_{CE} /V	R_{th} /(℃/W)
TCD30/U-800	125/200	35	40	5	2	40	2	1	6.5	40	0.5/0.5	300	1.0/0.05
TCD30/U-1000	125/200	35	6	5	2	6	0.3	1	6.5	6	1.5/1.5	300	1.0/0.65
DT34-300	1.7	8	200	2	0.6	200	37.5	1	5	200	37.5/37.5	250	0.13/0.075
DT34-500	1.7	8	100	2	0.6	100	18.0	1	5	100	18/18	300	0.13/0.075
DT34-1050	1.7	8	40	2	0.6	40	8.5	1	5	40	8.5/8.5	350	0.13/0.075
DT74-250	2000	10	400	2	1	400	60	1.5	5	400	60/60	150	0.075
DT74-300	2000	8	400	2	1.5	400	60	1.5	5	400	60/60	200	0.075
DT74-350	2000	7	400	2	1	400	60	1.5	5	400	60/60	250	0.075
DT/TF100-1000	1500/2000	8	100	2	1	100	19	1	7	100	19/19	800	0.085/0.05
DT/TF100-1200	1500/2000	5	100	2	1	100	30	1.25	7	100	30/30	1000	0.085/0.05
DT800-300	3000	10	800	2	1	800	150	2	7.5	800	150/150	150	0.04
DT800-350	3000	9	800	2	1	800	150	2	7.5	800	150/150	200	0.04
DT800-400	3000	7	800	2	1	800	150	2	7.5	800	150/150	250	0.04

附录 F　MOSFET 主要参数

F1 最大额定值

参数名称	符号	单位	器件型号 IRF150 (N 沟道)	2N6770 (N 沟道)	IRF9140 (P 沟道)
漏源电压	U_{DS}	V	100	500	−100
漏栅电压	U_{DGR}	V	100	500	−100
漏极连续电流(结温 25℃)	I_D	A	40	12	−19
漏极连续电流(结温 100℃)	I_D	A	25	7.75	−12
漏极脉冲电流幅值	I_{DM}	A	160	25	−76
栅源电压	U_{GS}	V	±20	±20	±20
最大耗散功率	P_D	W	150	150	125
工作温度	T_j	℃	−55～150	−55～150	−55～150

注:IRF150、2N6770、IRF9140 都是美国国际整流器公司的产品。

F2 主要特性参数

参数名称	符号	单位	IRF150 (N 沟道) 最小	典型	最大	2N6770 (N 沟道) 最小	典型	最大	IRF9140 (P 沟道) 最小	典型	最大
漏源击穿电压	BV_{Dss}	V	100	—		500	—		−100	—	
开启电压	V_{Gst}	V	2.0	—	4.0	2.0	—	4.0	−2.0		−4.0
栅源间正向漏电流	I_{Gss}	nA	—	—	100			−100			−100
栅源间反向泄漏电流	I_{Gss}	nA	—	—	−100			100			100
零栅压漏极电流	I_{Dss}	μA	—	—	250		100	1000			−250
通态漏极电流	$I_{D(on)}$	A	40					6.0	−19		
漏源间通态直流电阻	R_{on}	Ω	—	0.045	0.055		0.3	0.4		0.15	0.2
跨导	G_{fs}	S	9.0	11		8.0	12.0	24	5.0	7.0	—
输入电容	C_{iss}	pF	—	2000	3000	1000	2000	3000		1100	1300
输出电容	C_{oss}	pF	—	1000	1500	200	400	600		550	700
反向转移电容	C_{rss}	pF	—	350	500	50	100	200		250	400

续表

参数名称	符号	单位	IRF150 (N 沟道)			2N6770 (N 沟道)			IRF9140 (P 沟道)		
			最小	典型	最大	最小	典型	最大	最小	典型	最大
开通滞后时间	$t_{d(on)}$	ns	—	—	35	—	—	35	20		30
上升时间	t_r	ns	—	—	100	—	—	50	—	10	15
关断滞后时间	$t_{d(off)}$	ns	—	—	125	—	—	150	—	13	20
下降时间	t_f	ns	—	—	100	—	—	70	—	8.0	12
栅极总电荷	Q_G	nC	—	63	120	—	—	—	—	70	90
栅源电荷	Q_{Gs}	nC	—	27						14	—
栅漏"Miller"电荷	Q_{GD}	nC	—	36						56	
漏极内引线电感	L_D	nH	—	5.0						5.0	
源极内引线电感	L_s	nH	—	12.5	—	—	—	—	—	12.5	—

附录 G　IGBT 主要参数

G1 东芝 MG25N2S1 的电气特性($T_c = 25℃$)

项目		符号	单位	测试条件	最小	标准	最大
门极漏电流		I_{GSS}	nA	$V_{GS} = \pm 20V, V_{DS} = 0$	—	—	± 500
漏极漏电流		I_{DSS}	mA	$V_{DS} = 1000V, V_{GS} = 0$	—		1
漏—源电压		V_{DSS}	V	$I_D = 10mA, V_{GS} = 0$	1000	—	—
门—源电压		$V_{GS(off)}$	V	$V_{DS} = 5V, I_D = 25mA$	3		6
漏源饱和压降		V_{DSS}	V	$I_D = 25A, V_{GS} = 15V$	—	3	5
输入电容		C_i	pF	$V_{DS} = 10V, V_{GS} = 0V, f = 1MHz$	—	3000	—
开关时间	上升时间	t_r	μs	$V_{GS} = \pm 15V$	—	0.3	1
	开通时间	t_{on}	μs	$R_G = 51\Omega$	—	0.4	1
	下降时间	t_f	μs	$V_{OD} = 600V$	—	0.6	1
	关断时间	t_{off}	μs	负载电阻 24Ω	—	1	2
反向恢复时间		t_{rr}	μs	$I_F = 25A, V_{GS} = -10V$ $di/dt = 100A/\mu s$	—	0.2	0.5

G2 东芝 MG25N2SI 的最大额定值($T_C=25℃$)

项目		符号	单位	额定值
漏极—源极电压		V_{DSS}	V	1000
门极—源极电压		V_{GSS}	V	±20
漏极电流	DC	I_D	A	25
	1ms	I_{DP}	A	50
漏极损耗		P_D	W	200
结温		T_j	C	125
储存温度		T_{stg}	C	−40～125
绝缘耐压		V_{ISOL}	V	2500(AC,1min)

附录 H　GE 公司 MCT 主要参数

参数	TA9789A	TA9789B	TA9836A	TA9836B
击穿电压/V	500	1000	500	1000
无吸收回路的 SOA/V	300	600	300	600
峰值可控电流/A	50	50	100	100
峰值电流/A	500	500	1000	1000
芯片尺寸/mil	170×227	170×227	260×390	260×390
U_{on}/V	1.1	1.1	1.1	1.1
输入电容/pF	7000	7000	14000	14000
$\dfrac{\mathrm{d}i}{\mathrm{d}t}$/(A·$\mu$s^{-1})	2000	2000	2000	2000
$\dfrac{\mathrm{d}u}{\mathrm{d}t}$/(V·$\mu$s^{-1})	20000	20000	20000	20000
导通时间/ns	200	200	200	200
储存时间/ns	500	500	500	500
关断时间/ns	2000	2000	2000	2000
门极—阳极电压/V				
最大值 U_{Gss}	20	20	20	20
导通 U_{Gon}	−5～−10	−5～−15	−5～−15	−5～−15
关断 U_{Goff}	+10～+15	+10～+15	+10～+15	+10～+15
外壳	5 引线 TO-218			

附录 I 电工测量仪表按被测电量分类

次序	被测电量的种类	仪表名称	符号
1	电 流	电流表	(A)
		毫安表	(mA)
2	电 压	电压表	(V)
		千伏表	(kV)
3	电功率	功率表	(W)
		千瓦表	(kW)
4	电 能	电度表	|kWh|
5	相位差	相位表	(φ)
6	频 率	频率表	(Hz)
7	电 阻	欧姆表	(Ω)
		兆欧表	(MΩ)

附录 J 典型光电耦合器主要参数

类别	参数及单位	测试条件	CH301E	CH315
输入特性	正向压降 U_F/V	$I_F=10mA$	$\leqslant1.3$	$\leqslant1.3$
	反向漏向流 $I_R/\mu A$	$U_R=3V$	$\leqslant50$	$\leqslant50$
	最大电流 I_{FM}/mA	DC	50	50
输出特性	暗电流 $I_D/\mu A$	$I_F=0, U_{CE}=10V$	$\leqslant0.1$	$\leqslant0.1$
	亮电流 I_L/mA	$I_F=20mA, U_{CE}=10V, R_L=500\Omega$	>15	$8\sim10$
	击穿电压 U_{BR}/V	$I_F=0, I_{CE}=1\mu A$	$\geqslant15$	$\geqslant15$
	最大功耗 P_{CM}/mW	DC	150	150
传输特性	电流传输比 β	$I_F=10mA, U_{CE}=10V$	$>150\%$	$80\%\sim100\%$
	上升时间 $t_r/\mu s$	$I_F=10mA, U_{CE}=10V$	$\leqslant3$	$\leqslant3$
	下降时间 $t_f/\mu s$	$R_L=100\Omega, f=100Hz$	$\leqslant4$	$\leqslant4$
隔离特性	极间耐压 U_q/V	AC,50Hz,峰值,1min	500	500
	隔离电阻 R_q/Ω	AC 或 DC500V	10^{10}	10^{11}
	耦合电容 C_q/pF		$\leqslant2$	$\leqslant2$

附录 K　常用热电偶主要参数

名称	分度标准		材质成分		$t=100℃, t_0=0℃$	最高使用温度	
	国际	我国(旧)	正极	负极	热电动势/mV	长期	短期
铂铑$_{10}$-铂	S	LB-3	Pt90% Rh10%	Pt100%	0.643	1300℃	1600℃
铂铑$_{30}$-铂铑$_6$	B	LL-2	Pt70% Rh30%	Pt94% Rh6%	0.034	1600℃	1800℃
镍铬-镍硅	K	EU-2	Ni90% Cr10%	Ni97% Si2.5% Mn0.5%	4.095	1000℃	1200℃
铜-康铜	T	CK	Cu100%	Cu55% Ni45%	4.277	200℃	300℃

附录 L　部分 NTC 型热敏电阻主要参数

产品型号	结构	常温电阻R_{25}/Ω	最大功率	耗散系数 H/(mW/℃)	时间常数 τ/s	材料常数 B/K	温度范围/℃	材料成分
CD1010	圆片形树脂包封	5~30k		1.0	≤20	3200~4200	−20~+300	Mn-Co-Ni-O
BS3516	玻璃封装	2~300k		0.5~1.0	≤10	3200~4200	−50~+300	Mn-Co-Ni-O
ERT-G	玻璃封装	5k~2.2M	0.8~10(mW)	1.8~2.2	6~15	3550~4650	−40~+300	Mn-Co-Ni-O-Cr-O
NTH-2000系列	片状树脂包封	2~50k	0.08~0.5(W)	1.0~6.0	1.1~9.0(水中)	3450~4100	−30~+120	Mn-Ni-Co-O

中英文名词对照

A

按钮　push button

B

半双工制　half duplex
保护接地　protective grounding
保护接零　protective connect to neutral
闭环控制　closed-loop control
编程器　programming panel
变频　frequency conversion
并励直流电动机　shunt dc. motor
步进电动机　stepping electric motor
步距角　stepangle

C

采样保持　sample and hold
槽　slot
测量精度　accuracy of measure
常闭触点　normally closed contact
常开触点　normally open contact
触发电路　trigger circuit
触发脉冲　trigger pulse
传递函数　transfer function
传感器　sensor transducer
磁饱和　magnetic saturation
磁场　magnetic field
磁场强度　magnetizing force
磁电式仪表　magnetoelectric instrument
磁感应强度　flux density
磁通　flux
磁性材料　magnetic material
磁滞　hysteresis
磁阻　reluctance

D

单工制　simplex

单结晶体管　unijuction transistor(UJT)
单相桥式整流电路　single phase bridge recti-
　　fication circuit
单相异步电动机　single phase asynchronous mo-
　　tor
刀开关　knife switch
地球同步轨道　geosynchronous earth orbit
点动控制电路　intermit control circuit
电磁式仪表　electromagnetic instrument
电磁转矩　electromagnetic torque
电动机　electric motor
电动式仪表　electrodynamic instrument
电工测量　electrical measurement
电荷耦合摄像器件　charge coupled device
　　(CCD)
电角度　electrical degree
电力系统　electric power system
电枢　armature
电枢绕组　armature winding
电刷　brush
电压传输特性　voltage transmission charac-
　　teristics
电压—电流转换器　voltage-current convertor
定时器　timer
定子　stator
动态电阻　dynamic resistance
短路　short circuit
短路保护　short circuit protection
短路电流　short circuit current
多路开关　multi-way switch

E

额定电流　rated current
额定电压　rated voltage

额定功率　rated power

二瓦特表法　two wattmeter method

F

发电机　generator

反电动势　counter emf

反相　opposite in phase

反转　reverse rotation

防爆　explosive prevention

分流器　current divider

伏安特性曲线　Volt-ampere characteristic

伏特计　voltmeter

复励直流电动机　compound dc. motor

复位　restoration

G

感抗　inductive reactance

感应电动机　induction electric motor

感应电动势　induced emf

高斯　Gauss

个人通信　personal communications

工作方式　running duty-type

工作特性　operating characteristic

功率因数　power factor

光电传感器　photoelectric sensor

光电隔离器　photoelectric isolator

光敏电阻　photo-sensitive resistor

光纤　optical fiber

光纤通信　optical fiber communication

硅钢片　silicon magnetic

过电流保护　over current protection

过电压保护　over voltage protection

H

呼叫保持　call hold

呼叫等待　call waiting

呼叫控制功能　call control function

互联网　internet

互锁　mutual-locking

滑环　slip ring

环形计数器　ring counter

换路　switching

换向器　commutator

霍尔传感器　Hall sensor

霍尔元件　Hall element

J

机械特性　mechanical characteristic

基地站(基站)　base station

继电器—接触器控制　relay-contactor control

夹断电压　pinch-off voltage

交流调压　regulation of AC voltage

接触器　contactor

接近开关　approach switch

结露传感器　dew sensor

金属—氧化物—半导体场效应管　metal-oxide semiconductor field-effect transistor (MOSFET)

晶闸管　thyristor

静态测量　static measure

静态特性　static characteristic

绝对误差　absolute error

绝缘栅场效应管　isolated gate field-effect Transistor

绝缘栅极晶体管　Insulated Gate Bipolar Transistor(IGBT)

K

开关　switch

开关电源　watt power

开路　open circuit

开路电压　open-circuit voltage

可编程序控制器　programmable controller

空气隙　air gap

空载　no-load

空载电流　no-load current

空载特性　open-circuit characteristic

空载运行　no-load operation

控制电路　control circuit

控制电器　control electric apparatus

控制极　control grid

控制角　controlling angle
快速熔断器　fast fusible cut-out
宽带　broad-band

L

蓝牙　bluetooth
励磁绕组　field winding
联锁　interlocking
两瓦特计法　two-wattmeter method
笼型转子　squirrel-cage rotor
漏磁电感　leakage emf
漏磁通　leakage flux

M

脉动磁场　pulsating magnetic-field
脉宽控制　pulse width control
满载　full load
漫游　roaming

N

逆变　invert

O

欧姆表　Ohmmeter

P

频率调制　frequency modulation

Q

启动电流　starting current
启动电阻　starting resistance
启动转矩　starting torque
欠压保护　under voltage protection

R

绕线式异步电动机　wound rotor asynch-
　　ronous motor
热继电器　thermal relay
热敏电阻　thermistor
热元件　heating element
熔断器　fuse, fusible cutout
软机械特性　soft mechanical characteristic

S

三角波　triangular wave
三瓦特表法　three wattmeter method

三相变压器　three-phase transformer
三相功率　three-phase power
三相同步电动机　three-phase synchronous mo-
　　tor
三相异步电动机　three-phase asynchronous mo-
　　tor
生物传感器　creature sensor
剩磁　residual magnetism
失压保护　zero-voltage protection
湿敏元件　humidity sensitive element
鼠笼式转子　squirrel-cage rotor
双工制　delex
双向晶闸管　Bi-directional thyristor
顺序控制　sequential control
瞬时功率　instantaneous power
伺服电动机　servo electric motor

T

他励直流电动机　separately excited dc. mo-
　　tor
碳刷　carbon brush
特斯拉(T)　Tesla
特征阻抗　characteristic impedance
梯形图　ladder
调幅　amplitude modulation
调频　frequency modulation
调速　speed regulation
调制　modulation
铁心　core
铁心损耗　core loss
停止　stopping
停止按钮　stop button
同步电动机　synchronous motor
同步发动机　synchronous generator
同步转速　synchronous speed
同相　same phase
铜损　copper loss
图像传感器　image sensor

W

瓦特表　watt meter

外特性　external characteristic

万用表　universal meter

网关　gateway

温度补偿　temperature compensation

温度传感器　temperature sensor

涡流　eddy current

涡流损耗　eddy current loss

无功功率　reactive power

无源逆变　passive inversion(GTO)

X

吸引线圈　holding coil

系统　system

限位开关　limit switch

线圈　coil

相对误差　relative error

相位调制　phase modulation

相位控制　phase control

效率　efficiency

信道　channel

行程开关　travel switch

旋转磁场　rotating magnetic field

Y

阳极　anode

仪表误差　error of a meter

仪表准确度　accurately of an instrument

移动电话　mobile telephone

移动台　mobile station

移动通信　mobile communication

异步电动机　asynchronous motor

阴极　cathode

隐极转子　nonsalient poles rotor

硬机械特性　hard mechanical characteristic

有源逆变　active inversion

运行特性　operational characteristic

Z

增强型场效应管　enhancement mode FET

闸刀开关　knife switch

斩波　cut wave

罩极式电动机　shaded-pole motor

振幅调制　amplitude modulation

整流电路　rectifier circuit

直接变频　direct frequency conversion

直流电动机　direct motor

直流启动　direct starting

直接变频　direct frequency conversion

指令　instruction

制动　braking

中间继电器　intermediate relay

中性点不接地系统　neutral point no-earthed system

中性点接地系统　neutral wire

主触头　main contact

主磁通　main flux

主电路　main circuit

转差率　slip

转矩　torque

转子　rotor

自动控制　automation control

自感　self-inductance

自感电动势　self-induced emf

自耦变压器　autotransformer

自锁　self-locking

阻抗变换　impedance transformation

最大转矩　maximum torque

其他

MOS 控制晶闸管　MOS controlled thyristor